高温超导技术系列

高温超导电缆与输电

High Temperature Superconducting Cables and Electric Power Transmissions

金建勋 著

科学出版社
北京

内 容 简 介

本书系统完整地介绍了利用高温超导体构建电力传输电缆的原理、技术及其应用，包括各种高温超导电缆的结构、原理、装置和系统，以及高温超导电缆未来的各种系统应用。读者通过本书可以全面了解高温超导电缆及其能源传输新技术，主要包括高温超导电缆的工作原理、设计模式、实用结构及其电力系统应用特性的核心理论和技术；深入理解高温超导电力应用的基础原理与相关实际技术，以及了解构建未来高温超导智能电网及能源互联网的新概念。

本书适合从事超导应用技术研究工作的科技工作者，电力设备、电力工程与电工技术领域的技术人员，仪器设备研制和生产行业的技术人员，以及高等院校相关专业的师生参考。

图书在版编目(CIP)数据

高温超导电缆与输电 = High Temperature Superconducting Cables and Electric Power Transmissions / 金建勋著. —北京：科学出版社，2020.10

(高温超导技术系列丛书)

ISBN 978-7-03-064259-2

Ⅰ. ①高… Ⅱ. ①金… Ⅲ. ①高温超导性-超导电缆 ②高温超导性-超导输电 Ⅳ. ①TM249 ②TM725

中国版本图书馆CIP数据核字(2020)第017814号

责任编辑：裴 育 张海娜 纪四稳 / 责任校对：王萌萌
责任印制：吴兆东 / 封面设计：蓝正设计

科 学 出 版 社 出版

北京东黄城根北街 16 号
邮政编码：100717
http://www.sciencep.com

北京厚诚则铭印刷科技有限公司印刷
科学出版社发行 各地新华书店经销

*

2020 年 10 月第 一 版 开本：720 × 1000 B5
2025 年 1 月第四次印刷 印张：19 1/2
字数：390 000

定价：168.00 元

(如有印装质量问题，我社负责调换)

前　言

电力系统经历了一百多年的发展，目前已实现大规模互联，长距离、大容量、高电压电能传输。进入 21 世纪后，随着新材料、新元器件与装备和控制技术的发展，以及社会发展多元化需求，智能电网和微电网的构建受到普遍关注。近年来，随着科学技术与需求的迅速发展，能源互联网应运而生，成为电力和能源等领域新的关注热点。

自从超导现象在 1911 年被发现后，利用没有电阻损耗的超导体进行电能高效传输，进而构建电力系统的输电电缆，随即成为超导和电力领域相关研究人员的追求和渴望。直到 20 世纪 60 年代，随着实用化超导材料的出现，超导研究人员在不断解决材料、结构设计、工艺技术问题的基础上，开始利用具有高临界电流密度的超导材料设计和制备电力电缆。随后超导电缆在理论和实践方面得到验证，具有技术上的可行性、变革性和巨大的潜在效益，但是难以解决的是实际应用的运行经济问题和电力系统的实际接入问题。除材料特性和可靠性外，超导电力系统输电电缆的实际应用还一直受到造价高、冷却系统复杂、运行成本高、实际电网接入兼容困难以及技术储备不充分的多重因素制约，进而无法实际推广和普遍应用。

1986 年，高临界温度超导材料即高温超导体的发现，将超导体运行温度从液氦温区大幅提高到液氮温区，大大降低了超导体使用和操作的难度，并提高了超导体的工作温度，进而在很大程度上解决了实际运行的经济问题，实现超导体应用由量变到质变的阶段性跳跃，使强调安全、可靠的传统电力传输领域也不得不考虑高温超导电缆输电带来的巨大经济效益。超导电缆与输电实际应用停滞的局面也因高温超导材料的诞生出现了转机。从未来长远发展的角度看，在获得电力领域的普遍认知，以及培养建立电力系统的超导技术体系和人才储备的基础上，可以逐渐形成和完善未来超导电力系统和能源系统的技术方案及技术与人才储备方案，进而实现超导电缆由点到线再到面的大规模应用。

近些年，电力系统不断发展，其规模和容量不断扩大，发电机组、电厂和变电站容量逐渐增大，城市和工业中心的负荷和负荷密度持续增长，伴随这一切发展的是未能克服且在不断增加的巨大的传输电能损耗。随着高温超导实用化材料的出现和发展，这些难题和困扰有了解决方案，建立实用低损耗电能传输系统的夙愿有望得以实现。高温超导电缆不仅可大大降低传输过程的电能损耗，还由于高温超导材料的特性，可在电缆及其输电系统中复合超导限流和储能功能，提高输配电系统的高效性、稳定性和可靠性，形成高效和安全的输电系统。高温超导电缆是未来构建完整超导电力系统的基础，尤其为构建超导智能电网以及未来的能源互联网发展提供了新的技术方案。高温超导输电系统为庞大的电力系统带来了一种高效实用的新概念、新模式和新技术，具有广阔的应用前景和巨大的市场需求潜力，将带来电力领域的变革。同时高温超导电缆的实用化发展，也将推动高温超导技术向电力领域的全面拓展，并为未来超导电力装备和系统的发展带来全新的技术方案。

本书是一部全面系统阐述高温超导电缆与输电技术的专著，对高温超导电缆与输电技术的快速、有效和实用化发展，具有重要的指导意义，对实际技术开发具有辅助作用。作者根据长期从事高温超导应用研究的经验，尤其是高温超导电力技术和实际装置开发的相关研究内容，结合近期相关创新工作，形成本书，希望对该领域的发展有参考价值。

本书全面系统地介绍高温超导电缆和输电的核心内容、实用技术及其发展状况，系统反映该领域的科研成果和国内外的最新动向，将对电力系统发展、高温超导的电力应用及高温超导的工业化发展产生重要影响和实际推进作用。针对实际需求与期望，本书对高温超导电缆与输电进行全面详细的描述和分析，主要内容包括：①高温超导电缆与输电的研究背景；②高温超导电缆与输电的模式及原理；③高温超导电缆与输电系统的建模与仿真分析；④高温超导电缆与输电装置及系统；⑤高温超导智能电网；⑥高温超导能源互联网；⑦高温超导多功能复合输电系统。

在本书撰写过程中，陈孝元、白冠男、杨英杰、陈宇、梁建辉、王丽娜、杨若奂、张润涛、范君颖等协助进行了资料整理；王一振、石明江、白小东、邢云琪、朱英伟、刘广西、刘立新、汤长龙、孙日明、李长松、李平原、李茜、杨立新、杨挺、杨剑、肖先勇、肖萌、汪颖、张安安、张红、张艳霞、郑子萱、赵立峰、赵勇、赵莉华、黄勇、彭星煜等专家给予了支持并积极参与相关工作，在此表示衷心感谢。

作　者

2020 年 5 月

目　　录

第1章 智能电网和能源互联网与超导输电技术

1.1 现代电力系统概述

电能作为一种清洁无污染的能源，可以实现远距离、大容量的输送和使用。电能利用的广度和深度，日益成为社会现代化程度的重要标志。为了满足电能在容量、质量、安全和经济效益等方面的要求，保证社会生产和人民生活的需要，客观上要求现代电力系统用智能的高压电网把众多发电厂和用电区域连接成为一个整体，以便高效地向电力用户提供充足、安全、经济并有质量保证的电能供应。

到目前为止，电力系统发展可分为三个阶段：第一阶段是 19 世纪末期至 20 世纪中期，形成了城市或地区独立电网；第二阶段是 20 世纪中期至 20 世纪末期，通过互联逐步形成了跨区跨国大电网；第三阶段是 21 世纪初至今，在拓展电网互联范围的同时更加注重电网支撑绿色转型的作用。当前和未来一段时期，发达国家电力转型提速，可再生能源快速发展，大电网资源配置作用凸显，对输电网进行重构和加强势在必行。发展中国家则面临发展与转型相结合的双重任务，电网仍处于加快扩张和加强联网阶段。

20 世纪以后，随着电能应用的日益广泛，电力系统覆盖的范围越来越大，输电电压等级不断提高，输电线路经历了 35kV、60kV、110kV、154kV、220kV 的高压(HV)，330kV、500kV、750kV 的超高压(EHV)，以及 1000kV、1150kV(1100kV)、1500kV 的特高压(UHV)的发展(其中 154kV 为非标准电压等级，60kV 和 330kV 为限制发展电压等级)。直流输电也经历了 $\pm$100kV、$\pm$250kV、$\pm$400kV、$\pm$450kV、$\pm$500kV、$\pm$660kV、$\pm$750kV，以及 $\pm$800kV 和 $\pm$1100kV 特高压的发展阶段。在中国，特高压是指 $\pm$800kV 及以上的直流电和 1000kV 及以上的交流电的电压等级。国际上，高压通常指 35~220kV 的电压，超高压通常指 330kV 及以上、1000kV 以下的电压，特高压通常指 1000kV 及以上的电压。高压直流(HVDC)通常指的是 $\pm$600kV 及以下的直流输电电压，$\pm$800kV 及以上的直流输电电压称为特高压直流(UHVDC)。20 世纪 60 年代以后，为了适应大城市电力负荷增长的需要，以及克服城市架空输电线路走廊用地的困难，地下高压电缆输电得到快速发展，由 220kV、275kV、345kV 发展到 70 年代的 400kV、500kV 电缆线路；同时为减少变电站占地面积和保护城市环境，有绝缘和灭弧功能的气体绝缘全封闭组合电器(GIS)得到越来越广泛的应用，伴随高压及大容量的快速提升，其发展过程中自然也会出现新的技术问题。

现代电力系统已经逐渐发展成为地域辽阔、结构复杂的大系统，是人类有史以来最为庞大和复杂的基建设施及工业投资，是直至目前工业系统中规模最大、层次复杂、技术和资金密集的复合系统，是人类工程科学史上最重要的成就之一。大型集中式供电互联电网的发展带来了巨大效益：一是保障大容量机组、大水电、核电、可再生能源的开发和利用，提高能效，降低运行成本；二是减少系统备用容量，推动多种电源互补调剂，节省发电装机容量；三是实现能源资源的大范围优化配置，有利于竞争性能源电力市场拓展；四是提高电网整体效率和安全可靠性。

从集中式供电互联电网看，随着经济和社会的发展，电力需求不断增加，电力系统不断发展，电网的容量和并网输电日益增加。与此同时，也伴随着日趋严重的发展问题。例如，电网的潜在短路功率和故障短路电流也随之大大增加，对电网中各种电器设备的潜在短路电流冲击也越来越大。因此，要求输电系统和在线设备的抗大电流冲击能力越来越高。在要求高压断路器的开断容量相应增加，确保保护闸在过大短路电流情况下能够正常开断的同时，对电缆、发电机、变压器等电力设备抗大电流冲击的能力和稳定性提出更高要求，以避免或减小短路故障造成电力系统的破坏和损失。

电力系统的运行要求安全可靠、电能质量高、效率高、经济性好。随着电力需求日益增长，电力系统的规模也在不断扩大。发电机单机容量的增大、配电容量的扩张及各大电网的互联，配电母线或大型发电机出口的短路电流值也将迅速提高，有可能达到 100~200kA 的水平。电网的短路水平迅速提高，这就给电网内各种电器设备，如断路器、变压器以及变电站的母线、构架、导线和支撑设备等带来了更苛刻的要求。一旦发生短路，系统中的开关设备应能在尽可能短的时间内隔离故障点。目前的电力系统需要容量更大的开关设备和新的更有效的保护技术。这既是发电、变电设备安全性保护的要求，也是电力系统安全、稳定及经济运行的需要。短路电流问题已开始成为影响电网发展和运行的一个重要因素。因此，限制电力系统短路电流成为一个亟待解决的问题。现代集中式供电互联电网具有大容量、大规模、高电压、远距离的特点，基本满足人们对电能的需求。但是，鉴于大型集中式供电互联电网在世界范围内发生的多起停电事故所暴露的脆弱性问题，如输电系统的负担日益加重、配电系统的稳定性和安全性日益下降等，未来的电力系统一味地扩大电网规模显然不能满足实际要求。

随着科学技术的进步及人类社会的发展，电力系统的概念及内涵也有相应的变化和发展，出现了智能电网、物联网，以及包含电力系统的更大规模的能源互联网的概念。高压大容量集中输送电，也不是现代电网发展的唯一趋势。到目前为止，世界上大致出现了四种电网的概念，即大型电网、微电网、智能电网和能源互联网。分布式发电系统、微电网、孤立电网，三个概念之间存在一定的交叉和包含。智能电网是电力工业发展的必然趋势，同时智能电网概念也在扩展，其中能源互联网就是一个新的概念。一方面，将能源从电力向气、热、冷、交通系统进行扩展；另一方面，在实施的范围上向全球扩展，全球能源互联网的概念应运而生。全球能源互联网是以特高压电网为骨干网架的全球互联的坚强智能电网，也是清洁能源在全球范围大规模开发、配置、利用的基础平台。

1.2　智　能　电　网

1.2.1　基本概念

智能电网是将信息技术、通信技术、计算机技术、先进的电力电子技术、可再生能源发电技术和原有的输配电基础设施高度集成的新型电网，被世界各国视为推动经济发展和产业革命、实现可持续发展的新基础和新动力[1,2]。智能电网提出的背景和驱动力主要来自四个方面：①应对风能、太阳能等可再生能源发电规模快速增长的挑战；②适应电动汽车、分布式电源等用电结构的变化；③电网设备老化和更新换代的需要；④网络经济向以能源体系为代表的实体经济渗透和新产业革命的推动[3]。

到目前为止，智能电网并没有统一的定义。一般来说，智能电网是指一个完全自动化的坚强供电网络，其中的每一个用户和节点都得到了实时监控，并保证了从发电厂到用户端电器之间的每一点上的电流和信息的双向流动。通过广泛应用分布式智能和宽带通信及自动控制系统的集成，它能保证市场交易的实时进行和电网上各成员之间的无缝连接及实时互动[4]。

智能电网的特点和目标主要如下：

(1) 自愈,不论发生什么事故,智能电网都能自身解决以保证电力系统的安全性；

(2) 支持终端电力用户与电网自适应交互；

(3) 防范网络攻击和抵御自然灾害；

(4) 提供当今高度发展的工业和社会所需要的高质量电能；

(5) 优化资产和设备的最佳应用；

(6) 协调发电和储能选择；

(7) 益于电力市场化进一步实现。

智能电网的基本性能要求如下：

(1) 综合考虑终端用户(分布式电源、电力调节设备、无功补偿设备和用户能量管理系统)控制和总体配电系统控制,以实现系统性能的优化,取得期望的稳定性和电能质量。

(2) 支持高比重的分布式电源,以提高系统的整体性、效率和灵活性。例如,通过协同式和分布式的控制,可以利用分布式电源来优化系统性能,而在发生重大系统故障时可利用它们进行局部供电(微电网)。

为了实现以上目标及性能要求,智能电网建设需要重点发展以下六个方面的先进技术:

(1)灵活的网络拓扑;

(2)基于开放体系的高度集成通信系统;

(3)远程监测传感和测量系统;

(4)高级电力电子设备、超导和储能系统;

(5)先进的系统监控系统;

(6)高级的运行人员决策辅助系统。

1.2.2　发展动态

随着智能电网热潮的兴起,自 2009 年起,国家电网有限公司和中国南方电网有限责任公司均提出、制定了智能电网发展规划并开始全面推进。中国智能电网建设分为发展起步阶段(2009~2010 年)、全面建设阶段(2011~2020 年)和完善提升阶段(2021~2025 年),涵盖了发电、输电、变电、配电、用电、调度各个领域。智能电网作为一个整体,无论侧重点在哪个部分,都需要众多先进的智能电力设备的支持。

1. 发电方面

智能电网在发电方面涉及的电气设备,包括各种可再生能源能量转换设备、安全可靠并网接入设备以及储能设备,主要包括:①各种新能源和分布式发电技术设备,如微型燃气轮机、燃料电池、太阳能光伏发电(太阳板)、风力发电(风机)、生物质能发电设备、海洋能发电设备和地热发电设备等;②智能保护与控制类设备,如数字型保护继电器、智能分接头变换器、动态分布式电力控制设备等;③各种大容量储能及高效能量转换装置,如蓄电池储能、超级电容器、超导储能、飞轮储能,以及燃料电池、高容量储氢、高效二次电池等设备[5]。

2. 输电方面

智能电网架构建设,既要发展大容量、远距离、低损耗输电技术,也要考虑大规模间歇式新能源接入对输电网的影响,主要集中于柔性交流输电技术及其设备,高压、特高压直流输电技术及设备,以及高温超导技术及设备等,前两项涉及大量的电力电子设备,最后一项同时涉及新材料和复合材料等关键技术及设备。

1)柔性交流输电技术及设备

柔性交流输电技术是现代电力电子技术与电力系统结合的产物,是智能电力设备在输电部分应用的体现。该技术采用具有单独或综合功能的电力电子装置,对输电系统的主要参数(如电压、相位差、电抗等)进行灵活快速的适时控制,以期实现输送功率合理分配，降低功率损耗和发电成本，大幅度提高系统稳定性和可靠性。目前主流的柔性交流输电装置有十几种，如静止无功补偿器(SVC)、静止同步串联补偿器(SSSC)、统一潮流控制器(UPFC)等。

2) 高压直流输电技术及设备

高压直流输电是将发电厂发出的交流电通过换流阀变成直流电，然后通过直流输电线路送至受电端再变成交流电注入受电端交流电网。直流输电核心技术集中于换流站设备。换流站实现了直流输电工程中直流和交流相互能量转换，其核心设备主要包括换流阀、控制保护系统、换流变压器、交流滤波器和无功补偿设备、直流滤波器、平波电抗器及直流场设备等。高压直流输电中的轻型直流输电系统技术目前备受关注，如用于海上风力发电的轻型高压直流输电装置，采用门极可关断晶闸管(GTO)或绝缘栅双极型晶体管(IGBT)等可关断的器件组成换流器，可以免除换相失败的风险，对受电端系统的容量没有要求。

3) 超导技术及设备

超导技术是利用超导体的无阻高密度载流能力以及超导体的超导态和正常态相变的物理特性发展起来的一门新的电力技术，它在实现电力装置的轻量化、小型化、低能耗以及提高电力系统的安全性、稳定性和电能质量等方面具有重要的意义和广阔的应用前景。超导技术及其发展的各种设备是智能电网发展的重要构成部分和载体。目前，超导技术已进入高速发展时期，若干超导电力设备，如超导电缆、超导变压器、超导限流器、超导磁储能系统等已在电力系统试运行。超导技术的发展，也为以利用超导技术为基础和核心的复合能源传输管道的构建奠定了基础。

3. 变电方面

未来变电站需要在网络信息交互共享的基础上实现信息互用，建立电力企业的大信息平台，并在此基础上逐步实现智能电网要求的诸多强大功能。目前主要进行的是数字化变电站，它由智能化一次设备、网络化二次设备在 IEC 61850 通信协议基础上分层构建，从而实现智能设备间信息共享和互操作。与传统变电站相比，数字化变电站间隔层和站控层的设备及网络接口只是通信模型发生了变化，而过程层却发生了较大的改变，由传统的电流互感器、电压互感器、一次设备以及一次设备与二次设备之间的电缆连接，逐步改变为电子式互感器、智能化一次设备、合并单元、光纤连接等。随着电力电子技术的发展，针对智能电网应用的固态变压器(solid-state transformer)技术，近期也得到关注和研究。

4. 配电方面

智能电网配电部分将实现高级配电自动化，以适应分布式电源与柔性配电设备的大量接入，满足功率双向流动配电网的监控需要；同时采用分布式智能控制，现场终端装置能通过局域网交换信息，实现广域电压无功调节、快速故障隔离等控制功能。提高电能质量是智能电网构建的一个重要目标，在配电方面涉及大量的电力电子设备。而作为柔性交流输电技术在配电系统应用的延伸，分布式柔性交流输电技术综合了配电网未来新技术的应用，主要用来提高供电质量，即减小谐波和畸变、电压波动与闪变、电压暂降与电压中断，消除三相不平衡，使电压和电流的幅值和波形符合要求、提高功率因数等。

5. 虚拟电厂

能源转型对电网的功能作用、运行方式提出新的挑战。风能、太阳能等可再生能源，都具有随机性、间歇性、波动性特征，大规模、高比例接入电网，带来巨大调峰调频压力，导致系统转动惯量弱化，给电力系统平衡调节和电网安全稳定运行带来一系列新的挑战。而且，过去一个大中型电网，只需要接入几十个、几百个电厂，从生产侧到消费侧单向送电；现在随着新型能源技术发展和与数字技术的融合，电网将接入数以千计甚至万计的各类电源和大量的新型交互式用电设备，许多并网主体兼具生产者与消费者双重身份，电网运行的复杂性、不确定性显著增加。

应对此挑战的解决之道，是适应能源转型需要，推动传统电网从功能上向能源互联网演进，从技术上向新一代电力系统升级。新一代电力系统将是具有广泛互联、智能互动、灵活柔性、安全可控、开放共享特征的新型电力系统，其物理特性、结构形态、运行机理、控制方式与传统电力系统存在明显不同。

一切问题的根源，来自电力系统的发、供、用瞬时平衡特性。由于电力大规模存储问题仍未解决，从电气发明至今，电力系统一直呈现"即发即用"的基本特征。也就是说，因为存不了，就必须发多少，用多少，发、供、用三个环节保持"瞬时平衡"。

对火电等传统发电方式来说，这不是问题，因为火电出力多少、何时出力，可以人为调节。从电网角度，这称为电网友好型发电，"平滑出力"。

而以风电、光伏发电为代表的可再生能源发电方式就完全不一样了。何时有风、何时有阳光，具有明显的随机性、间歇性的特点；而且，可再生能源发电出力，往往与用电负荷峰谷呈逆向分布，即当不需要用电的时候(负荷谷底)，其出力最多；当最需要用电的时候(负荷高峰)，却出力最少。在储能技术完全突破之前，这是可再生能源发电方式的致命问题。

虚拟电厂不是传统意义的电厂，站在电网角度它相当于一个电力"智能管家"，把风电、光伏发电等分布式能源通过储能装置组织起来，形成稳定、可控的"大电厂"，便于处理与大电网之间的各种关系。虚拟体现在它并不具有实体存在的电厂形式, 却具有一个电厂的功能, 因为它打破了传统电力系统中发电厂之间、发电侧与用电侧之间的物理界限。虚拟电厂可定义为"互联网+"源网荷储售服一体化, 即电源、电网、负荷、储能、销售、服务的聚合体的清洁智慧能源管理系统, 是对多种分布式能源进行聚合、优化控制和管理, 为电网提供调频调峰等辅助服务, 并能够参与电力市场交易的技术和商业模式。即在这样一个"看不见的电厂"里, 电力用户既可能是消费者, 也可能是生产者, 即具有生产者与消费者双重身份的并网主体。例如, 一个拥有电动汽车的用户, 晚上电力相对充裕、电价较低时给电动汽车充电; 白天电力相对紧张、电价较高时可以将余电上网, 再卖给公共电网, 实质是激励混合型消费者与电网实现友好互动。这就像电子商务平台, 由于是在"互联网+"环境下, 虽然看不见商城, 却可以在上面从事各种交易。

在"互联网+"环境下, 虚拟电厂的概念应运而生。虚拟电厂通过对家用设备的运行控制, 安装在楼宇、工厂等地的蓄电池的充放电过程, 以及电动汽车的充放电过程等进行监控和管理, 使这类点状分布于电力系统的用电需求方的"资源"物联网化, 使聚合器(即统一监视、管控点状分布"资源"的企业)能远程监视、统一管控"资源"。虚拟电厂的大规模电力来源主要包括火力发电、核能发电、水力发电、风力发电和太阳能光伏发电。

虚拟电厂概念自 1997 年提出以来, 便在欧洲、北美洲及澳洲等地区受到了广泛关注; 随着近年来通信技术、分布式协调控制技术和智能计量技术的提高, 以及分布式电源、储能、电动汽车的快速发展, 工业领域逐渐表现出对虚拟电厂的极大需求并赋予工程实践。由于虚拟电厂应用前景广泛, 全球主要国家都在抢占先机, 争取战略主动。其中, 相关标准制定成为主导国际话语权的必争之地, 没有标准化, 能源转型不可能成功。

6. 运营管控

随着信息和控制技术的发展, 互联网、互联网+、物联网、云计算、大数据、人工智能、智能+等新概念、新技术不断涌现, 快速更新着电网的管理概念和方法, 也不断完善和丰富着智能电网和能源互联网的概念。

1.3　能源互联网

1.3.1　基本概念

能源互联网目前还没有被广泛认可的定义, 不同专家或组织提出了不同的概念和名称。图 1-1 为能源互联网基本概念示意图。根据其特点和确定的侧重点, 可以大致将现有概念分为以下三类:

(1)强调全球电力互联, 主要特点是电力网络在空间上的扩大, 将不同区域电网互联，实现不同区域不同类型新能源的跨区消纳。主要目标为形成一个由跨洲电网、跨国电网和国家各层级智能电网互联协调发展的有机整体。

(2) 强调多种能源综合，主要特点是电、热、冷、气、交通等不同能源系统之间互联，一方面通过能源综合开发利用提高能效，另一方面通过将电能转换为热、冷、天然气、电动汽车储能等实现可再生能源的消纳。主要目标为形成多能互补、分工协作和优势开发等高度现代化的能源优化配置体系。

(3) 强调能源信息融合，主要特点是利用电力电子、信息通信和互联网等技术进行能量的控制和信息的实时共享，实现能源共享和供需匹配，从而消纳可再生能源。主要目标为形成与互联网、物联网和智能移动终端等相互融合的全球信息服务体系。

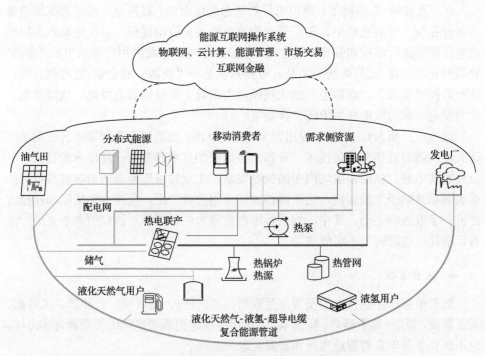

图 1-1 能源互联网的基本概念示意图

前面介绍的智能电网是物理电网与信息技术高度集成的智能电力系统，而能源互联网是互联网思维理念及技术与能源生产、传输、存储、消费以及能源市场深度融合的智能能源系统和能源产业发展新形态，是智能电网加多能互补。两者的差异主要体现在智能电网有中心，即便未来融合交通网络和互联网技术，但它的中心依然是电力系统，传输的能量形式是电能，其重点在于电能的输送和使用上更加高效和智能化。而能源互联网则是融合各种能量形式的没有明显中心的能源网络，针对的是更广域和全球的能源输送与利用。能源互联网包括了智能电网、智能通信、智能交通等众多智能与绿色概念，比智能电网具有更大的广延性、开放性。

全球能源互联网是以特高压电网为骨干网架(通道)、以输送清洁能源为主、全球互联的坚强智能电网，符合两个替代(清洁替代和电能替代)的需求。全球能源互联网由跨洲、跨国骨干网架和各国各电压等级电网构成，连接"一极一道"(北极、赤道)等大型能源基地以及各种分布式电源，能够将水能、风能、太阳能、海洋能等可再生能源输送到各类用户，是服务范围广、配置能力强、安全可靠性高、绿色低碳的全球能源配置平台，具有网架坚强、广泛互联、高度智能、开放互动的特征。

综合能源系统是指一定区域内利用先进的物理信息技术和创新管理模式，整合区域内煤炭、石油、天然气、电能、热能等多种能源，实现多种异质能源子系统之间的协调规划、优化运行，协同管理、交互响应和互补互济；在满足系统内多元化用能需求的同时，要有效地提升能源利用效率，促进能源可持续发展的新型一体化的能源系统。泛能网基于系统能效技术，通过能源生产、储运、应用与回收循环四环节能量和信息的耦合，形成能量输入和输出跨时域的实时协同，实现系统全生命周期的最优化和能量的增效，能效控制系统对各能量流进行供需转换匹配，梯级利用、时空优化，以达到系统能效最大化，最终输出一种自组织的高度有序的高效智能能源。

Rifkin 在文献[6]中，首先提出了能源互联网的愿景，引起了人们的广泛关注。Rifkin 认为，由于化石燃料的逐渐枯竭及其造成的环境污染问题，在第二次工业革命中奠定的基于化石燃料大规模利用的工业模式正在走向终结。Rifkin 预言，以新能源技术和信息技术的深入结合为特征的一种新的能源利用体系，即"能源互联网"即将出现。能源互联网将由特高压电网的骨干网架和涵盖各电压等级电网(输电网、配电网)的智能电网构成，旨在连接各能源基地，满足可再生分布式电源接入需要，实现清洁发展、广泛互联、高度智能、开放互动的能源、电力、信息的综合智能网络系统[7,8]。

能源互联网应具有五大特征：①以可再生能源为主要一次能源；②支持超大规模分布式发电系统与分布式储能系统接入；③基于互联网技术实现广域能源共享；④支持交通系统的电气化(即由燃油汽车向电动汽车转变)；⑤支持不同形式的清洁能源(即液化天然气、液氢等)的输送。

能源互联网应包含五大内涵：①支持由化石能源向可再生能源转变；②支持大规模分布式电源的接入；③支持大规模氢储能及其他储能设备的接入；④利用互联网技术改造电力系统；⑤支持向电气化交通的转型。

从上述特征和内涵可以看出，Rifkin 倡导的能源互联网的内涵主要是利用互联网技术实现广域内的电源、储能设备与负荷的协调；最终目的是实现由集中式化石能源利用向分布式可再生能源利用的转变。事实上，典型的能源互联网主要由四个复杂的网络系统紧密耦合构成，即电力系统、交通系统、天然气网络和信息网络。第一，电力系统作为各种能源相互转化的枢纽，是能源互联网的核心。第二，电力系统与交通系统之间通过充电设施与电动汽车相互影响，充电设施的布局以及车主的驾驶和充电行为会影响交通网络流量；反之，交通网络流量也会影响车主的驾驶和充电行为，进而影响电力系统运行。第三，近年来，随着水平井与压裂技术的不断进步与完善，美国首先爆发了"页岩气革命"。随着"页岩气革命"的出现和不断深化，天然气的成本呈下降趋势，因此燃气机组规模在发电侧的比例有望提高。这样，天然气网络的运行将直接影响电力系统的经济运行性及可靠性。另外，利用最近出现的电转气技术，可以将可再生能源机组的多余出力转化为甲烷(天然气的主要成分)，再注入天然气网络中运输和利用。因此，未来的电力系统与天然气网络之间的能量流动将由单向变为双向。第四，能源互联网还可能进一步集成供热网络等其他二次能源网络。热能是分布式燃气发电的重要副产品。以热电联产系统为纽带，可以将电力网络与供热网络相互集成和协调，通过利用燃气机组排出的余热，大大提高系统的整体能效。

1.3.2　关键技术

能源互联网作为一项新的能源革命，加大研究和开发力度是今后的趋势，重点是突破电网、能源和信息三大核心领域的关键技术。

1. 电网技术

(1)电源技术，主要包括风能、太阳能和海洋能等分布式清洁发电技术。风力发电技术主要研发风能的大型化、低速高效化和精确预测技术等。太阳能发电技术主要寻找更高效的光伏材料及跟踪技术，提高太阳能发电的经济效益和转化效率。海洋能发电的研究尚在起步阶段，未来应重视海洋能的经济开发利用。总之，分布式清洁发电作为能源互联网的核心电源部分，应向更高效、更友好和更可控的方向发展。

(2)输电技术，随着电压等级的不断提高，电力系统输电规模和容量成倍扩大，未来需要在超大容量、超远距离的输电技术上有所突破。重点加强 $\pm 1100\text{kV}$ 特高压直流输电技术的研发并实现工程应用，推广柔性交直流输电技术，实现多端直流输电技术以及对交流输电系统的灵活快速控制。这些也受益于电力电子技术的发展。加强海底电缆和超导输电的研发和应用，绝缘技术是海底电缆需要突破的关键技术，高电压、远距离、大容量是实现全球跨海域电网互联和形成能源互联网跨海工程建设的发展方向。超导输电技术重点突破高温超导输电的材料、远距离运行及经济成本等方面的制约，实现长距离、低成本、能源综合传输等大规模工程应用，实现输电系统构架、控制、运行、低损及适应性等方面的技术革新。

(3) 储能技术, 未来能源的 80% 来自间歇性可再生能源, 储能技术是电网安全稳定经济运行的重要保障。实现储能技术的普遍商业化, 提高储能容量水平和经济优化, 实现储能与分布式能源的协作互补是储能技术研发的重点。大型能量型储能如抽水储能、压缩空气储能、氢储能等用于能源互联网削峰填谷, 实现电网调峰储能装置的补充; 大型功率型储能如超级电容、飞轮储能、超导储能等用于分布式发电波动性的平抑, 实现电网安全稳定运行; 小型储能如锂电池、铅酸电池、金属空气电池等用于电动汽车及其他移动设施, 实现能源电力便民并辅助电网调峰的功能。另外, 延长电池使用寿命, 提高电池能量密度, 缩短电池充电时间, 降低电池成本, 发展储能新材料技术是储能技术未来的发展方向。

2. 能源技术

能源技术的关键在于从需求侧提高能源利用率, 实现能源的减量化供应; 从供应侧提高能源的转化率, 实现同质量能源的高效化及供应成本的经济化; 从环境影响方面开发无污染、高转化、易控制的清洁能源利用, 推动清洁能源消费比重, 实现能源结构优化, 缓解环境约束。重点突破可再生能源技术、能效技术、材料技术、能源梯度利用技术等, 另外重视超临界燃煤技术、煤气化联合循环发电技术、水平井技术、重复压裂技术及多层压裂技术等化石能源技术的研发和商业化量产, 实现全球能源转型及需求结构优化配置, 实现能源的全球高效调控, 提高能源、环境、经济的配比, 优化全球能源体系。同时, 页岩气、可燃冰、核能等多种主要能源的开发和利用, 将是重要和热点领域。

3. 信息技术

信息技术是实现能源互联网智能化、数字化和综合化的重要支撑。光纤、移动、卫星、量子通信技术以及互联网、物联网、云计算、大数据、5G 等先进信息技术的快速发展和应用, 使能源互联网快速发展具有了可能。信息通信技术的关键技术包括: ①构建全球高速宽带通信网, 主要为光纤技术, 实现信息的多传输及宽带化。②通信网的全程数字化、智能化和个人化, 信息网中不再传输模拟信号, 且通信网信息可以灵活实现信息传送、交换、处理、存储及信息优化。实现无论何时何地都可以与任何人交换任何形式的通信信息, 构建灵活智能即大规模的通信网络是关键解决方案。重点研发图像识别技术、云计算及云存储技术和大数据技术, 图像识别技术可智能识别电力系统、电气设备、机械设备及各材料的运行状况, 并可进行故障预警及状态分析等, 提高系统可靠性; 云计算及云存储技术解决能源互联体系综合运行产生的信息资源和数据计算问题, 提高能源互联网海量数据的分析速度及精度; 大数据技术体现预测方面的强大功能, 提高分析决策的智能化水平, 有助于能源的合理分配及消纳。③通信网的综合化, 实现能源网、未来物联网和互联网的多网融合，实现能源、信息的综合运行发展。通过电力传感网及物联网实现对全球能源互联网的全景感知、信息互通及智能控制，实现能源网、电力网的实时监测与控制，为高效智能优化的全球能源互联网运行提供更可靠、更安全的技术保障。

1.3.3　发展动态

20 世纪 80 年代，Richard Buckminster Fuller 提出了世界电能网络的构想。1986 年，Peter Meisen 创立了全球能源网络学会。2003 年美加"8·14"大停电过后，*The Economist* 期刊于 2004 年发表了"Building the energy internet"学术论文，提出要借鉴互联网自愈和即插即用的特点，建设能源互联网，将传统电网转变为智能、响应和自愈的数字网络，支持分布式发电和储能设备的接入。2008 年，美国国家科学基金会资助 FREEDM 项目[9]，提出建设能源互联网的构想。同年，德国联邦经济与技术部和德国联邦环境部发起 E-Energy 项目，实施能源互联网的 6 个示范项目。

2011 年，英文版《第三次工业革命》提出能源互联网是第三次工业革命的核心之一[6]，使得能源互联网被更多人关注，产生了较大影响。2012 年，中文版《第三次工业革命》出版，在中国关于能源互联网的讨论也是从这年开始升温。2012 年 8 月，由中国科学院学部咨询评议工作委员会等举办、国防科技大学承办的首届中国能源互联网发展战略论坛在湖南长沙举行，对能源互联网概念进行了介绍和初步研究。

2013 年 9 月，国家能源局委托江苏现代低碳技术研究院开展中国能源互联网发展战略研究。9 月 25 日，中国科学院学部举办"可再生能源互联网"科学与技术前沿论坛。12 月 5 日，国家电网有限公司提出，未来的智能电网是网架坚强、广泛互联、高度智能、开放互动的"能源互联网"[10]。

2014 年 6 月，由中国宏观经济信息网等主办的智慧城市与能源互联网发展国际高峰论坛在辽宁大连举办。另外中国电力科学研究院启动了"能源互联网技术架构"方面的基础性前瞻性项目研究。7 月，国家电网有限公司提出建设全球能源互联网的构想，并于 2015 年出版《全球能源互联网》一书[2]。

2015 年 1 月，智慧能源国际峰会举办，其主题为"开启能源互联网新时代"。4 月，国家能源局组织召开能源互联网工作会议，提出制定国家能源互联网行动计划，并成立中国能源互联网联盟。4 月 21～23 日，由清华大学发起的香山科学会议"能源互联网：前沿科学问题与关键技术"学术讨论会在北京召开。4 月 24 日，清华大学能源互联网创新研究院揭牌，成为中国第一个能源互联网创新研究科研机构。7 月 1 日，在发布的《国务院关于积极推进"互联网+"行动的指导意见》中[11]，"互联网+"智慧能源成为重点行动，通过互联网促进能源系统扁平化，其目标和内容与能源互联网具有一致性，并明确提到建设能源互联网。

能源互联网是能源系统、电力系统和互联网深度融合的产物，是当前国际学术界和产业界关注的新焦点，是未来能源行业的发展方向，是国家战略发展规划布局的主要领域。近年来，中国关于能源互联网的探索与实践发展迅猛，已在技术、产业、政策等多层面呈现领域引领态势。进一步加快能源与信息行业的深度融合，促进能源互联网的科技创新，并引领制定和构建能源互联网行业新标准、新规则、新业态，标志着中国在能源互联网等新兴领域的全球引导地位，具有划时代的里程碑意义。

1.4　未来的电网与能源互联网

1.4.1　电网的发展趋势

以中国目前的电源及负荷分布情况来看，电源主要以煤电为主，且主要集中在西部及北部地区；其次是水电，主要集中在西部及中部地区，而中国主要的负荷中心位于东部和南部地区，这就构成了中国电源和负荷分布不均的问题，由此决定中国必然存在大容量、远距离输电的需求[12]。而根据中国电源和负荷的发展趋势来看，这种电源与负荷分布不均的情况未来将在一定程度上得到缓解，但仍难在短期内得到根本性改变[13,14]。

到 2020 年，中国主要围绕煤电基地和水电基地的电力外送以及部分跨国输电的需要，形成"西电东送"、"北电南送"的基本电力流向。呼伦贝尔煤电送东北、京、津、冀、鲁地区，锡林郭勒煤电送京、津、冀、鲁和华东地区，宝清等黑龙江煤电送辽宁，山西、内蒙古西部经济区、陕西、宁夏煤电送华北、华中、华东地区，新疆煤电送华中、华东地区，四川和金沙江水电送华中、华东地区，云南水电、贵州煤电送广东地区；俄罗斯、蒙古国跨国电力送东北、华北地区，缅甸水电送南方地区。

2030 年前后，跨区电力流或电网互联规模将在 2020 年的基本格局上进一步加大，重点体现在西藏水电以及新疆煤电基地的外送规模将进一步提高。西北火电基地向华北、华东、华中负荷中心的送电规模加大；西南水电开发已接近其可开发规模，主要外送市场仍然是华中、华东和南方电网；东南亚湄公河区域水电加大输电规模，与中国南方电网的互联规模增大；俄罗斯电力继续加大向中国东北地区的送电规模。

预计 2050 年的电力流格局会有两种可能情况：第一种情况是在 2030～2050年期间，电力仍需大容量、远距离输送，但整体上跨区跨国电力流与 2030 年相比无显著增长，2030～2050 年期间将根据市场发展情况，重点依托东部核电开发和抽水蓄能电站的建设，满足中东部负荷增长需要；第二种情况是随着核电及大规模可再生能源的接入、未来煤电装机容量的减少、负荷中心向中西部地区的扩展、分布式能源的渗透等，2050 年电力流格局发生较大变化，由目前的大容量、远距离输送趋向于电力与负荷基本均衡的方向发展，未来对电力的大容量、远距离输送需求将趋于减少。

在大规模柔性直流输电技术、高温超导等具有革命性的电网技术不具备工程应用能力之前，大规模电力流跨区输送最有可能的实现方式是依托现有的可实现、可突破的技术构筑未来主网架。未来中国电网，华北、华中、华东地区无法实现单个区域内的电力平衡，而华北北部和西北部、华中西部(川西)具有大规模的火电和水电基地，华北北部还具有大规模可开发的风电，因此华北、华中、华东构成一个基本平衡的区域(简称"三华"区域)是合理的，东北、西北的火电、风电可以采用直流方式送入。中国形成东北、西北、"三华"和南方四个同步电网。

目前，土地资源越来越紧张，随着近年来电网的加快建设，线路走廊紧张的矛盾更加突出。同塔多回输电技术可有效降低走廊宽度，目前在 500kV 及以下交流系统中得到广泛应用。随着直流输电系统数量增多，采用直流同塔多回输电及交直流同塔多回输电将有利于解决走廊紧张问题。根据 2050 年的电力流格局情况，考虑 2050 年内外部环境的变化，预测 2050 年的电网发展模式可能有以下三种：

(1) 超/特高压交直流联网模式。该模式的前提条件是 2050 年电力流格局基本延续 2030 年的情况，跨国跨区电力流虽无大幅增长，但仍有大容量、远距离电力输送的需求，届时，中国 2050 年的电网模式可能延续 2030 年的情况，在 2030 年网架结构基础上继续发展。由于 2020 年中国电力需求翻一番，而 2050 年电力需求则接近于翻两番，因此为满足电力输送的需求，2050 年可能通过升高线路电压等级、采用更为先进的输电技术(如多端直流及常规输电线路的改进)及增加线路回数等方式提高输电通道的输电能力。

(2) 超导主网架模式。该模式的前提条件之一是 2050 年电力流格局延续 2030 年的情况，存在大规模、远距离电力输送的需求；条件之二是常温超导技术实现突破，常温超导电缆可实现规模化生产且成本大幅降低。此时，由于常温超导电缆所具有的绝对优势，有必要采用先进的超导输电技术满足 2050 年大规模电力输送的需求。在这样的条件下，2050 年中国电网的网架结构可能向超导主网架模式转变。但需注意该模式的发展条件是常温超导技术取得突破且成本降低，而发展该模式时需考虑如何由原有网架向新型网架过渡。

(3) 电源与负荷匹配模式。该模式的前提条件是 2050 年电力流格局不再延续 2030 年的情况，而是形成电源与负荷基本匹配的形式。此种情况下，大部分区域电源与负荷可以基本匹配，少部分区域仍需要电力的远距离输送。由于中国电源和负荷分布极为不均，负荷中心的转移又是一个较为长期的过程，在几十年时间内依靠常规电源和负荷中心的转移形成电源与负荷匹配的电力流格局比较困难。

除非核聚变等不受地理位置及能源分布限制的新型能源发电技术成熟，才有可能形成这一发展模式。

从中国未来的能源及负荷分布情况来看，2020～2030 年，仍将存在大规模的跨区域电力流，而 2020～2030 年可预见的实用化输电技术将主要以超/特高压输电技术为主，因此预计我国 2020～2030 年的输电网发展模式将主要以超/特高压交直流混合输电模式为主。2050 年，由于能源及输电技术发展的不确定性，中国输电网发展模式并不十分明朗，存在超/特高压交直流混合输电模式、超导主网架模式、电源与负荷匹配模式三种可能情况。

从电网发展的技术需求来看，近期中国重点研究包括特高压交直流输电、多端直流输电、柔性交直流输电等实用技术，有针对性地研究分频输电、半波长输电等新型输电技术，并对高温超导输电技术、常温超导输电技术、无线输电技术等进行前沿性研究。

1.4.2　电网面临的挑战

从中国能源资源与负荷中心呈逆向分布看，能源流向呈现"西煤东送"、"北煤南运"、"西电东送"、"北电南送"的格局。未来能源生产重心将进一步西移和北移，而需求重心则可能长期保持在中东部地区，能源流规模和距离将进一步增大。"西电东送"的需求根本上应是中东部经济发展对电力需求与本地电力供给能力的差值。尽管未来东、中、西部地区用电量的差距将逐步缩小，中东部（含东北）用电量比例将由现在的 77%下降到 73%，中东部本身的电力供应能力由前期的占总量51%增加到后期的占总量56%，但中东部仍有占总量17%～26%的电量需要通过"西电东送"供给[15]。

在未来中国电力发展趋于饱和的情况下（2030～2050 年，人均年消费电量8000kW·h），西部输送到中东部地区的电力容量将由原来的 1 亿 kW 增加到4.5 亿～5.5 亿 kW，相应年输送电量为 2 万亿～2.5 万亿 kW·h，东送输电线路综合年利用时间达到 4400～4500h。测算中设定水电年运行 3500h，核电年运行 7000h，气电年运行 4500h，煤电年运行 5000h，风电、光电等综合年运行 1800h，其输电容量按电量不变折算为等价年运行 5000h 的容量值。

根据上面的分析可知，中国未来电网将面临远距离、高容量输送电能的巨大挑战。中国"西电东送"的电力流，即西部输送到中东部地区的电力容量将由现况的 1 亿 kW 增加到 4.5 亿～5.5 亿 kW，相应年输送电量为 2 万亿～2.5 万亿 kW·h，这是对输电和电网技术的重大挑战。经过 10 多年的技术研发和实践，中国交流和直流特高压输电技术和电网技术获得重大进展，为实现大容量、远距离输电奠定了坚实基础。然而，这些建立在常规技术基础上的大容量输电，在输电损失、环境影响、输电走廊、电网安全等方面都存在一些不足之处。

　　在输电损失方面，中国当前和未来大容量、远距离输电主要采用超高压（±400～±600kV）或特高压（±800～±1000kV）直流输电。直流输电系统的损耗包括两端换流站损耗、直流输电线路损耗和接地极损耗三部分。其中，接地极损耗很小，可以忽略不计。直流输电线路损耗取决于输电线路长度以及导线截面选择，对远距离输电线路而言，该损耗通常占额定输送容量的 5%～7%。换流站的损耗为换流站额定输送功率的 0.5%～1%。特高压直流输电与超高压直流输电相比线路损失较小，但由于输电距离长，输电损失仍不容小视。例如，±500kV 超高压直流输电，额定输送容量为 3000MW，经济输电距离小于 1000km，线损率为 4.49%～7.48%；±800kV 特高压直流输电，额定输送容量为 7200MW，经济输电距离为 1400～2500km，线损率为 5.98%～9.5%；±1000kV 特高压直流输电，额定输送容量为 9000MW，经济输电距离为 2500～4500km，线损率为 6.54%～10.58%[16]。由此可见，即使采用特高压直流输电技术，其线路功率损耗加上两端换流站损耗也会达到其额定输送功率的 8%～10%。对于"西电东送"电力容量4.5 亿～5.5 亿 kW、年输送电量 2 万亿～2.5 万亿 kW·h 的需求，输电的功率损失可高达 4000 万 kW，相当于两个三峡电站的装机容量。

　　在输电走廊需求方面，大容量、远距离输电均采用架空输电技术。"西电东送"电力容量为 4.5 亿～5.5 亿 kW，按采用 ±1000kV 特高压直流输电，每回线路输送 1000 万 kW 计，也需要 45～55 回线路。特高压直流输电单回线路走廊宽度约为 34m，与其他线路共用走廊时为 80m。占用输电走廊宽度和面积都是一个巨大的数字。特别是西部多为山区，能够供输电线路通过的路径缺乏，局部输电通道狭窄。例如，西南水电特别是川西、西藏水电开发外送，河谷狭小、横断山脉高海拔、地质灾害频繁，穿越线路的难度极大；又如，新疆、甘肃、青海风能、太阳能资源丰富，未来将大规模开发，然而送出通道受限于山口、走廊的宽度，除电力输送外，铁路、公路、油气管道等都需要通过，用于电力输送的资源有限。

　　电网规划需要考虑新能源发电占比不断提高的因素。以光电为例，据中新社马德里 12 月 13 日电，《中国 2050 年光伏发展展望》报告当地时间 12 日在联合国马德里气候变化大会的"中国角"发布。报告预计，到 2050 年，光伏将成为中国第一大电源。报告由中国国家发展和改革委员会能源研究所、隆基绿能科技股份有限公司和陕西煤业化工集团有限责任公司共同完成，从技术、成本、路径、支撑、模式及效益等角度入手，指出光伏将成为未来中国最重要的电力来源，并对中国乃至全球遏制气候变化、实现可持续发展带来巨大帮助。报告认为，技术持续进步是光伏发电成本下降的最大动力，而快速下降的光伏发电成本是实现高比例光伏部署的基石。报告预计，从 2020 年至 2025 年这一阶段开始，中国光伏将启动加速部署；2025 年至 2035 年，中国光伏将进入规模化加速部署时期。2025 年和 2035 年，中国光伏发电总装机规模将分别达到 730GW 和 3000GW，而到 2050 年，该数据将达到 5000GW，光伏将成为中国第一大电源，约占当年全国用电量的 40%。隆基绿能科技股份有限公司表示，如今正处在光伏发电实现平价上网的历史转折点，有必要重新定位光伏在能源转型和应对气候变化中的角色和重要意义。无论是应对气候变化的减排行动，还是达成全球长远的可持续发展愿景，光伏发电都将是重要的中坚力量。

电网的发展还要考虑与未来能源发展趋势的融合。例如，随着可控核聚变技术的突破，未来电力的来源也将改变。包括中国参与的国际热核聚变实验堆(ITER)计划，整合全世界的力量来推进这个项目的科研工作。中国 2006 年参与 ITER 计划，2016 年开始启动中国聚变工程实验堆(CFETR)的工程设计。中国可控核聚变项目研究以中国科技大学、中国科学院等离子体物理研究所、核工业西南物理研究院、中国工程物理研究院为主导，同时还有很多高校承担了部分任务。世界上第一个全超导托卡马克核聚变实验装置(EAST)，最新的成果实现了稳定的 101.2s 稳态长脉冲高约束等离子体运行，创造了新的世界纪录，这标志着 EAST 成为世界上第一个实现稳态高约束模式运行持续时间达到百秒量级的全超导托卡马克核聚变实验装置。

1.5　未来的超导电力应用技术

1.5.1　超导电力应用技术

超导电力应用技术为智能电网和能源互联网提供了新的概念和技术。超导导线的载流能力高，可以达到 $10 \sim 1000 A/mm^2$，是普通铜导线或铝导线载流能力的 $5 \sim 500$ 倍，且其传输直流电阻损耗几乎为零。因此，利用超导导线制备的电缆和电力设备具有损耗低、效率高、占地小的优势。由于超导导线在电流超过其临界电流时，会失去超导性而呈现较大的电阻率，所以用超导导线制成的超导限流器可在电网发生短路故障时自动限制短路电流的上升，从而有效保护电网安全稳定运行。此外，利用超导导线研制的超导磁储能装置是一种高效的储能系统，效率可达 95% 以上，且具有快速高功率响应和灵活可控的特点，对于解决电网的安全稳定性和瞬态功率平衡问题也具有潜在应用价值。

基于上述原因，超导技术的广泛电力应用，如超导电缆、超导限流器、超导磁储能装置、超导变压器、超导电动机、超导发电机等(表 1-1)，具有重大意义。超导电缆可以为未来电网提供一种低损耗、大容量的电力输送方案，有助于解决现有输电损耗高和输电走廊紧张问题；超导限流器可以有效降低电网的短路电流从而保障大电网的安全稳定性；超导磁储能装置可以对波动的可再生能源电力进行有效的补偿，从而提高电网吸纳可再生能源的能力；超导变压器、超导电动机和超导发电机在提高电气设备效率、减少占地方面也具有不可替代的优势。因此，若超导技术能够实现在电网中的广泛应用，则可以有效应对可再生能源变革对电网带来的一系列重大挑战，对未来电网的发展将产生重大意义。

表 1-1　各种超导电力设备及其对未来电网的作用和影响

应用	特点	对未来电网的作用和影响
超导电缆	功率输送密度高； 损耗小、体积小、重量轻； 单位长度电阻值小； 液氮冷却	实现大容量高密度输电； 符合环保和节能的发展要求； 减小城市用地； 缩短电气距离； 有助于改善电网结构
超导限流器	正常时阻抗为零，故障时呈现为一个大阻抗； 集检测、触发和限流于一体； 反应和恢复速度快； 对电网无副作用	大幅度降低短路电流； 提高电网的稳定性； 改善供电可靠性； 保护电气设备； 降低建设成本和改造费用
超导磁储能装置	反应速度快； 转换效率高； 可短时向电网提供大功率	快速进行功率补偿； 提高大电网的动态稳定性； 改善电能品质； 改善供电可靠性
超导变压器	极限单机容量高； 损耗小、体积小、重量轻； 液氮冷却	减少占地； 符合环保和节能的发展要求
超导电动机	极限单机容量高； 损耗小、体积小、重量轻	减少损耗； 减少占地
超导发电机	极限单机容量高； 损耗小、体积小、重量轻； 大型超导发电机的同步电抗小； 过载能力强	减少损耗； 减少占地； 提高电网稳定性； 超导同步调相机可用无功功率补偿； 超导风机可用于大容量海上风力发电

1.5.2　超导输电的发展规划

随着经济的高速发展和电网容量的迅速扩大，输电线路的电压等级不断提高，目前空气绝缘特高压输电线路电压等级已超过 1000kV，常规固体绝缘电缆也已经达到 500kV，而其电缆导体截面已超过 1200mm²，进一步提高电缆传输容量将面临材料绝缘性能和电力设备的绝缘水平、电缆重量、电磁污染等多方面的制约。限于电缆自身及其金属护套散热等原因，常规塑料绝缘电缆传输密度随着电缆截面增大而下降，依靠常规技术进一步提高传输功率已非常困难。

以高温超导直流输电为例，与传统超高压交流和直流输电方式相比，其在大功率传输容量、多点互联能力、地下铺设特性、系统控制特性及成本都具有优势[17]。

超导输电是使用高温超导材料替代传统的铜和铝材料制备的电缆，进行电能输送。与传统常规输电相比，以直流输电为例，高温超导输电的优越性主要包括：

（1）容量大。输送容量可达常规特高压直流输电的 4~10 倍。例如，常规的 ±800kV 直流输电线路，传输电流可达 4750A，其传输容量可达 750 万 kW，由于超导材料的载流能力可以达到普通铜或铝载流能力的 50～500 倍，即电流密度为 100～1000A/mm^2，因此一回±800kV 的超导直流输电线路传输电流可达 20～50kA，其输送容量达 3200 万～8000 万 kW。类似地，对于交流系统，同样截面的高温超导电缆的电流输送能力是常规电缆的 3～5 倍。

(2) 损耗低。其输电总损耗可以降到常规直流输电的 1/4～1/2。对于常规直流输电线路，其线路损耗为 5%～9%，而超导直流输电没有电阻损耗，其损耗仅仅来自冷却超导电缆的低温冷却系统。类似地，对于交流系统，高温超导电缆的导体损耗不足常规电缆的 1/10，加上制冷的能量损耗，其运行总损耗仅为常规电缆的 50%～60%。

(3) 体积小。超导电缆载流密度高，因此超导直流输电系统体积相对较小，其安装占地空间也较小，从而土地占用较少。

(4) 重量轻。由于超导体电流密度高，输送相同容量的电能的超导线截面积较常规铜线或铝线大大减少，所以超导电缆的重量也要比同样传输电压和传输容量的常规电缆小。

(5) 可降低传输电压。超导电缆可以在比常规电缆损耗小的前提下传输比常规电缆大数倍的电流，这样在同样传输容量的需求下，传输电压就可以降低 1～2 个等级。

(6) 可增加系统运行的灵活性。超导电缆传输电流的能力可以随着工作温度的降低而增加。由于可以在原有设备配置条件下通过降低温度来增加传输容量，因而有更大的过流能力，增加了系统运行的灵活性。对于冷绝缘超导电缆，在正常运行时绝缘层的温度基本不变，不会像常规交联聚乙烯电缆那样因温度升高而寿命缩短。

(7) 节约材料。具有同样传输能力的超导电缆与常规电缆相比，使用较少的金属和绝缘材料。

(8) 节约资源，环境友好。超导电缆使用液氮冷却，没有造成环境污染的隐患，且具有防燃防爆的特性。冷绝缘超导电缆设计中采用了超导屏蔽层，基本消除了电磁场辐射，减少了对环境的电磁污染。超导电缆系统总损耗的降低，减少了温室气体的排放，有利于环境保护。

(9) 无污染、低噪声。超导电缆没有造成环境污染的可能性，而充油常规电缆存在着漏油污染环境的危险。另外，超导电缆还有低噪声的特性。

由于容量大、损耗低，超导电缆在电网干线及输电瓶颈线路的应用将有利于提高电网的安全性和可靠性；使用超导电缆可以减少输电损失，节约大量金属材料，也就意味着减少了冶炼金属附带的污染。总之，超导电缆损耗低，无污染，可以满足不断增长的电力需求，增强大容量电网的安全性和稳定性，最终降低电力运行的成本。

在利用超导电缆解决实际需求和提高效率的同时，还可基于其发展新的输电概念和模式，主要应用归纳如下：

(1)超导电缆作为关键系统，可用于构建高温超导智能电网和能源互联网。

(2)超导电缆以其尺寸小、传输容量大的优势，可以用于地下电缆工程改造，利用现有排管或电缆隧道，以超导电缆取代现有常规电缆，按需要情况，增加传输容量。

(3)超导电缆可以在比常规电缆较低的运行电压下将巨大的电能(1GV·A)利用超导电缆传输进入城市负荷中心。例如，采用常规电缆传输 1GV·A 以上电力，一般需要采用 500kV 超高压电缆，而城市中心不可能建 500kV 变电站。所需的 500kV 大长度电缆及其附件开发生产技术难度大，目前中国尚需进口，费用十分昂贵。采用超导电缆，可以降低电缆额定电压至 220kV，用 220kV 超导电缆传输 1~4GV·A 电缆进入城市负荷中心，或采用 110kV 高温超导电缆传输 1GV·A 左右电能也有可能。高温超导直流输电有可能采用更低的电压等级。

(4)超导电缆的使用将从根本上解决目前常规输电电缆无法解决的损耗大、容量小、土建费用高、占地面积大及对环境的潜在污染等问题。

(5)超导电缆具有以下几个典型的工程场合和应用方案。

①城市密集居住区、摩天大厦等常规电缆容量不够、没有更大电缆的空间；

②电站或变电站内大电流传输母线；

③冶炼工厂等大电流、短距离、小空间实际现场；

④为拥挤区域首先使用超导能量集线器(power hub)进行重点规划和部署；

⑤电力需求迅猛发展的大城市，要求的供电容量不断扩大，由于城市的拥挤和开挖成本高昂，无法扩大电缆铺设范围，可以在原有的管道内更换，数倍提高供电容量。

由于超导电缆的特性和优势，就中国的能源与负荷分布特点而言，采用超导电缆进行输电，电压不用升得很高，损耗和空间可以大大减少，将根本解决"西电东送"等长距离、大容量送电问题；可以大大减少因采用架空铝裸线带来的经济损失；从长远来讲，高温超导电缆应用于长距离直流输电技术变得更容易和经济，直流输电不存在交流损耗，使用超导电缆会使电网损耗大大降低，具有更好的经济效益；超导电缆传输电力的能力是传统常规电缆的数倍，所以使用超导电缆可以节约输电系统的占地面积和空间，节省大量宝贵的土地资源，保护生态环境。

在高电压、大容量输电发展中，超导输电是一项革命性的前沿技术，有着一系列优越性，可以在未来电网发展中发挥重要作用。高温超导输电技术的研发涉及超导材料、新型电工装备、大型低温工程、巨型电网等多个重大领域的发展，因此对培育相关的战略性新兴产业也将起到重大作用。

由于整个发展要经历长时间逐步提高的过程，涉及超导材料、超导电缆、大型低温工程、超导输电线路建设与运营及含有超导输电的巨型电网发展等多个高新技术重大领域和研发、产业化与建设运营多个行业及部门的统一协调。就其在中国的发展而言，要能有效地进入国家五年计划体系，要根据需求与实际进展，明确每五年或十年的分阶段目标，提出发展路线图。根据早期设想，从当时基础和对需求的了解出发，将整个发展路线图分为四个阶段：

(1)"十二五"期间为启动阶段，组建队伍，结合过江河输电等需求建成公里级、百千伏、千安级的国家研发实验平台，对各类超导电缆、换流、冷却等一次设备和监控、继电保护等二次设备进行研发、集成、实验和评估，同时开展输电技术的系统研究，判断线路设计、保护配置、施工运维等采取技术路线的合理性和科学性，为商业运营线建设打好基础。

(2)"十三五"期间，立足国内研发成功的材料、装备与技术和提供的产品，选择如城市中心配电或短距离海底输电的线路，建成一条选定的十公里级、数百千伏、千安级的直流输电商业运营示范线，证实全套技术与装备的实用性与运营安全可靠性。

(3)"十四五"与"十五五"期间，选择一条或数条实用线路，建成长百公里、更高电压与传输容量的实用线，带动有关战略性新兴产业的迅速成长和输电工程的建设与运营队伍的成长，为规模化应用奠定可靠基础。

(4)2030 年以后，选择若干国家规划线路进行超导直流输电线建设与运营，逐步建成中国国家超导直流输电网，实现规模化应用。

1.6　超导电力系统应用的能效分析

电力由于其高效、方便、廉价和清洁等特点而被视为最杰出的二次能源。电力能源可以方便、高效地传输给不同的能源消费者，温室气体排放少、环境污染小。由于这些优势，电力需求在过去几十年中不断增加，导致电力系统的三大主要部分即发电系统、输电系统和配电系统的快速增长。利用电力能源替代需求侧的其他类型能源，利用风能和太阳能等绿色可再生能源替代传统化石能源，解决全球能源和环境危机，是一种新的趋势。在传统的电力系统中，火电在发电中占比最大。火电厂消耗化石燃料造成的 CO、CO_2 和 SO_2 排放是电力系统最严重的污染之一。电力系统节能减排极大地影响着整个社会的能源效益和有害气体排放水平。因此，提高能源效率和减少污染物排放对未来电力系统至关重要。

在电力系统的节能减排领域，人们对发电、输电和配电等进行了大量的研究。为了提高发电效率，已经研究和验证了不同的发电方案和节能发电调度方法。为了减少温室气体排放，碳捕集与封存技术是发电系统中可行的技术。此外，许多技术方案也被用于减少电网系统中的能量损耗，如网络重构、无功功率补偿和电气设备更换。但是，现有技术的物理局限性和应用要求，对节能减排的实际影响是有限的。

为了有效减少未来电力系统中的能量损耗和温室气体排放，需要提出更多新的解决方案和技术。在电力系统中应用超导技术尤其是高温超导电力技术具有巨大的潜力。许多超导电力设备包括超导电缆、超导变压器、超导发电机、超导限流器和超导储能器已经在现代电力系统中得到开发和技术验证。由于高能量密度和低能量损耗的突出优势，超导技术在电力系统中的应用已成为最有前途的高效节能减排新技术之一。

1.6.1　电力系统能耗与排放现状

在目前的电力系统中，大多的电能由火力发电产生。例如，截止到 2013 年底，火力发电占全球装机容量的 66.1%，占比最大。核电、水电和风能、太阳能发电占 33.1%。中国是世界上最大的电能生产国，2013 年中国电能生产总值为 5431600GW·h。同时，电力系统部门是最耗能的部门之一。中国煤炭消费总量约为 2809993600t 标准煤。发电系统耗煤量约占总耗煤量的 50%。煤炭的 CO_2 含量很高，1t 煤燃烧产生的 CO_2 约为 2.54t。这意味着 2013 年中国发电系统的 CO_2 排放量接近 50 亿 t。因此，火电厂是 CO_2 的主要排放源。

在发电、输电和配电过程中，能量损耗是不可避免的。产生的电能和输送给用户的电能之间的差异视为电力系统中的能量损耗。综合电力线损耗率定义为电网系统中产生的电能减去输送的电能的总能量损耗与发电系统产生的电能的比值，它是电力系统节能水平的重要指标。电力系统的能量损耗主要是由电网中的电气元件引起的，可能的损耗包括变压器损耗，架空线和地下电缆损耗，电容器和电抗器损耗，电压互感器、电流互感器、电表和保护设备损耗，变电站能耗和传导损耗。

2010~2018 年中国电网的综合线损率如图 1-2 所示。对于 5431600GW·h 的总电能生产量，如果综合线损率降低 1%，由此产生的节能量约为 54316GW·h。显然，综合线损率的降低对电力系统的节能有巨大影响。而 2010~2018 年，综合线损率只有微小变化。这意味着在目前情况下减少线损并不容易，需要开发创新技术应用于电力系统。

综合线损也称为网络损耗，包括技术损耗和非技术损耗。技术损耗是由于其内部电阻引起的变电站、变压器和电力线路相关损耗的自然损耗。非技术损耗是由故障或非正当操作引起的非计费损耗。通常，技术损耗远大于非技术损耗，在计算电网的理论损耗时，通常忽略非技术损耗。

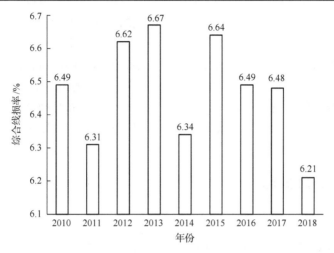

图 1-2　2010～2018 年中国电网的综合线损率

基于电力系统的物理特性，电力系统的实际能量损耗是由有功损耗引起的。对于典型的网状电力系统，总有功损耗为

$$P_1 = \sum_{i=1}^{N}\sum_{j=1}^{N}\Delta P_{ij} = \sum_{i=1}^{N}\sum_{j=1}^{N}G_{ij}(V_i^2 + V_j^2 - 2V_iV_j\cos\delta_{ij}) \tag{1-1}$$

式中，ΔP_{ij} 是分支 $i\sim j$ 中的有功功率损耗；G_{ij} 是网络节点导纳矩阵中第 i 行第 j 列元素的实部；V_i 和 V_j 是节点 i 和 j 的电压；δ_{ij} 是节点 i 和 j 的相角之差。

图 1-3 给出了一个典型 IEEE 标准的 30 节点电网系统。在正常运行条件下，

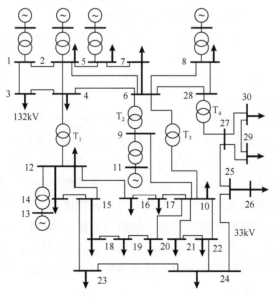

图 1-3　一个典型 IEEE 标准的 30 节点电网系统

已知母线电压、相角、导纳矩阵、注入各母线的有功功率和无功功率。总有功损耗可由式(1-1)计算。总能量损耗通过 P_lT 计算，其中 T 是电力系统的运行时间。显然，功率损耗是不同变量的函数，包括线路和变压器的阻抗、注入母线的有功功率和无功功率、每个母线上的电压和相角。这些变量的值取决于电力系统结构、运行模式和组件的物理属性。因此，如果通过用超导设备替换传统的电力设备来优化电力系统结构、操作模式或减少组件引起的能量损失，则将减少电力系统中的能量损耗。

1.6.2　电力系统的节能减排

1. 电力系统节能

减少能耗是节约能源的重要途径。降低电力系统能量损耗的主要解决方案包括电力系统的结构优化、电力系统的运行优化以及电力线和变压器的更换。

(1)电力系统的结构优化。在高压输电系统中，电压越高，能耗越低。基于输电功率容量确定输电线路的合理电压水平是降低电网系统能量损耗的有效措施。

配电网的配置优化也能有效降低配电系统的能量损耗。在给定的配电系统中，采用网络重构的方法来减少能量损耗，通过选择开关设备的状态并找到开关设备的最佳组合，可以最大限度地减少配电系统的能量损耗。

(2)电力系统的运行优化。通过合理配置无功补偿装置，如电容器和静止无功补偿器，可实现无功优化。在对电力系统无功潮流的优化过程中，无功功率补偿可以提高功率因数并保持用户连接母线上的电压电平。此外，在电网中避免无功功率的远距离传输对于降低能量损耗非常重要。

在传统经济调度的基础上，提出了环境经济电力调度的概念，并将其作为电力系统节能减排的有效方法。考虑电力线损、燃料消耗和 CO_2 排放，可以建立多目标函数。利用多目标优化模型，可以采用最优的功率调度策略来确定最小能量损失、消耗量和 CO_2 排放量。

(3)电力线和变压器的更换。电网中的大部分能量损耗是由电力线和变压器引起的。伴随着先进的材料技术，节能导线成为电力线的良好选择。由于节能电力线的电阻较低，可以降低电力系统的能量损耗，所以可以将非晶合金节能变压器的创新技术应用在变压器铁心中。结果表明，在重载运行条件下，铁心损耗降低了约 60%。用节能线和变压器代替旧的电力线和变压器有利于减少能量损耗。

目前，在发电系统和电网中存在一些如发电权、排放权交易和需求侧管理等方面的节能减排政策。通过这些政策的实施，电力公司在发电系统和电网中积极采用超导电力新技术，以节约能源、减少排放。这些节能减排的具体政策将为超导电力应用带来巨大机遇。

2. 电力系统减排

电力系统的 CO_2 减排在整个社会的减排中起着重要的作用。减少电力系统 CO_2 排放的主要方案包括发电系统的能效改善、可再生能源的利用以及碳捕获与存储技术。

(1) 发电系统的能效改善。提高效率是指使用较少的化石燃料来产生等量的电能。减少化石燃料消耗意味着减少 CO_2 排放。关闭小型发电机组,采用超超临界机组等高效发电机组,开发集成气化联合循环等先进发电机组,是提高发电效率的常用方法。但是,发电机效率提高的潜力相对有限。

(2) 可再生能源的利用。火电中煤和其他化石燃料的燃烧是电力系统中 CO_2 的主要排放源。与传统热电厂不同,可再生能源如太阳能、风能和水能发电的 CO_2 排放量接近于零。因此,增加可再生能源和清洁能源在发电系统一次能源中的利用是减少 CO_2 排放的有效方法。

(3) 碳捕获与存储技术。该技术旨在捕获发电系统中产生的 CO_2,并将其永久存储在地质结构中。它可以有效地促进低碳或负碳发电,该技术的实施使化石燃料发电厂的生命周期温室气体排放量减少 68%~92%。然而,碳捕获与存储技术的缓解成本相对较高,并且会消耗巨大的电能。

1.6.3　超导电力应用的效益分析

在过去二十年中,超导在电力系统中的应用越来越受到重视。超导电缆已用来解决某些特定的电力传输问题。由于配电系统需要高电流和低电压,超导电缆在电力系统中具有很大的应用潜力。超导储能器设备由于其高功率密度和快速响应能力而被用于功率波动补偿。超导技术可以提高风力发电机在体积和重量上的功率密度。超导限流器与超导电缆的集成可以降低电力系统中的短路水平,并能有效地集成分布式发电。

超导体的一个重要特性是没有直流损耗和低交流损耗。与传统技术和设备相比,在电力系统中应用超导设备可以降低能量损耗,提高效率。因此,超导电缆、超导变压器和超导发电机在未来的电力系统中将得到广泛的应用。超导设备在电力系统中的应用是电力系统降低能耗、提高能效、减少排放的良好时机。此外,虽然超导限流器和超导储能器等其他设备无法直接降低能量损耗,但这些设备的应用有利于节能减排[18]。

1. 通过超导电缆和超导变压器降低能量损耗

1) 超导电缆的应用

超导电缆可以通过导体中的超导导线在小截面导体中以低能量损耗传送电能。在电网中使用超导电缆有两个好处:①提高传输的功率容量;②减少能量损耗。

超导电缆中的能量损耗与传统电缆中的能量损耗不同，超导电缆系统的总损耗是四种损耗分量的总和：①导体交流损耗；②漏热损耗；③屏蔽层感应损耗；④介电损耗。使用超导电缆可以减少 50%～60%的能量损耗。

2) 超导变压器的应用

超导变压器和传统变压器的主要区别是绕组材料。超导变压器中的绕组材料是超导体，传统变压器中的绕组材料是铜或铝。变压器的额定功率 P_n 与导体中的电流密度 J、变压器的特征长度 L_c 和质量 m 成正比，即

$$P_n \propto JL_c m \tag{1-2}$$

使用超导体，其增加的 J 值使得超导变压器具有两个优点，即更小的体积和更轻的重量。超导变压器的能量损耗包括铁心损耗、绕组损耗和冷却损耗。超导绕组中的交流损耗相对较低。在没有铁心的情况下制造超导变压器可以进一步降低损耗。通常，超导变压器的主要能量损耗是由冷却系统引起的。一般来说，用超导变压器取代传统变压器，总能量损耗可以减半。

3) 超导电缆和超导变压器的能量损耗

电力系统的大部分电能损耗来自电力线和变压器的能量损耗，其功率损耗可以通过 I^2R 计算，其中 I 是流过电力线或变压器的电流，R 表示电阻。

在配电系统中，均方根(RMS)电流法通常用于计算电力线和变压器的功率损耗。电力线或变压器一天的能量损耗 ΔW 可以通过式(1-3)来计算：

$$\Delta W = 3I_{jf}^2 RT \times 10^{-3} \tag{1-3}$$

式中，I_{jf} 是组件电流一天的 RMS 值；R 是组件的电阻；T 是一个典型日的操作时间，$T=24h$。

通过估算负载曲线或测量一天中每小时的平均 RMS 电流 I_t，可以计算组件电流一天的 RMS 值：

$$I_{jf} = \sqrt{\frac{\sum_{t=1}^{T} I_t^2}{T}} \tag{1-4}$$

当使用超导电缆或超导变压器时，减少的能量损耗用 $k\Delta W$ 表示。其中，k 是超导电缆或超导变压器的能量损耗降低因子，典型的 k 值为 0.5～0.6。

在输电系统中，通常使用潮流计算方法来计算功率损耗。电力线或变压器的两个端子被视为两个节点。电力线或变压器的功率损耗可由式(1-5)计算：

$$\Delta P_{ij} = \alpha_{ij}(P_iP_j + Q_iQ_j) + \beta_{ij}(Q_iP_j - Q_jP_i) \tag{1-5}$$

式中，i 和 j 是节点编号；P_i、P_j 和 Q_i、Q_j 是注入节点 i 和 j 的有功功率和无功功率；α_{ij} 和 β_{ij} 是损耗系数，即

$$\alpha_{ij} = \frac{R_{ij}}{|V_i V_j|} \cos(\delta_i - \delta_j) \tag{1-6}$$

$$\beta_{ij} = \frac{R_{ij}}{|V_i V_j|} \sin(\delta_i - \delta_j) \tag{1-7}$$

其中，R_{ij} 是输电系统母线阻抗矩阵中的第 i 行第 j 列元素的实部；V_i 和 V_j 是节点 i 和 j 上的电压值；δ_i 和 δ_j 是节点 i 和 j 上的电压相角。

总有功功率损耗 P_1 为

$$P_1 = \sum_{i=1}^{N} \sum_{j=1}^{N} \Delta P_{ij} = \sum_{i=1}^{N} \sum_{j=1}^{N} [\alpha_{ij}(P_i P_j + Q_i Q_j) + \beta_{ij}(Q_i P_j - Q_j P_i)] \tag{1-8}$$

因此，由电力线和变压器引起的能量损耗降低值是 kP_1T。其中，k 是超导电缆或超导变压器的能量损耗降低因子，T 是超导器件的工作时间。

4) 超导电缆与传统电缆的功率损耗比较

由于超导体的几乎零电阻特性，用超导电缆代替传统电缆可以大大降低有功损耗。例如，采用常规 LGJ-500/35 型电缆，晋东南—荆门的 1000kV 特高压交流输电线路的电阻功率损耗为 166.45MW，相应的工作电流为 3464A，输电线长度为 640km，线路的等效电阻率约为 0.0217Ω/km。对于中国宁东—山东的 ±660kV 高压直流输电线路，电缆类型为 LGJ-1000/45，基于功率损耗分析，其等效电阻率为 0.0144Ω/km。当用超导电缆代替传统电缆时，假设功率因数为 0.95，超导电缆与传统电缆在 1000kV 特高压和 ±660kV 高压直流输电线路上的功率损耗比较如图 1-4 所示。

与传统电缆相比，超导电缆对电力系统的节能具有显著优势。输电线路传输的功率越大，超导电缆减少的损耗就越大。对于特高压输电线路中传输 4000MW 的输电功率，其功耗将降低约 41.04MW，假设年运行时间为 5000h，超导电缆的能耗将降低 205200MW·h。节电 1kW·h 将减少 0.997kg CO_2 排放，因此 CO_2 减排量将为 204584.4t。

2. 超导发电机提高发电系统效率

与传统发电机相比，超导发电机在电力系统中具有两个潜在的优势。第一个潜在的优势是没有铁心，因此减小 50% 的体积，减轻了重量，且超导发电机可以在更高的磁场下工作。该优点使得具有大发电容量的轻型超导风力涡轮机成为可

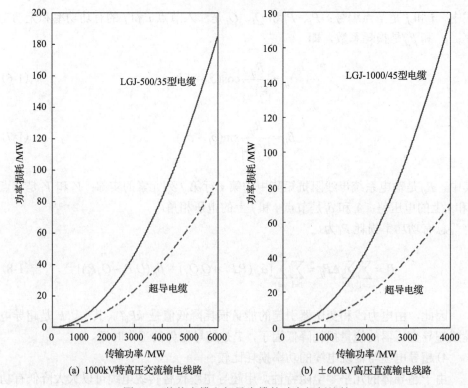

(a) 1000kV特高压交流输电线路　　　　(b) ±600kV高压直流输电线路

图 1-4　传统电缆和超导电缆的功率损耗比较

能。第二个潜在的优势是能源效率更高。超导发电机的能量损耗预计下降 50%，从而减少产生相同电能所需的燃料，减少发电每千瓦时的 CO_2 排放量。然而，超导发电机所需的低温系统仍然是一个技术挑战。

传统发电机的效率是其额定功率的函数，它可以用来估计超导发电机的效率 η_{sc}，即

$$\eta_{sc} = 1 - \alpha(1 - \eta_c) \tag{1-9}$$

式中，α 是超导发电机与相应的传统发电机的损耗之比；η_c 是传统发电机的效率。

用超导发电机代替传统发电机，可以通过以下方法来计算其能量损耗：

$$\Delta W = P_g(\eta_{sc} - \eta_c)T \tag{1-10}$$

式中，P_g 是发电机的额定功率，kW。

η_{sc} 和 η_c 之间的差异并不明显，用超导发电机代替小型和中型发电机是不经济的。但是，由于在电力系统中运行着大量的发电机，电能生产总量非常大，因此通过更高的效率达到节能的目的效果显著。超导风力涡轮机是一种典型的超导发电机。使用超导技术可以大大减少风力涡轮机的重量和体积，特别是对于安装在

海上风电场的大型风力涡轮机。高温超导风力发电机可以提高可再生能源的大规模利用率，节约能源消耗，间接减少电力系统的排放。

3. 超导限流器的应用

到目前为止，许多技术如串联电抗器和高阻抗变压器已被用于降低电力系统中出现的故障电流的峰值。但是这些设备有其自身的局限性，如增加电网中的功率和能量损耗。安装超导限流器是降低短路电流的有效方法。目前已经设计了多种类型的超导限流器并已用于电力系统。

在正常工作条件下，电力系统中交流电流的峰值低于其阈值。超导限流器的电阻基本为零，没有电压降，没有能量损失。在故障期间，故障电流超过阈值，超导限流器的电阻迅速增加，然后将故障电流限制在期望值内。

与串联电抗器相比，超导限流器的能量损耗减少量为 $\Delta W = I^2 R_{sr} T$，其中 I 是在串联电抗器中电流的 RMS 值，R_{sr} 是串联电抗器的电阻。如果用超导限流器代替传统的限流器，则铜导体和电力电子器件的导电损耗可以降低到接近于零。

超导限流器还具有提高双馈风力发电机故障穿越能力的作用。将电阻型超导限流器与双馈感应发电机（DFIG）转子绕组串联连接，使转子励磁电流限制在其规定范围内，转子侧变流器（RSC）和变速箱受到保护，使得风电机组在发生电网故障时不会跳闸。因此，超导限流器可以通过提高风力发电机组的故障穿越（FRT）能力来提高风能利用率，间接降低电力系统的排放水平。

此外，超导限流器还具有另一项间接减排优势。六氟化硫（SF_6）是迄今为止评估的最严重的温室气体，其全球变暖潜能值是 CO_2 的 36500 倍，断路器利用 SF_6 气体作为绝缘体来防止电弧放电。在环境方面，超导限流器可以降低开关设备的额定值，从而限制了 SF_6 的需求。据估计，超导技术的全面部署可能会使 SF_6 的使用量减少 10%～20%，如果所有制造的 SF_6 最终都排放到大气中，相当于每年排放 44 亿～131 亿 t CO_2。

4. 超导磁储能的应用

超导磁储能（SMES）系统可以在没有电阻损耗的超导线圈中存储电能，并且在需要时释放其存储的能量。与其他传统储能系统如压缩空气储能（CAES）、抽水蓄能（PHES）和电池储能（BES）相比，超导磁储能系统具有响应时间快（1～5ms）、能量储存密度高（约 $10^8 J/m^3$）、储能效率高（约 95%）、寿命长（约 30 年）、环境污染少等优点。CAES、PHS 和 BES 系统的典型充放电效率分别为 70%、75%～80% 和 88%～92%。

超导磁储能系统可以作为发电机或负载提供或消耗有功功率和无功功率。通过控制超导磁储能系统，可以控制电力系统的潮流。大规模超导磁储能系统应用于电网可以减少输电损耗。超导磁储能系统还可用来提供负载，以减少低效率发电机的电能生产。因此，消耗的化石燃料减少，发电造成的 CO_2 排放量减少。但由于电力系统和潮流优化的复杂性，大规模超导磁储能系统在节能减排方面的有效性通常是个案性的。

小规模超导磁储能系统通常用于补偿无功功率或改善功率因数。电网中的无功功率分配不仅影响电能质量，还影响输电损耗。无功功率的降低会导致功率因数和电压的降低，从而降低功率传输容量，增加能量损耗。超导磁储能系统在电力系统中的应用之一是通过无功功率补偿进行功率因数校正，如图 1-5 所示。

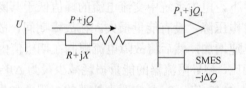

图 1-5　超导磁储能系统的无功功率补偿

如图 1-5 所示，U 是节点上的标称电压，当负载侧的有功功率 P_1 的值恒定时，没有超导磁储能系统，功率因数由式(1-11)确定：

$$\cos\phi_1 = \frac{P_1}{\sqrt{P_1^2 + Q_1^2}} \tag{1-11}$$

式中，Q_1 为负载侧的无功功率。

如果超导磁储能系统存在无功补偿，功率因数将从 $\cos\phi_1$ 变为 $\cos\phi_2(\cos\phi_1 < \cos\phi_2)$，$\cos\phi_2$ 由式(1-12)确定：

$$\cos\phi_2 = \frac{P_1}{\sqrt{P_1^2 + (Q_1 - \Delta Q)^2}} \tag{1-12}$$

通过式(1-11)和式(1-12)，减少的有功功率损耗可由式(1-13)确定：

$$\Delta P_1 - \Delta P_2 = \frac{P_1^2 R}{U^2} \left(\frac{1}{\cos^2\phi_1} - \frac{1}{\cos^2\phi_2} \right) \tag{1-13}$$

有、无超导磁储能系统的有功功率损耗的比值定义为超导磁储能系统的损耗减少率，即

$$\Delta P = \left(\frac{1}{\cos^2\phi_1} - \frac{1}{\cos^2\phi_2} \right) \bigg/ \left(\frac{1}{\cos^2\phi_1} \right) \times 100\% \tag{1-14}$$

通过式(1-11)~式(1-13)可以知道,损耗降低率 ΔP 与 P_1、Q_1 和超导磁储能系统补偿的无功功率 ΔQ 有关。对于给定的 P_1、Q_1, ΔP 可以由 ΔQ 的二次函数表示。当 P_1=8MW, Q_1=6Mvar 时,损耗降低率与 ΔQ 之间的关系如图 1-6 所示。超导磁储能系统对负荷的无功补偿越大,损耗降低率越大,因此可用以减少输电能耗。

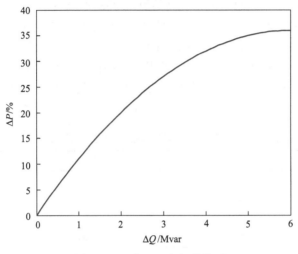

图 1-6 ΔP 与 ΔQ 之间的关系

5. 超导电力应用实例分析

根据之前的分析,可以得出结论,超导电力应用可通过三种方式实现节能减排:①降低电网损耗;②提高发电效率;③可再生能源利用。下面简单介绍一个典型的超导低压直流微电网的能效实例分析。图 1-7 给出了传统交流配电网和新型超导直流微电网的系统拓扑图[19]。

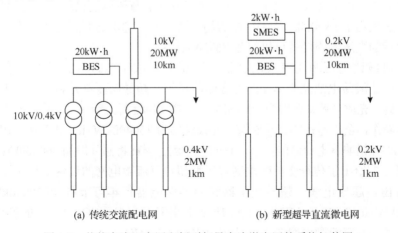

(a) 传统交流配电网   (b) 新型超导直流微电网

图 1-7 传统交流配电网和新型超导直流微电网的系统拓扑图

在一个 10kV/1.15kA/20MW 传统交流配电网中，20MW 电能首先由 10km 交流母线传输至电力用户附近，再经 10 台 10kV/0.4kV/2MV·A 变压器进行降压变换，最后通过 1km 低压支路线传输至用户终端。根据电力电缆的国家标准 GB/T 3956—2008《电缆的导体》，交流母线和低压支路线的传输损耗约为 510kW 和 1298kW。那么，全年的总电能损耗将达到 15838080kW·h。

为了减少线路损耗，可以引入近似零损耗的超导直流电缆技术，构建新型超导直流微电网。1 根 0.2kV/100kA/20MW/10km 的超导直流母线和 10 根 0.2kV/10kA/2MW/1km 的超导直流支路线，可用于替换传统交流母线和支路线，如表 1-2 所示。考虑超导直流电缆的沿途热损和引线漏热情况，整条线路的传输损耗约为 800kW。相比于传统线路，全年运行的线路传输损耗可以节省 8830080kW·h。

表 1-2　传统交流配电网和新型超导直流微电网的输电电缆参数对比

电网	性能参数	20MW 电缆	2MW 电缆
传统交流配电网	额定电压/kV	10	0.4
	额定电流/A	1155	2886
	损耗功率/kW	510	1298
	年损耗量/(kW·h)	4467600	11370480
新型超导直流微电网	额定电压/kV	0.2	0.2
	额定电流/A	100000	10000
	损耗功率/kW	400	400
	年损耗量/(kW·h)	3504000	3504000

此外，根据干式电力变压器国家标准 GB/T 10228—2008《干式电力变压器技术参数与要求》，每台 10kV/0.2kV/2MV·A 变压器的运行损耗约为 17.1kW。那么，10 台变压器的全年运行损耗将达到 1497960kW·h。对比于传统交流配电网，新型超导直流微电网无需交流变压器，可直接将 0.2kV 直流电能输送至电力用户终端。即使考虑采用 10kV/0.4kV/2MV·A 的超导变压器，它的运行损耗也仅有 7.2kW，全年运行的变压器损耗就可以节省 867240kW·h。

针对线路电压和功率波动补偿，可引入集成了 2kW·h 超导储能单元和 20kW·h 铅酸蓄电池储能单元的混合储能系统。超导储能单元和铅酸蓄电池储能单元的典型充放电效率分别为 90% 和 70%。在实际运行过程中，考虑每小时 100 次充放电操作，全年运行的超导储能单元损耗约为 350400kW·h。若直接采用满负荷的 20kW·h 铅酸蓄电池储能技术，它的全年运行损耗将额外增加 700800kW·h。

表 1-3 给出了传统交流配电网和新型超导直流微电网的设备损耗对比数据。可以看出，超导电缆、超导变压器和超导储能器每年可节省 8830080kW·h、867240kW·h 和 700800kW·h。按照 1kW·h 电能对应 1kg CO_2 排放量的换算关系，整个新型超导直流微电网全年可减排 10398120kg CO_2。

表 1-3　传统交流配电网和新型超导直流微电网的设备损耗对比　（单位：kW·h）

设备	传统交流配电网	新型超导直流微电网	节能量
20MW 电缆	4467600	3504000	963600
10×2MW 电缆	11370480	3504000	7866480
10×2MW 变压器	1497960	630720	867240
20kW·h 储能器	1051200	350400	700800

1.6.4　超导电力应用的技术挑战

超导电力技术是未来电力系统实现跨越式发展最有前景的变革性技术。实现高温超导由目前的特殊应用到普遍广泛的电力应用，在跨越超导应用特性之后，还必须考虑面临的实际应用的挑战，如高温超导材料与装置的兼容、容量、成本、规模、工程、系统和经济问题等。另外，电力行业缺乏应用超导的研究和电力系统中大规模应用超导的实践经验，行业的接受和推广能力是实现高温超导电力普遍应用的另一个迫切需要解决的问题。

1. 超导电力应用的技术和经济挑战

1）超导电缆

虽然应用于电力系统的超导电缆的最大长度和电压不断增加，但仍不足以在高压（AC 110kV 及以上）、超高压（AC 500kV，DC±500kV）和特高压（AC 1000kV，DC±800kV，±1100kV）下长距离输送大功率。将超导电缆应用于高压、超高压和特高压输电系统，关键的挑战之一是总损耗。尽管超导电缆中的交流损耗远小于传统电缆，但考虑通过电缆低温恒温器的余热泄漏时，超导电缆的总损耗不可忽略。对于长距离（≥4000km）的电力传输，需要沿输电线路定点放置冷却站。极长的低温恒温管道需要保持良好的真空绝热环境，这给长距离超导电缆的实际安装和运行维护带来了额外的技术挑战。

2）超导变压器

超导变压器的额定功率极大地影响了其效率。据估计，超导变压器仅在成本/效益高于 25MV·A 和高压侧工作电压在 60～160kV 或以上的情况下才能与传统变压器相竞争。但在电力系统中，大部分变压器损耗是由配电系统中的低电压和小额定容量变压器（典型的 10kV，2500kV·A）引起的。更换配电网中的变压器不能有效减少能量损失，相反，在现有的超导技术水平下，它将导致更多的变压器损耗。因此，大规模超导变压器应用面临的挑战是如何降低小功率超导变压器的损耗。

3）超导限流器

可靠性是超导限流器在电力系统中应用的最重要问题之一。在电阻型超导限流器中，产生的热量会产生大量气泡从而降低液氮的介电性能，并在故障期间在限流器组件内部产生电介质故障。超导限流器的快速断路响应和恢复也是超导限流器运行的潜在风险。超导限流器运行中的另一个问题是附加电感。在电感型超导限流器中，饱和磁铁心会产生附加电感。即便是电阻型超导限流器，内部仍然会有漏电感。漏电感会降低电力系统的性能，例如，在故障下过电流被限制到了最大允许值后，漏电感的存在会进一步限制输电线路的传输功率。因此，在正常工作条件下尽量减小附加电感是一项挑战。

4) 超导磁储能装置

目前，设计的超导磁储能装置的额定功率通常在 0.1～100MW，储存能量小于 10MJ。也有个别较大型装置，如日本正在研制的基于高性能钇钡铜氧化物 (YBCO) 高温超导带材设计的在 20K 温度下运行的 100MW/2GJ 级用于频率稳定系统的超导磁储能装置。

随着电力系统负荷的增加，超导磁储能装置在电网中的负载均衡所需的存储能量也在增加。为了实现在大容量电力系统中的应用，需要设计具有更高的电压等级和更大的额定功率的超导磁储能装置。受电力电子变换器中晶闸管电流容差的限制，在输电系统中安装超导磁储能装置用于负载均衡是相当困难的。

2. 超导电力应用对电力系统运行和环境的影响

除了基于超导的设备应用于电力系统的技术和经济挑战外，超导设备对电力系统运行的影响是其在电力系统中广泛应用的另一个关键问题。由于超导器件的电气特性和工作性能不同于传统器件，所以研究具有超导器件的电力系统是一个极具挑战性的课题，也是超导电力器件广泛应用的一个重要问题。关于超导电力系统运行的一些创新性研究迫在眉睫，包括超导电力应用系统的动态建模、超导电力应用系统的协调运行(电力系统稳定性问题)、超导电力应用系统的可靠性、超导电力应用系统的优化运行、超导电力应用控制、超导电力应用监控和故障诊断技术。

能量损耗和 CO_2 排放对电力系统非常重要，超导电力应用具有很大的潜力，利于节能减排。各种超导电力应用包括超导电缆、超导变压器、超导发电机、超导限流器和超导磁储能装置在节能减排方面具有广泛的直接或间接优势。在发电系统和电网中，超导电力应用在降低能量损耗方面潜力巨大。

为了实现超导电力应用节能减排的优势，尤其需要大规模应用超导装置。由于材料和电气技术的限制，一些技术和经济上的挑战如超导装置的交流损耗和冷却损耗值得深入研究。降低超导装置损耗，可以显著提高超导装置的节能减排效果。与传统设备相比，超导电力器件的安装和运行成本是另一个需要考虑的问题。相信在未来的电力系统中，基于先进超导技术的高温超导电力装置将被广泛应用，在节能减排方面产生巨大的效益。

参 考 文 献

[1] 宋璇坤, 韩柳, 鞠黄培, 等. 中国智能电网技术发展实践综述. 电力建设, 2016, 37(7): 1-11.

[2] 刘振亚. 全球能源互联网. 北京: 中国电力出版社, 2015.

[3] 刘振亚. 智能电网. 北京: 中国电力出版社, 2010.

[4] 余贻鑫, 栾文鹏. 智能电网. 电网与清洁能源, 2009, 25(1): 7-11.

[5] 孔祥玉, 赵帅, 贾宏杰, 等. 智能电网中电力设备及其技术发展分析. 电力系统及其自动化学报, 2012, 24(2): 21-26.

[6] Rifkin J. Third Industrial Revolution: How Lateral Power is Transforming Energy, the Economy, and the World. New York: Palgrave Macmillan Trade, 2011.

[7] 董朝阳, 赵俊华, 文福拴, 等. 从智能电网到能源互联网: 基本概念与研究框架. 电力系统自动化, 2014, 38(15): 1-11.

[8] 孙宏斌, 郭庆来, 潘昭光, 等. 能源互联网: 驱动力、评述与展望. 电网技术, 2015, 39(11): 3005-3013.

[9] Huang A Q, Crow M L, Heydt G T, et al. The future renewable electric energy delivery and management(FREEDM)system: The energy internet. Proceedings of the IEEE, 2011, 99(1): 133-148.

[10] 刘振亚. 智能电网与第三次工业革命. 科技日报, 2013-12-5(1).

[11] 国务院. 国务院关于积极推进"互联网+"行动的指导意见. 国发〔2015〕40 号. 北京: 国务院, 2015.

[12] 中电联统计信息部. 2011 年全国电力工业统计快报. 中国电力企业管理, 2012, (2): 94-95.

[13] 中国能源中长期发展战略研究项目组. 中国能源中长期(2030、2050)发展战略研究: 电力·油气·核能·环境卷. 北京: 科学出版社, 2011.

[14] 孙玉娇, 周勤勇, 申洪. 未来中国输电网发展模式的分析与展望. 电网技术, 2013, 37(7): 1929-1935.

[15] 周孝信. 我国未来电网对超导技术的需求分析. 电工电能新技术, 2015, 34(5): 1-7.

[16] 中国电力科学研究院. 特高压输电技术直流输电分册. 北京: 中国电力出版社, 2012.

[17] 严陆光, 周孝信, 甘子钊, 等. 关于发展高温超导输电的建议. 电工电能新技术, 2014, 33(1): 1-9.

[18] Xiao X Y, Liu Y, Jin J X, et al. HTS applied to power system: Benefits and potential analysis for energy conservation and emission reduction. IEEE Transactions on Applied Superconductivity, 2016, 26(7): 5403309.

[19] Chen X Y, Jin J X. Energy efficiency analysis and energy management of a superconducting LVDC network. IEEE Transactions on Applied Superconductivity, 2016, 26(7): 5403205.

第 2 章　超导电缆的基本结构与原理

2.1　超导电缆的原理结构及其分类

2.1.1　基本结构

超导输电系统，包括相互关联的三个主要部分，即超导电缆本体、制冷系统和电网系统。

高温超导电缆与传统的普通电缆不同，基于高温超导导线的特点及其对工作环境的要求，其主要结构包括超导层、内支撑芯、绝热层、绝缘层、屏蔽层和保护层[1,2]。

(1)超导层：高温超导电缆的核心导电层通常由高温超导带材绕制而成，并以多层最为常见。

(2)内支撑芯：内支撑芯的功能是作为超导带材排绕的基准支撑物，通常为罩有密致金属网的金属波纹管或一束铜绞线。

(3)绝热层：绝热层通常由同轴双层金属波纹管套制，两层波纹管间抽成真空并嵌有多层防辐射金属箔。绝热层的主要功能是实现电缆超导导体与外部环境的绝热，保证超导导体在低温环境下能够安全运行。超导所需的低温环境通常是由绝热层内的制冷液如液氮实现的。

(4)绝缘层：高温超导电缆按电气绝缘层类型的不同可以分成热绝缘和冷绝缘两种，热绝缘超导电缆电气绝缘层的结构和材料与常规电缆的电气绝缘层相同，位于绝热层外部；而冷绝缘超导电缆的电气绝缘层浸泡在液氮的低温环境中。

(5)屏蔽层：屏蔽层的功能是电磁屏蔽，以降低电磁耦合和电磁干扰。

(6)保护层：保护层提供短路保护以及物理、化学、环境保护等。

高温超导电缆导线不仅与传统的普通电缆导线不同，与传统低温超导电缆导线的结构和特性也都不同，因此高温超导电缆与最初的低温超导电缆也有较大的差异，这会在后面具体讲述。

2.1.2　分类与功能

根据电缆导体的结构、电气绝缘形式和传输电流性质的不同，高温超导电缆可以分为若干类别，如图 2-1 所示。

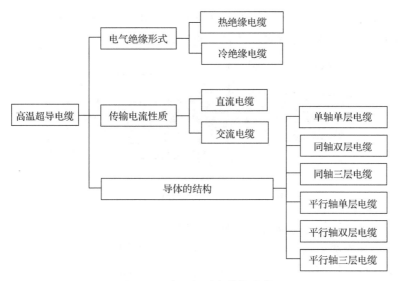

图 2-1　高温超导电缆的分类

　　总结世界各国的高温超导交流电缆项目，就其电缆类型而言，主要包括单相高温超导电缆、三相平行轴高温超导电缆和三相同轴高温超导电缆。高温超导直流电缆，依据高温超导层的不同，有单轴单层型、同轴双层型和双轴平行型。

　　按电缆绝缘层的工作环境，单相超导电缆通常分为热绝缘型和冷绝缘型两种，其基本结构分别如图 2-2 和图 2-3 所示。

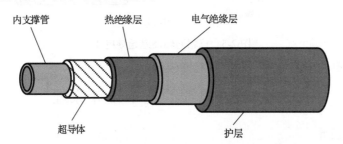

图 2-2　单相热绝缘型高温超导电缆基本结构

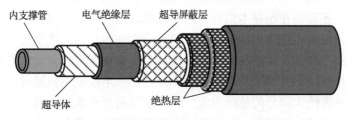

图 2-3　单相冷绝缘型高温超导电缆基本结构

　　三相平行轴高温超导电缆属于冷绝缘超导电缆，其结构如图 2-4 所示。该电缆的三相都设置在同一个绝热器和电缆外套内，共享同一低温环境，大大节约了安装空间，所以单位电缆横截面传输电能的效率非常高。

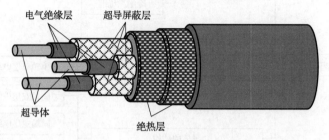

图 2-4　三相平行轴高温超导电缆

　　三相同轴高温超导电缆的结构如图 2-5 所示。三相超导层沿着同一个轴绕制，使得高温超导电缆更加节约安装空间。整根电缆也只用一个屏蔽层，更加节约材料。但是这种结构增加了电气绝缘的难度，且三相电流的耦合对输电损耗带来的影响还有待进一步研究。

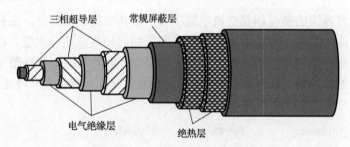

图 2-5　三相同轴高温超导电缆

2.2　超导电缆的基本设计原理

2.2.1　骨架设计

　　骨架支撑体通常采用铜绞线或者金属波纹管制成，支撑体除了为其余各层提供支撑作用，还要能在超导电缆发生短路故障时提供可靠的保护，起到及时分流的作用，防止超导电缆发生故障时造成超导层永久性损伤。这里选用铜绞线作为导体层绕制的支撑体，柔性实心的铜绞线还可以为电缆提供一定的柔顺性。超导电缆正常工作时，铜骨架中几乎没有电流流过，当电缆发生故障时，与超导层并联的铜骨架分流绝大部分的故障电流。铜骨架横截面积越大，发生故障时分流能力越强，但电缆成本也越高，同时超导电缆的交流损耗也会相应增加。如果交流损耗过大造成电缆温升过大使制冷液汽化，会增加整个电缆系统的潜在危险，所以对铜骨架支撑体进行合理的设计是有必要的[3]。

目前，电网中的电路短路故障主要发生在变电所、输电配电线路中，短路电流持续的时间和电网参数有密切的关系，一般为继电保护装置切除故障时间和断路器动作时间之和，一般快速继电保护装置动作时间为 0.05～0.12s，断路器动作时间为 0.06～0.15s。这里短路电流持续时间取 1s，即当电缆发生短路故障时，1s后保护装置系统启动完毕。由于短路电流瞬时值随时间变化情况比较复杂，直接利用理论计算公式求取载流导体短路发热量比较困难，在工程应用计算中一般利用等值时间法来计算短路电流热效应，即用短路电流的有效值来代替实际短路电流然后乘以一个等效发热时间来计算短路电流的热效应 Q，即

$$Q = I_\infty^2 t_{eq} \tag{2-1}$$

因此，铜骨架横截面直径的计算可以采用短路电流有效值和等效时间来确定。根据短路热稳定性原理，铜骨架最小横截面面积满足：

$$S_{min} = \frac{\sqrt{Q}}{t} = \frac{I_\infty \sqrt{t_{eq}}}{C} \tag{2-2}$$

式中，Q 为短路电流热效应，$A^2 \cdot s$；t_{eq} 为短路电流等效时间，s；S_{min} 为短路热稳定性要求的铜骨架最小横截面面积，mm^2；I_∞ 为稳态短路电流有效值，A；C 为铜的热稳定系数。

铜骨架横截面最小半径：

$$r_{min} = \sqrt{\frac{S_{min}}{\pi}} \tag{2-3}$$

铜的热稳定系数 C 由超导电缆工作温区下铜的物理性质决定。当环境温度为 T_0 时，结合铜的热稳定系数，综合计算出超导电缆允许通过的最大电流 I_{max} 为

$$I_{max} = \frac{S}{\sqrt{t_{eq}}} \sqrt{\frac{C_r}{\alpha \rho_r} \ln \frac{1 + \alpha(T_s - T_0)}{1 + \alpha(T_c - T_0)}} \tag{2-4}$$

$$C_r = C_p \times \rho \tag{2-5}$$

式中，C_r 为热容量，$J/(cm^3 \cdot K)$；α 为参考温度下铜的电阻率温度系数，K^{-1}；ρ_r 为工作温度 T_c 下铜的电阻率，$\mu\Omega \cdot m$；T_s 为短路故障时电缆允许的最大温度，K；T_c 为电缆工作温度，K；C_p 为铜的定压比热容，$Cal/(g \cdot K)$[①]；ρ 为铜的密度，g/cm^3。

---

① 1Cal=4186.8J。

由式(2-2)和式(2-4)，可以得到液氮温区(77K)下铜的稳定系数计算公式为

$$C = \sqrt{\frac{C_r}{\alpha \rho_r} \ln \frac{1+\alpha[T_s-(77-300)]}{1+\alpha[T_c-(77-300)]}} \tag{2-6}$$

当超导电缆发生短路故障时，如1s后故障保护电路动作，则保护电缆不会被烧毁。由于短路故障时间很短暂，可以认为故障电流流入铜骨架时是均匀分布的。国际上在测量超导带材比热容实验时一般控制温度在200~250K，从保守角度考虑，将高温超导电缆的安全温升速度设置为200K/s。在最极端的情况下，忽略液氮冷却介质对故障时铜骨架产生热量带来的影响，即短路故障时，铜骨架产生热量等效于超导电缆导体层的温度。因此，式(2-6)中T_s取200K，将77K温度下铜的物理数据代入式(2-6)计算可得铜的热稳定系数，根据式(2-2)计算出铜骨架最小截面积，并在设计确定铜骨架的半径时应考虑一定的裕度。

2.2.2 导电层设计

目前实际使用的高温超导带材多为扁带形状的复合材料，这种扁带状的带材力学性能较差，考虑到低温环境中的冷缩效应，所以这些带材不能像常规电缆那样扭绞在一起，而是一根挨一根螺旋缠绕在铜骨架上。为了提高超导电缆的载流能力，电缆的导电层中超导层或导体层通常采用多层叠绕方式。导体层层数尽量设计为偶数层，相邻共轭的导体层采用相反的绕制方向以抵消轴向磁场、减小交流损耗。

超导电缆设计的核心是其导体的设计。由于不同导体的导电、机械和几何形状特性的差别，超导电缆导体的设计与常规电缆导体的设计有显著区别，这种区别是决定超导电缆性能的关键。超导电缆的额定电流通常可表示为$I_R=kI_c$，其中k为与超导体临界电流及其工作环境、物理与力学性能和几何形状有关的参数，I_c为超导带材的临界电流。超导层的设计要点如图2-6所示[4,5]。超导的剩余电阻率(RRR)也是设计要考虑的参数。

图2-6 超导层的设计要点

1. 超导电缆的导体结构选择

一般来讲，制作高温超导电缆导体的工艺是将超导带材螺旋状分层均匀缠绕在支撑管上，其结构如图2-7所示。为了使高温超导电缆也具有一定的柔性，支

撑管一般使用金属波纹管或类似常规电缆导体的铜线束。如果使用波纹管作为支撑管,那么管内中空的部分还可以用作液氮流动的通道。

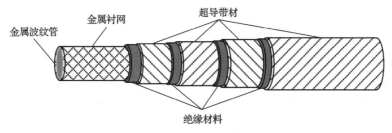

图 2-7　高温超导电缆导体结构示意图

2. 超导带材根数确定

对于直流高温超导电缆,如果使用的超导带材在设计的电缆工作温度、自感产生的内部磁场下的平均临界电流为 I_{ca},电缆的额定电流为 I_R,则 $I_{ca} \leqslant I_R$;实际应用需考虑设计的裕度 m(一般不小于 20%),则电缆导体横截面上的超导带材根数 N 应该满足:

$$N \geqslant (1+m) I_R / I_{ca} \tag{2-7}$$

对于交流高温超导电缆,因为给出的额定电流为有效值(RMS),考虑交流有效值和最大幅值的关系,所以式(2-7)应修改为

$$N \geqslant (1+m) \sqrt{2} I_R / I_{ca} \tag{2-8}$$

3. 超导带材层数确定

高温超导电缆导体的层数除了与每相电缆需要的超导导线的根数有关,还与支撑管的直径有关。图 2-8 为加上衬网和电气绝缘层之后支撑管外径 d_1、带材宽度 a 及绕制角度 α 与第一层可以绕制带材的根数 n_1 的最大值之间的关系示意图[6]。

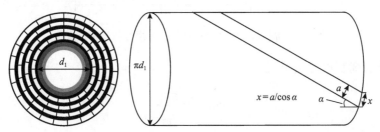

图 2-8　高温超导带材绕制示意图

绕制第 k 层的基准直径 d_k 和第 k 层能够绕制的超导带材数 n_k 的关系为

$$d_k = d_{k-1} + 2(t_s + t_i) \tag{2-9}$$

$$n_k \leqslant \pi d_k \cos\alpha_k / a, \quad k = 3, 4, \cdots \tag{2-10}$$

式中，t_s 为高温超导带材的厚度；t_i 为层间间距，包括层间绝缘膜的厚度和空隙。

具有多层高温超导带材的高温超导电缆，其层数越少，对各层之间的均流和减少传输损耗越有利，所以高温超导电缆导体设计的一个基本原则就是在其他条件允许的情况下，尽量减少高温超导带材的层数。

4. 超导带材绕制参数设计

在确定了高温超导带材的根数和层数之后，最重要的设计因素就是保证每根高温超导带材通过的电流基本相同。对于直流高温超导电缆，主要取决于高温超导带材的临界电流密度；对于交流高温超导电缆，要保证每根带材通过基本相同的电流。目前一般认为设计高温超导电缆导体的关键是设法使电缆导体每一层的电感相同。

从高温超导层电路结构的并联性质可知，各支路的压降相等。因此，高温超导层电流取决于各支路的阻抗。决定每一导体层阻抗大小的主要因素是自感、互感和接头电阻。在导体的数量和层数、绕制直径、层间绝缘厚度等参数确定之后，唯一可以影响电缆导体层自感和互感的因素就是每一层的绕制截距。而在绕制直径确定之后，绕制截距是由绕制角度决定的。所以，绕制角度的设计是确定导体层电流分布的关键。

图 2-9 的高温超导电缆多层结构第 k 层的导体中，每一层的电感由两部分组成，即本层自感和本层与其他层的互感。

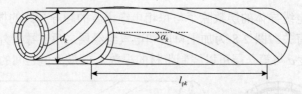

图 2-9　高温超导电缆多层结构第 k 层导体结构示意图

第 k 层绕制角度 α_k 满足：

$$\tan\alpha_k = \frac{\pi d_k}{l_{pk}} \tag{2-11}$$

式中，d_k 为绕制直径；l_{pk} 为由第 k 层高温超导带材绕制角度决定的该层的绕制截距。

　　如果把每一个导体层看成一个支路,那么就可以把多层的高温超导电缆用图 2-10 所示的等效电路表示。其中,高温超导电缆共有 n 层,导体层有 m 层,屏蔽层有 $n\!-\!m$ 层;r_i 为各层等效电阻;L_i 为各层自感;$M_{i,j}$ 为层间互感;$i_1,\cdots,i_m$ 为导体层各层电流;$i_{m+1},\cdots,i_n$ 为屏蔽层各层电流。研究表明,导体层单位长度电感比电阻大约两个数量级,即电感支配着各层电流的分布情况。

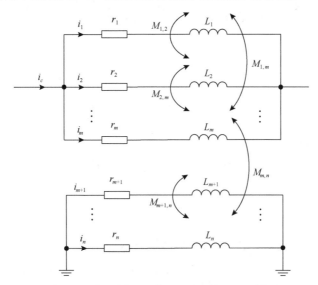

图 2-10　高温超导电缆的导体层等效电路模型

1) 高温超导电缆的导体层自感

　　高温超导电缆导体层 i(为方便,下面表述省略 i)的磁感应强度 B 可由安培定律推导求出:

$$B_{\mathrm{in}} = \frac{\mu_0 I}{P_i}, \quad R_0 < R_i \tag{2-12}$$

$$B_{\mathrm{out}} = \frac{\mu_0 I}{2\pi r}, \quad R_0 > R_i \tag{2-13}$$

式中,P_i 是导体层超导带材的绕制节距;I 是流过导体层的电流;R_i 是导体层的半径;μ_0 为真空磁导率 $(4\pi\times10^{-7}\,\mathrm{H/m})$。设 R_0 为场点到轴线的距离,当 $R_0 < R_i$ 时,是一个轴向的磁场;当 $R_0 > R_i$ 时,是一个环向的磁场。

　　电缆的自感取决于其结构,故通过结构及参数可计算出电感的自感。也可以利用求取磁场能量的方法,得出单位长度导体层的自感。导体层磁场能量密度 $w_{\mathrm{m}}(\mathrm{J/m^3})$ 为

$$w_{\mathrm{m}} = \frac{B^2}{2\mu_0} \tag{2-14}$$

由式 (2-14) 可以得出单位长度电缆导体磁场能量 W_{m} (J/m) 为[7]

$$W_{\mathrm{m}} = \frac{1}{2\mu_0} \int_0^{r_i} \left(\frac{\mu_0 I}{P_i}\right)^2 2\pi r \mathrm{d}r + \frac{1}{2\mu_0} \int_{r_i}^{D} \left(\frac{\mu_0 I}{2\pi r}\right)^2 2\pi r \mathrm{d}r \tag{2-15}$$

化简得

$$W_{\mathrm{m}} = \frac{1}{2} \left[\mu_0 \frac{\pi r_i^2}{P_i^2} + \frac{\mu_0}{2\pi} \ln\left(\frac{D}{r_i}\right) \right] I^2 \tag{2-16}$$

式中，D 是最外层屏蔽层的半径。

设高温超导电缆导体层的自感为 L_i，则单位长度电缆导体磁场能量可表达为

$$W_{\mathrm{m}} = \frac{1}{2} L_i I^2 \tag{2-17}$$

比较式 (2-16) 和式 (2-17)，可得导体层自感为

$$L_i = \mu_0 \frac{\pi r_i^2}{P_i^2} + \frac{\mu_0}{2\pi} \ln\left(\frac{D}{r_i}\right) = \frac{\mu_0}{4\pi} \left[\tan^2 \beta_i + 2\ln\left(\frac{D}{r_i}\right) \right] \tag{2-18}$$

2) 高温超导电缆导体层互感

当导体层 i 和 j 分别通过电流 I_i 和 I_j 时，导体层的总磁场能量 W_{m} (J/m) 为

$$W_{\mathrm{m}} = W_{\mathrm{mi}} + W_{\mathrm{mb}} + W_{\mathrm{mo}} = \frac{1}{2} L_i I_i^2 + \frac{1}{2} L_j I_j^2 + M_{ij} I_i I_j \tag{2-19}$$

式中，W_{mi} 为导体层内部的磁场能量；W_{mb} 为导体层间的磁场能量；W_{mo} 为外层导体层到返回路径的磁场能量。

利用安培定则，各部分磁场能量如下：

$$W_{\mathrm{mi}} = \frac{1}{2\mu_0} \int_0^{r_i} \left(\alpha_i \frac{\mu_0 I_i}{P_i} + \alpha_j \frac{\mu_0 I_j}{P_j} \right)^2 2\pi r \mathrm{d}r = \frac{\mu_0}{2} \left(\frac{I_i^2}{P_i^2} + \frac{I_j^2}{P_j^2} + \frac{2\alpha_i \alpha_j I_i I_j}{P_i P_j} \right) \pi r_i^2 \tag{2-20}$$

$$W_{\mathrm{mb}} = \frac{1}{2\mu_0} \int_{r_i}^{r_j} \left[\left(\frac{\mu_0 I_i}{2\pi r}\right)^2 + \left(\frac{\mu_0 I_j}{P_j}\right)^2 \right] 2\pi r \mathrm{d}r = \frac{\mu_0}{2} \left[\frac{I_i^2}{2\pi} \ln\left(\frac{r_j}{r_i}\right) + \frac{I_j^2}{P_j^2} \pi \left(r_j^2 - r_i^2\right) \right] \tag{2-21}$$

$$W_{\mathrm{mo}} = \frac{1}{2\mu_0}\int_{r_j}^{D}\left[\frac{\mu_0(I_i+I_j)}{2\pi r}\right]^2 2\pi r\mathrm{d}r = \frac{\mu_0}{4\pi}\left(I_i^2+I_j^2+2I_iI_j\right)\ln\left(\frac{D}{r_j}\right) \qquad (2\text{-}22)$$

式中，α_i 与 α_j 分别表示导体层绕向的系数（以 +1 或 –1 表示），如果在骨架上导体层带材以顺时针 "S" 方向绕制，则系数取 +1；如果以逆时针 "Z" 方向绕制，则系数取 –1。

将式(2-20)～式(2-22)代入式(2-19)中，并化简得

$$\begin{aligned}
W_{\mathrm{m}} = &\frac{1}{2}\left[\mu_0\frac{\pi r_i^2}{P_i^2}+\frac{\mu_0}{2\pi}\ln\left(\frac{D}{r_i}\right)\right]I_i^2 + \frac{1}{2}\left[\mu_0\frac{\pi r_j^2}{P_j^2}+\frac{\mu_0}{2\pi}\ln\left(\frac{D}{r_j}\right)\right]I_j^2 \\
&+\left[\mu_0\frac{\alpha_i\alpha_j}{P_iP_j}\pi r_i^2+\frac{\mu_0}{2\pi}\ln\left(\frac{D}{r_j}\right)\right]I_iI_j
\end{aligned} \qquad (2\text{-}23)$$

比较式(2-16)和式(2-23)可得导体层的互感为

$$M_{ij}=M_{ji}=\mu_0\frac{\alpha_i\alpha_j}{P_iP_j}\pi r_i^2+\frac{\mu_0}{2\pi}\ln\left(\frac{D}{r_j}\right)=\frac{\mu_0}{2\pi}\left[\frac{\alpha_i\alpha_j}{2}\frac{r_i}{r_j}\tan\beta_i\tan\beta_j+\ln\left(\frac{D}{r_j}\right)\right] \qquad (2\text{-}24)$$

式中，i、j 按导体分层情况而选定，$i,j=1,2,\cdots$。

屏蔽层的自感、互感以及屏蔽层与导体层之间的互感的计算方法与上述相同。

通过分析式(2-18)和式(2-24)可知，导体层和屏蔽层的自感、互感，以及屏蔽层与导体层之间的互感取决于各层半径 r、各层带材的绕向角 β 以及绕制方向 α 等结构参数。通过调整电缆结构参数来调节各层电感值是使电流趋于均衡的有效途径，所以需要分析结构参数对电磁参数的影响情况。

3) 高温超导电缆导体层均流

在角频率为 ω 的正弦电流激励下，依据图 2-10 等效电路模型，忽略导体层电阻，建立电路矩阵方程为

$$\mathrm{j}\omega\begin{bmatrix}
L_1 & \cdots & M_{1,m} & M_{1,m+1} & \cdots & M_{1,n} \\
\vdots & & \vdots & \vdots & & \vdots \\
M_{m,1} & \cdots & L_m & M_{m,m+1} & \cdots & M_{m,n} \\
M_{m+1,1} & \cdots & M_{m+1,m} & L_{m+1} & \cdots & M_{m+1,n} \\
\vdots & & \vdots & \vdots & & \vdots \\
M_{n,1} & \cdots & M_{n,m} & M_{n,m+1} & \cdots & L_n
\end{bmatrix}\begin{bmatrix}
\dot{I}_1 \\ \vdots \\ \dot{I}_m \\ \dot{I}_{m+1} \\ \vdots \\ \dot{I}_n
\end{bmatrix}=\begin{bmatrix}
\dot{U} \\ \vdots \\ \dot{U} \\ 0 \\ \vdots \\ 0
\end{bmatrix} \qquad (2\text{-}25)$$

即

$$
\begin{bmatrix} \dot{I}_1 \\ \vdots \\ \dot{I}_m \\ \dot{I}_{m+1} \\ \vdots \\ \dot{I}_n \end{bmatrix} = \frac{1}{j\omega} \begin{bmatrix} L_1 & \cdots & M_{1,m} & M_{1,m+1} & \cdots & M_{1,n} \\ \vdots & & \vdots & \vdots & & \vdots \\ M_{m,1} & \cdots & L_m & M_{m,m+1} & \cdots & M_{m,n} \\ M_{m+1,1} & \cdots & M_{m+1,m} & L_{m+1} & \cdots & M_{m+1,n} \\ \vdots & & \vdots & \vdots & & \vdots \\ M_{n,1} & \cdots & M_{n,m} & M_{n,m+1} & \cdots & L_n \end{bmatrix}^{-1} \begin{bmatrix} \dot{U} \\ \vdots \\ \dot{U} \\ 0 \\ \vdots \\ 0 \end{bmatrix} \quad (2\text{-}26)
$$

从式(2-26)中可以看出,根据式(2-18)和式(2-24)求得自感、互感矩阵参数,那么通过求解矩阵方程就可以得到各层的电流分布情况。

2.2.3 绝缘层设计

1. 主绝缘层材料的选择

高温超导电缆主绝缘层材料通常有聚乙烯(PE)塑料、交联聚乙烯(XLPE)塑料、低密度聚乙烯(LDPE)塑料、乙丙橡胶(EPR)、聚丙烯层压纸(PPLP)、纤维素纸(Cellulose)、双取向聚丙烯层压纸(OPPL)、聚芳酰胺纤维纸(Nomex)、聚酰亚胺(PI)薄膜、油浸绝缘纸等。前三种材料适合于热绝缘高温超导电缆的主绝缘层设计,在常温下具有出色的力学性能和电气性能。在77K低温下,局部放电量明显减少,介质损耗明显降低,表明其电气性能优异,但力学性能明显降低[8]。例如,PE塑料绝缘层在温度为170K左右开始开裂,XLPE塑料在温度为40K左右开始出现裂纹。EPR绝缘层在低温环境下力学性能强度优于PE塑料和XLPE塑料,但其脆性和热应力很大,不适合工作在液氮条件下。几种常用绝缘材料的特性如表2-1所示,其中包括绝缘材料的介电常数、介质损耗和局部放电情况[9]。

表 2-1　几种绝缘材料的特性

绝缘材料	介电常数	介电强度/(kV/mm)	介质损耗 $\tan\delta$	说明
XLPE 塑料	2.3	>40	5×10^{-4}	脆化温度为187K
LDPE 塑料	2.3	50	$<5\times10^{-4}$	低温下力学性能较差
EPR	2.7	26	4×10^{-3}	77K 局部放电高达 20kV/mm
Cellulose	2.21	35~40	1.4×10^{-3}	20kV 交流电产生局部放电
OPPL	2.6	50~55	7×10^{-10}	20kV 交流电产生局部放电
Nomex	3.1	35	5×10^{-10}	77K, 0.1~0.6MPa 时局部放电 15~24kV/mm
PPLP	2.21	40~45	8×10^{-4}	77K, 0.1~0.6MPa 时局部放电 15~24kV/mm

由表2-1可知,PPLP和Nomex材料局部放电起始场强最高,且在较低的温度下都有着较为理想的力学性能和电气性能。在温度为77K的液氮条件下,可明

显增大局部放电的耐受压强以及起始放电电压。增加超导电缆主绝缘层的绝缘厚度对起始场强影响不大，反而会降低单位厚度的耐受电压。超导电缆研发生产公司通常选用性价比较高的 PPLP 材料作为冷绝缘结构高温超导电缆的主绝缘层。PPLP 由聚丙烯薄膜和具有多孔结构的纸浆材料压制而成，其浸润性能良好，可防止气隙的产生，从而有效防止局部放电的发生[9]。

PPLP 由中间的一层聚丙烯薄膜两面覆盖两层牛皮纸制作而成，结构形似"三明治"。PPLP 具有较高的介电强度和较低的介质损耗，且在 77K 液氮条件下具有突出的力学性能，因此 PPLP 适合作为冷绝缘结构高温超导电缆的主绝缘层。早在 20 世纪 60 年代，美国和日本就相继研发了利用 Nomex 和 PPLP 作为主绝缘层的超导电缆，其电气性能优异，力学性能良好。

除了上述固体绝缘材料，真空条件以及强电负性气体也可用作超导电缆的绝缘体，例如，SF_6、CF_4 和 CCl_4 气体，其电气强度可达空气的 2.5 倍，但其缺点是液化温度较高。而真空条件的稳定性极低，可靠性差且不经济，不适合在电力系统中广泛应用。

2. 主绝缘层厚度的计算

高温超导电缆的主绝缘层是由 PPLP 绝缘材料绕制在超导电缆屏蔽层上的，绝缘材料之间在绕制过程中会产生绕包间隙。由于冷绝缘结构的超导电缆由屏蔽层在液氮条件下冷却，冷却的液氮会浸润在缝隙中。PPLP 材料和液氮的介电常数不同，在高压条件下会产生局部放电，最终引起绝缘层击穿。因此，在设计主绝缘层时应充分考虑绝缘层厚度的选择，使高温超导输电电缆能够安全可靠地运行。

绝缘层结构的设计首先应确定绝缘层的厚度，对于单芯电缆，其绝缘厚度 $E/m=U/R_c\ln(R/R_c)$，其中，U 为电压，考虑冲击保护水平，通常选 3 倍左右的电缆额定电压；E 为对应的工频击穿场强或冲击击穿强度；m 为对应于工频和冲击电压下的安全裕度，一般取 1.5；R_c 为导电线芯半径；R 为绝缘层外半径。确定绝缘层的厚度之后，进而要确定绝缘层的绕制结构。绝缘层由多层带状绝缘材料绕制而成，如由内到外依次是 PI 带、碳纸、PPLP、碳纸、PI 带。这样既便于制作，可保证电缆的可曲度，又分散了绝缘纸带中的弱点，增加绝缘层的均匀度，提高绝缘层的击穿强度，降低绝缘层击穿强度的分散性。绝缘层的绕制方法有搭盖式和间隙式两种，搭盖式比间隙式的可曲度和缠绕紧密度低，因此仅用于紧靠线芯和绝缘层最外的几层。

PPLP 主绝缘层厚度的计算通常有两种方法。第一种方法：绝缘层承受的最大场强超过绝缘材料的击穿场强时，发生击穿现象。第二种方法：固体介质的击穿主要发生在绝缘介质气孔或者其他缺陷处，对电场造成畸变，导致介质击穿电压降低，发生击穿现象[8]。

第一种方法，按照最高工作电压下的电场强度最大值来计算主绝缘层厚度，其 PPLP 厚度计算公式如下：

$$\Delta_1 = r_i \left[\exp\left(\frac{U_{max}}{r_i E_{max}} \right) - 1 \right] \tag{2-27}$$

式中，Δ_1 为最高工作电压下由电场强度最大值计算得出的 PPLP 厚度，mm；r_i 为主绝缘层的内半径，mm；U_{max} 为最高工作电压，kV；E_{max} 为最大工作场强，kV/mm。

当高温超导电缆工作在 110kV 电压下时，U_{max} 取 1.15 倍的工作电压，即 $U_{max}=1.15 \times 110 \text{kV}=126.5 \text{kV}$。在 77K 液氮温度、0.1～0.6MPa 压力下，局部放电的初始电场强度为 15～24kV/mm，出于安全裕度考虑，取 $E_{max}=10 \text{kV/mm}$，r_i 取值 14.3mm，通过式(2-27)计算可得 $\Delta_1=12.9 \text{mm}$。

第二种方法，根据平均击穿场强理论计算 PPLP 厚度，按照交流电压计算绝缘厚度，计算公式为

$$\Delta_2^1 = U_{max} k_1 k_2 k_3 / E_{ac} \tag{2-28}$$

式中，Δ_2^1 为交流电压下 PPLP 厚度，mm；U_{max} 为最高工作电压，kV；k_1 为工频电压老化系数，通常取 2.3～4，本节中取 $k_1=3.6$；k_2 为温度系数，通常取 1.1～1.2，在 77K 液氮温度下取 $k_2=1$；k_3 为裕度系数，通常取 1.1；E_{ac} 为符合韦伯分布工频击穿电压最低值，取 40kV/mm。通过计算可得 $\Delta_2^1=12.5 \text{mm}$。

按照冲击电压计算绝缘层厚度，计算公式为

$$\Delta_2^2 = U_{BLL} k_1 k_2 k_3 / E_{imp} \tag{2-29}$$

式中，Δ_2^2 为冲击电压下 PPLP 绝缘层厚度，mm；U_{BLL} 为系统冲击电压，kV；k_1 为冲击电压老化系数，本实验中取 $k_1=1.25$；k_2 为温度系数，通常取 1.1～1.2，在 77K 液氮温度下取 $k_2=1$；k_3 为裕度系数，通常取 1.1；E_{imp} 为符合韦伯分布冲击电压最低值，取 60kV/mm。通过计算可得 $\Delta_2^2=12.6 \text{mm}$。

根据平均击穿场强理论计算 PPLP 绝缘层厚度时，分别按照交流电压和冲击电压计算，取较大值。上面两种计算方法得到的结果相差不大，其中第一种计算方法是日本研发人员进行 66kV 超导输电项目计算 PPLP 绝缘层厚度的方法，有大量的实验数据作为支撑；第二种计算方法要考虑的系数较多，没有明确的选择方法。因此，采用第一种计算方法得出的结论，令 PPLP 绝缘层厚度取值为 $\Delta=13 \text{mm}$。

2.2.4　本体恒温器设计

作为超导电缆绝热结构的本体恒温器，其作用是把超导电缆导体及在其周围

流动的液氮与外界环境绝热分离。由于液氮温度远远低于环境温度，为保证超导电缆正常运行，必须依靠可靠的绝热结构把从环境向超导电缆导体所在的低温区域传递的热量降低到最低程度。目前常见的高温超导电缆本体绝热恒温器均采用绝热效果最佳的高真空多层绝热结构。不论是冷绝缘超导电缆还是常温绝缘超导电缆，其恒温器结构基本相同，只是外形尺寸和恒温器在电缆本体结构中位置不同。

超导电缆绝热恒温器有如下特点：

(1)绝热效果好并且持久。恒温器绝热效果直接影响超导电缆系统的初期投资和运行成本。绝热效果的持久性直接决定超导电缆的维护周期和可靠性。由于超导电缆为电力设备，可靠性要求非常高，所以对恒温器可靠性的要求也高于其他系统对恒温器的可靠性要求。

(2)恒温器长度较长，长度和直径之比很大。超导电缆恒温器的直径一般在 $50\sim150\mathrm{mm}$，而长度可以达到几十米至几百米，例如，投入运行的约 610m 长的美国长岛超导电缆，其单段恒温器的长度为 100m。超导电缆用于远距离输电时，需要配套的恒温器的长度会更长。

假定电缆本体的外径为 D_0，本体恒温器波纹管内壁厚度可由式(2-30)计算：

$$s = \frac{PD_0}{2\sigma^{\mathrm{t}}\phi - P} + c \tag{2-30}$$

式中，P 为设计压力，$\mathrm{N/cm^2}$；σ^{t} 为工作温度下恒温器材料的许应力；ϕ 为焊缝系数，通常取 0.7；c 为壁厚附加量，mm。

$$D_1 = D_0 + 2s \tag{2-31}$$

根据式(2-30)和式(2-31)计算出本体恒温器内径 D_1。

根据本体恒温器的实际漏热最大允许阈值，绝热层厚度可由式(2-32)计算得到：

$$Q = \frac{2\pi\lambda(T_{\mathrm{h}} - T_{\mathrm{c}})}{\ln((D_1 + 2\varepsilon)/D_1)} \tag{2-32}$$

式中，Q 为每米电缆本体恒温器漏热，W/m；λ 为有效热导率，$\mathrm{W/(m\cdot K)}$；T_{h} 为环境温度，K；T_{c} 为超导电缆最高运行温度，K；ε 为绝热层厚度，m。

$$D_2 = D_1 + 2\varepsilon \tag{2-33}$$

$$S = D_2^{0.6}\left(\frac{mPL}{2.59E}\right)^{0.4} \tag{2-34}$$

式中，D_2 为本体恒温器外径，m；S 为本体恒温器外壁厚度，m；m 为稳定系数，查阅相关资料取 3；L 为恒温器的计算长度，m；E 为本体恒温器材料的弹性模量，N/cm^2。

2.2.5　电缆屏蔽层设计

屏蔽层的作用是屏蔽电缆导体输电时产生的交变磁场，以减少导体间相互干扰和交变磁场引起的耦合损耗和涡流损耗。其工作原理为：传输交变电流的电缆，根据楞次定律和法拉第电磁感应定律，将在其屏蔽层产生感应电流；而这个感应电流的磁场，趋向阻止电缆传输电流所产生的磁场的变化。

超导屏蔽层是冷绝缘超导电缆与常温绝缘超导电缆的最大区别之一。常规电缆的屏蔽层通常用于屏蔽电场。其一般单头接地，且屏蔽层自身没有电流通过。冷绝缘超导电缆一般由多层超导导体和超导屏蔽构成，屏蔽导体一般采用与电缆导体相同的超导材料，与超导电缆的导体、绝缘层均置于绝热套内，其间充以相应冷却剂以保持超导材料的特性。屏蔽层能将电缆由输送交流电流引起的空间电场和磁场的变化，完全限制在超导电缆缆芯内，同时也可保护电缆免受外界电场和磁场的影响，从而显著提高超导电缆的输电效率及容量。尤其对于三芯冷绝缘超导电缆，必须要考虑磁屏蔽，否则各芯间的电磁干扰和电磁力将会很大。可以采用屏蔽层两端接地的形式，形成的感应回流起到磁屏蔽的作用。对于单芯的冷绝缘电缆，也可以不考虑磁屏蔽，屏蔽层仅仅起到电场屏蔽的作用。同轴设计的冷绝缘超导电缆运行时，超导导体在电缆中心传输电流，屏蔽导体一般为两端互联后接地，且在回路阻抗极低可以忽略不计的条件下，超导屏蔽可感应或通过与超导导体大小相等、方向相反的屏蔽电流，实现屏蔽层外无磁场。当冷绝缘超导电缆用于三相交流输电系统时，由于其中一相超导电缆对相邻相超导电缆的金属层存在电磁感应，因此，三相电缆只有在特定敷设条件下，超导电缆绝缘屏蔽两端互联，且互联的屏蔽层两端电压为零时，才有可能实现超导电缆绝缘屏蔽层通过与超导电缆导体电流量值相同、相位相反的电流。即设超导电缆导体通过电流为 I_i，屏蔽电流为 I_s，当满足 $\sum_{i=1}^{n} I_i + I_s = 0$ 时，冷绝缘超导电缆实现绝缘屏蔽外无磁场的理想运行状态。对于非理想的实际运行状态，通常用屏蔽系数 k 表示屏蔽效果，即 $I_i=kI_s$。

对于高温超导电缆，高温超导屏蔽层包绕在电绝缘层之外，由高温超导线材螺旋绕制而成，通常是两端接地，若电缆线路长，可采用分段接地的方式。需要注意的是，冷绝缘高温超导电缆末端屏蔽层终端处局部存在较大的电压梯度，电场过于集中很容易造成绝缘层局部老化和击穿。应力锥、应力管和电容锥等措施通常可用以缓解冷绝缘超导电缆的端头电场应力集中。

2.3　高温超导交流与直流电缆

输送相同容量的电能，高温超导直流电缆(HTS DC cable)比高温超导交流电缆(HTS AC cable)的造价低得多。因为高温超导直流电缆的输送电流仅受临界电流密度 J_c 值制约而不受交流损耗制约；高温超导直流电缆无须设计承受高的过流值，故易于采用优化的换流结构；除安装费用外，高温超导直流电缆的损耗费用也远低于高温超导交流电缆。

通常高温超导电缆中的高温超导导体本身为线状或带状，有机聚合物绕在导体周围，外加电绝缘层、热绝缘层、保护层，内部采用金属钢管作为电缆的支撑管，同时兼作制冷液的通道。高温超导直流电缆在结构上和高温超导交流电缆相似，只是在设计过程中考虑的因素少一些，结构更简单一些，包括的主要元素仍是超导体导电层及其稳定层、外保护层、绝热层(真空层)、电绝缘体层和制冷液传导层。电缆的外形可以是圆形或扁平状。只是高温超导直流电缆只能采用冷绝缘结构，磁通跳跃和高次谐波是对其应用的瓶颈。

具有高电流密度和低传输损耗特点的高温超导电缆有望成为紧凑型大容量电力电缆。但是，高温超导的"零电阻"只适用于直流电力的传输，而交流传输中依旧存在一些电能损耗。鉴于高温超导直流电缆在电网中可以充分发挥超导的低传输损耗特点，在未来智能电网中高温超导直流电缆的实际应用价值将会远超过高温超导交流电缆。高温超导直流电缆可以由单芯、双芯或三芯的结构组成，如图 2-11 所示[10]。其结构的选择取决于电压、电流和线路系统结构等实际应用条件。

高温超导直流电缆是一种结构紧凑、容量大、传输损耗低的环保型电缆，下面简述其优点：

(1)无导体电阻损耗。由于高温超导直流电缆电阻为零，因而没有导体的电阻损耗。理论上，通过增加构成高温超导电缆导线的数量，可以无限制地增加每根电缆的传输容量。通过绝热管的热侵入是高温超导直流电缆中存在的唯一损耗源，因此每单位长度所需的冷却能力可以大大降低，使冷却所需的能量最小化，并且延长相同制冷功率的冷却距离。

①传统铜电缆的最大电流容量有限，任何高于此值的载流量都不能传输，且传输损耗也很高。

②在交流输电中，高温超导电缆随着电流的增加，损耗急剧增加。因此，大规模应用面临的最大问题就是如何降低交流输电损失。

③高温超导直流电缆没有传输损耗，唯一的损耗源是热侵入。因此，如何将保温性能提高是目前最大的研究课题。目前的研究表明，降低热侵入的影响并提高传输效率的最有效方法是配置高容量导体和减少电缆数量。

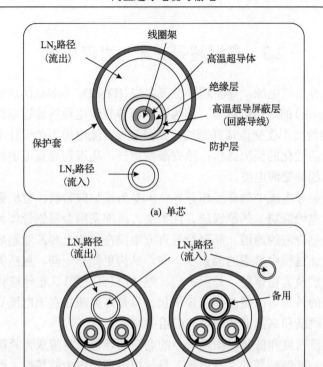

图 2-11　高温超导直流电缆的结构

（2）电磁干扰小。在高温超导交流电缆中，通常使用超导导线将屏蔽层两端短路，这样可以诱导与导通电流反相的电流穿过超导屏蔽层。这种感应抵消了屏蔽层外的磁场，形成完全没有电磁干扰的状态，而且没有任何电磁场泄漏。在高温超导直流电缆中，只需通过在单极传输中使返回电流流过屏蔽层，并通过在双极传输中并排地施加正负电流，就可以达到无电磁干扰状态。

（3）电气绝缘的优势。由于导体损耗，传统铜直流电缆的绝缘中会出现热梯度，且热梯度会根据负载和位置产生电绝缘电阻的复杂变化。直流电应力随着介质电阻的分布而变化，因此随着绝缘温度的分布而变化。导体层在空载时受到应力，而护套则在满载时受到应力。对比于传统铜直流电缆，高温超导直流电缆的电绝缘没有热梯度，且电缆导体层最大应力低于传统铜直流电缆的护套侧最大应力，因此高温超导直流电缆易于实现绝缘设计，并获得较为紧凑的绝缘结构。

下面再从高温超导交直流电缆的本体设计及综合性能来对比分析：

（1）导体设计。高温超导直流电缆中的导体没有要求交流电缆中所需的"均流载流"功能，即通过选择合适的绕组间距来实现通过整个超导导体的每根导线的准均衡电流。通过考虑热机械特性，可以确定高温超导丝的绕组条件。另外，可以增加高温超导直流电缆导体中的超导线体积，以实现传输功率成比例地增加，同时不会造成任何损失的增加。尽管高电流不会影响高温超导直流电缆本身，但是可能产生如难以在终端引出这样的高电流或终端变大等问题。一个有效的解决方案是将终端处的电流分成几个套管。使用如图 2-11 所示的两芯或三芯电缆并联的芯线有利于分流输出电流，同时可以降低电缆的刚性。此外。还需设计一种可以确保冷却剂在热绝缘管内返回路径的电缆结构。

(2) 电气绝缘设计。绝缘设计必须提供足够的强度来抵抗额定直流电压、系统浪涌(脉冲)电压和极性反转。目前在高温超导交流电缆中用作电绝缘带的 PPLP 的交流强度和脉冲强度已经得到了验证。

油浸 PPLP 已经表现出能通过增加聚丙烯比例来增强脉冲强度和直流强度的特性。因此，浸入液氮的高温超导电缆有望得到相同的良好效果。使用 PPLP 作为介电常数较高的牛皮纸层的主绝缘，从而减轻了靠近电极处的直流电场分布。在电极处，即发生初始电击穿的地方，导体和另一牛皮纸层正好位于外屏蔽层的下面。这种 PPLP 和牛皮纸的结合可以提高超导电缆的总击穿强度，提高超导接头的电性能。

在超导电缆的终端，套管从液氮温度升到室温会出现非常陡峭的热梯度。该热梯度不是相对于强电场强度朝向径向，而是相对于较弱的电场强度朝向纵向，并在使用实际套管的验证测试中得到了证明。

(3) 传输容量。传输容量由传输条件和合适的电缆设计决定。表 2-2 比较了高温超导直流电缆和高温超导交流电缆的潜力，表明了高温超导直流电缆是大电流、大容量应用的最有效的解决方案。

表 2-2　高温超导电缆传输容量的比较

参数	高温超导交流电缆	高温超导直流电缆
结构	一根低温恒温管道含有三根芯；高温超导体层为 4 层 50 根带材；高温超导屏蔽层为 2 层 50 根带材；I_c 为 100A；绝缘厚度为 6mm	
电流容量(设计裕量 10%)	3kA(RMS)	13.5kA/三芯
额定电压	66~77kV(RMS)	130kV
传输容量	350MV·A	1750MV·A

用于传输比较的电缆的结构与住友电气工业株式会社和东京电力公司开发的 66kV 三芯一体高温超导交流电缆相同，并在日本电力工业中央研究所进行了测试。高温超导直流电缆采用三芯单极结构，所用高温超导线在 77K 下的临界电流为 100A，直流额定电压为 130kV。通过表 2-2 对比可以看出，当两者结构相同时，高温超导直流电缆实现了比高温超导交流电缆更大的传输容量。

（4）冷却距离。由于整根高温超导电缆必须使用液体制冷剂冷却到所需温度，所以需要尽可能的简化冷却系统以保持高使用寿命，同时保证尽可能长的冷却距离。电缆冷却通过循环制冷剂来冷却电缆散发的热量和绝热管的热侵入。由于所需的流量与待处理的热量成正比，实现在特定的压力损失下增加冷却距离而减少待处理的热损耗将是最有效的。压力损失 ΔP 和温度梯度 ΔT 的计算公式如下：

$$\Delta P = \lambda\left(L\rho v^2/d\right) \tag{2-35}$$

$$\Delta T = LW/(cm) \tag{2-36}$$

式中，W 为损耗热量；λ 为管中的摩擦系数；ρ 为流体的密度；d 为管道等效直径；L 为管道长度；v 为平均流量；c 为制冷剂的比热容；m 为质量流量。

　　因此，在没有传输损耗的情况下，与高温超导交流电缆相比，高温超导直流电缆的冷却距离较长，冷却效果也变得更加有效。同时，可以设计电缆使得制冷剂流动所需的横截面积小于绝热管面积，从而充分利用高温超导直流电缆的紧凑性。图 2-12 显示了冷却距离（ϕ150mm 管道，温度梯度小于等于 10K，压力损失小于等于 1MPa）的研究结果。结果表明，如果高温超导直流电缆中的热侵入保持在大约 1W/m，制冷距离将超过 10km，这有力地支持了高温超导直流电缆实际应用的可行性。

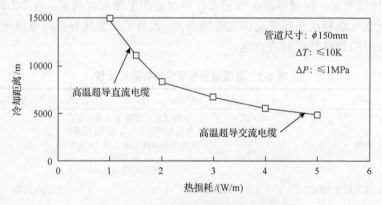

图 2-12　高温超导直流电缆的冷却距离

　　（5）热绝缘。图 2-12 表明使用高温超导直流电缆因其低传输损耗而延长了有效冷却距离。高温超导电缆固有的一个难点是真空绝热层的结构中存在低温保温的问题。在这里，可以考虑应用高温超导直流电缆的低传输损耗特性来简化绝热层。此时，高温超导直流电缆不具有真空绝热层，但可以通过以下任意一种方式铺设：

　　①使用高性能绝缘子构建电缆线路，在电缆路径中安装不带真空绝热层的高

温超导电缆。

②安装不带真空绝热层的高温超导电缆，用高性能绝热材料填充电缆外部。

高温超导直流电缆铺设在热绝缘中心(热导率为 0.1W/(m·K))，回填深度为 1m。图 2-13 给出了这个例子的三种情况。

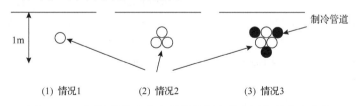

图 2-13　不同结构的安装在保温管道内的高温超导直流电缆

情况 1：一根没有绝热层的高温超导电缆。

情况 2：三根没有保温层的高温超导电缆。

情况 3：情况 2 加上三根制冷剂管。

表 2-3 给出了每种情况下的热侵入计算，其中高温超导直流电缆和制冷剂管的外径均为 100mm，电缆和制冷剂管的温度都是 77K，环境温度是 300K。

表 2-3　热侵入计算结果

环境条件	情况 1	情况 2	情况 3
条件(无绝热层)	高温超导电缆：一根电缆	高温超导：三根电缆	三根高温超导电缆：三根制冷剂管
热侵入(每根电缆)	5.5W/m(一根电缆)	2.4W/m(7.2W/m(三根电缆))	0.7W/m(2.1W/m(三根电缆))

在情况 1 中，电缆中估计的热侵入大约是 5.5W/m；在情况 2 中，三根电缆的热侵入约为 7.3W/m，即每根电缆热侵入约为 2.4W/m。这表明电缆越多，热侵入越少。此外，使用三个制冷剂管道可以有效将热侵入降低到每根电缆 0.7W/m。

换言之，即使没有真空绝热层，高温超导直流电缆也可以用作传输线。当在上述情况中使用具有绝热层或真空绝热层的高温超导直流电缆时，可以进一步减少热侵入，有助于延长冷却距离并且减轻绝热层的真空要求，即通过组合这些条件可以获得不同效果。

(6)环境和经济优势。表 2-4 显示了传统交流电缆、高温超导交流电缆和高温超导直流电缆，以 1500MV·A 传输线为例的电缆配置、损耗、节能、效率和经济效益等方面的应用比较结果。用于评估的高温超导导线临界电流 I_c(77K) 为 200A，价格按 20 美元/m 计算。

①使用四条高温超导交流三芯 66kV 级电缆或一条 130kV 级高温超导直流电缆，可以实现相当于九条常规单相 275kV 级电缆的传输。

②即使考虑到冷却效率，也可以将传输损耗从高温超导交流电缆传输损耗的 1/4 降低到高温超导直流电缆的传输损耗的 1/40。

表 2-4　高温超导电缆和传统交流电缆系统的环境和经济特性比较

项目	传统交流电缆	高温超导交流电缆	高温超导直流电缆
传输容量	1500MV·A (500MV·A×3 路)	1500MV·A (375MV·A×2 路×2 回)	1500MV·A (1500MV·A×1 路)
传输电压	275kV(RMS)	66kV(RMS)	130kV
传输电流	1kA(RMS)/相	3.3kA(RMS)/相	12kA/相
电缆类型	单相 XLPE 电缆	3 合 1 高温超导电缆	3 合 1 高温超导电缆
电缆尺寸	140mm	135mm	135mm
电缆数量	9	4	1
传输损失	740kW/km	200kW/km	20kW/km
二氧化碳排放[①] (二氧化碳减排)	778tC/(km·年) (—)	210tC/(km·年) (568tC/(km·年))	21tC/(km·年) (757tC/(km·年))
传输损耗成本[②] (降低成本)	648000 美元/(km·年) (—)	175000 美元/(km·年) (473000 美元/(km·年))	18000 美元/(km·年) (630000 美元/(km·年))
损失的 NPV (30 年，国内 5%)	(—)	+7.28×10⁶ 美元/km (473×15.4)	+9.7×10⁶ 美元/km(630×15.4)
排放交易 100USD/t-C	(—)	+0.852×10⁶ 美元/km (50×568×30)	+1.136×10⁶ 美元/km (50×757×30)
排放交易 50USD/t-C	(—)	+1.7×10⁶ 美元/km (100×568×30)	+2.27×10⁶ 美元/km (100×757×30)

注：①碳转换率按 0.12kgC/(kW·h) 计算。
　　②每千瓦时成本按 0.1 美元计算。

在以下条件下评估，高温超导电缆的能量效率和经济效益均很高：
①假设年利率为 5%，经营期为 30 年，并按现值折算；
②按碳排放量价格为 50～100 美元/t 考虑的温室气体排放量交易。

2.4　超导电缆的基本应用模式和分析模型基础

2.4.1　超导电缆的主要结构和工作原理

　　超导电缆系统由超导电缆本体、与超导电缆相匹配的高效可靠稳定的低温冷却系统、超导电缆与外部其他电气设备之间的通信设备、实现电缆冷却介质及制冷设备之间连接的电缆终端，以及电缆检测与保护系统组成。除了超导体，超导电缆的主要部分还应包括电绝缘和热绝缘。对电绝缘要求在低温下有足够的耐电强度、极小的介质损耗，并具有一定的柔性。高温超导电缆通常可采用真空、液氮浸渍的塑料薄膜带包绝缘，也可用液氮本身加上固体支撑作为电绝缘。为了防止周围环境的热量传入深冷下的电缆内部，超导电缆包括其端头都应具有高绝热效能的热绝缘。一般可采用高真空、真空粉末或真空多层热绝缘结构。为了进一步降低辐射漏热，可采用一个或多个屏蔽层，一般用液氮冷却作为一个中间屏蔽层。超导电缆的结构通常采用同轴方式，由两个或多个超导同轴圆柱组成。每相均由双层同轴超导体组成，中间设有电绝缘层。超导电缆采用同轴结构的原因在于：首先，要提高超导电缆的工作电流，需采取措施屏蔽此电流产生的磁场，而同轴结构只在超导体层之间存在磁场；其次，超导输电不要求很高的电压就可以传输很大的容量，但交流超导输电受静态稳定的限制，同轴结构减小了线路的电感，可以使静态稳定极限大幅度增加。

1. 超导电缆本体

超导电缆本体的构造主要包括电缆骨架、导体层、绝缘层、绝热层、冷剂循环流通通道和保护包套等几个部分。其中，电缆骨架是超导带材排绕的基准支撑管，同时也作为液氮冷却循环管道，通常为罩有密致金属网的金属波纹管。导体是用以传导电流的通路，导体层可由高温超导带材绕制而成，一般为多层，绕制方法也有多种，可利用简单的超导基元导线与带有凹形导槽的金属管复合而成，金属(如 Cu)管具有对超导体进行强化稳定冷却的功能，嵌入凹形导槽的可以是超导基元导线，也可是超导多基元导线的复合体。导管的导槽可以有直线和螺旋不同的方式与此对应，超导导线在金属管基上，沿长度方向的走向方案可以采用平行排布或螺旋排布。绝缘层是用以隔离导体使与其他导体以及保护包皮互相隔离，它必须经久耐用，有一定的耐热和耐低温性能，保持绝缘质量不变。绝热层主要防止外界环境温度与导体的低温环境之间的热传递，以免引起超导体的失超。因为超导电缆的导体只有在其临界值以下时才具有零电阻特性，所以为保证超导电缆可靠运行的低温环境，电缆绝热管的优化设计对整个电缆的性能起着至关重要的作用。电缆的绝热管通常由同轴双层金属波纹管套制，两层波纹管间抽成真空并嵌有多层防辐射的金属箔，其功能是使超导电缆的导体与外部环境实现绝热绝缘，以保证超导导体安全地运行在低温环境中。冷剂循环流通通道为制冷剂提供循环通道，带走导体产生的热量，使超导体维持其超导状态。电力电缆输电与导线输电的区别在于电缆往往应用于高电压、大电流、大容量输电领域，故为保证各种安全因素，电缆电气绝缘也成为电缆设计的重要组成部分。根据不同结构的电缆，电气绝缘的方式及绝缘材料的工作温度各不相同，其中，常温绝缘超导电缆的电绝缘层由常规电缆绝缘材料制作，冷绝缘超导电缆的电绝缘层需要用适合于低温环境的电气绝缘材料制造。保护包套用来保护绝缘层使其在运输、敷设和运用中不受外力的损伤和水分的侵入，具有一定的机械强度，并且具有防止制冷剂外流的作用。

2. 超导电缆低温冷却

超导电缆的低温系统的方案主要有：液氮浸泡超导电缆冷却系统、减压液氮制冷的闭循环过冷液氮迫流冷却系统和低温制冷机冷却的过冷液氮超导电缆冷却系统，其中，低温制冷机可采用多台 GM 制冷机、斯特林制冷机、逆布雷顿循环制冷机。过冷液氮超导电缆冷却的低温系统包括两大部分：过冷液氮循环部分和制冷部分。在过冷液氮循环部分，以低温泵的扬程作为循环流动动力，液氮通过与制冷部分的热交换，获取冷量，被输送到超导电缆低温容器和终端，液氮通过与电缆的热交换释放其冷量，最后回到气液分离器，进入下一个循环过程。制冷部分采用液氮减压降温或者通过制冷机获取冷量。减压液氮制冷的闭循环过冷液氮迫流冷却系统主要由液氮泵、真空泵、过冷器、气液分离器及超导电缆组成；低温制冷机冷却的过冷液氮超导电缆冷却系统主要由液氮泵箱(装有液氮泵)，过冷箱(装有制冷机)，高真空输液管道，控制阀门，流量、温度、压力等测量仪表，液氮杜瓦以及辅助减压抽空系统组成。

3. 超导电缆终端

超导电缆终端作为电缆的两个端头，是超导电缆的重要组成部分。电缆终端是电缆与外部其他电器设备之间以及电缆冷却介质和制冷设备之间的连接通道，承担温度和电势的过渡，超导电缆系统大部分的热负荷产生于此。与常规电缆终端结构相比，超导电缆终端不仅增加了冷却超导线材的制冷剂出入口、电流引线、低温恒温器等部件，还需要额外增设恒温器的电绝缘设施、液氮输送装置的电绝缘和热绝缘设施。冷绝缘电缆的恒温器在主绝缘外，恒温器处于零电位；而热绝缘电缆的恒温器处于主绝缘内，恒温器处于高电位，由于金属材料制造的终端恒温器与电缆本体恒温管相连，所处电位相同，因此电缆本体的主绝缘温度即电缆本体的绝缘类型决定了终端恒温器是处于零电位还是高电位。超导电缆终端主要由电流引线、终端恒温器、绝缘子、超导-常导接头以及液氮输送管道等部分组成。

4. 超导电缆检测与保护

作为超导电缆，输电的主体是超导带材，通过的电流大于超导带材的临界电流就会导致失超。在超导电缆正常运行中影响超导带材临界电流大小的直接原因是温度和磁场强度，其他因素通过这些变量间接地影响超导带材的临界状态，如导体内应力、循环冷却液氮的压力或者流量、超导带材间电流分布的均衡性及超导带材通过的电压等，为此需要在超导电缆运行时监测相关参数的变化，防止失超现象的发生。当电流密度、磁场强度或温度超过其临界值时，超导态转变为正常态，即失超。为此把超导体与起稳定作用的铜或铝构成复合超导体。超导体承载传输电流，铜或铝金属导体承载失超电流。

在超导电缆系统中需要液氮以一定的流量在低温容器中循环，将损耗热量带出超导电缆，提供超导电缆运行的低温环境，这样就必须给液氮以一定的压力。而压力增大，液氮的沸点就会升高，因此为保证电缆系统正常运行，流量、压力、温度之间的关系就非常重要。通过对相关参数的实时监测，可以研究超导电缆系统中各种参数之间的变化、相关参数对电缆性能的影响，从而取得电缆运行的最优化条件。超导电缆检测与保护系统集保护、运行状态在线监测、正常与故障数据记录等诸多功能为一体。

2.4.2　超导电缆的典型结构及特点

超导电缆的分类主要有以下三种方式：①按传输电流种类可以将超导电缆分为交流电缆和直流电缆；②按电气绝缘方式可将超导电缆分为热绝缘超导电缆和冷绝缘超导电缆；③按导电芯的相数可分为单相电缆和三相电缆。

1. 超导电缆工作特性

超导直流电缆和超导交流电缆基本采用相同的结构。不过与超导交流电缆相比，当工作在临界电流以下时，超导直流电缆几乎没有导体损耗和无功消耗，超导直流电缆中的损耗源差不多，只有漏热损耗，因此直流电缆对产生的冷量相对交流电缆少，直流电缆的低损耗特性使得直流电缆可以用来进行大电流、低电压、大容量电能输送，同时因为电压等级的降低，其电气绝缘要求大大简化，故绝缘介质的损耗也大大减少。在直流电缆的实际设计中，对于单极输电电缆，其超导护层中流过与导体中大小相等方向相反的电流，有效屏蔽了电磁场干扰，对于双极电缆，两极导体中分别流过大小相等方向相反的电流，也有效屏蔽了电磁干扰。但是，当超导直流电缆的负载发生变化时，会引起与电流变化率成正比的损耗。另外，超导直流电缆发生磁通跳跃而引起热失控现象会对直流电缆的稳定性产生影响。同时，邻近的半导体装置产生的高频谐波会引起附加损耗。当超导电缆应用于交流输电时，存在交流损耗问题，因此传输的电流等级受交流损耗的限制，但是与常规电缆相比，其容量得到显著提升，合理的电缆结构设计也可屏蔽电磁干扰。

2. 热绝缘超导电缆和冷绝缘超导电缆

热绝缘超导电缆的电气绝缘层处于绝热层外面，电气绝缘层处于室温，故称为热绝缘(WD)电缆，又称室温绝缘(RRD)电缆或常温绝缘电缆。冷绝缘超导电缆的电气绝缘层处于绝热层内部，电气绝缘层浸泡在液氮中，电气绝缘工作在低温下，其常用的液氮也具有绝缘的作用，因绝缘材料处于液氮温度，故称为冷绝缘(CD)电缆。

热绝缘超导电缆的基本结构从内到外依次为液氮流通管道、超导体、绝热管、电气绝缘层、护套及电缆外壳。单相冷绝缘超导电缆的基本结构从内到外依次为液氮流通管道、超导体、导体屏蔽层、电气绝缘层、绝缘屏蔽层、超导带屏蔽层、液氮回流通道、绝热管、电缆外壳。处于超导状态的超导带屏蔽层中流过与超导电缆导体大小相同方向相反的电流。WD 电缆设计比 CD 电缆设计用材少，但缺少回流通路，导致馈线及其周围金属件中电损耗增加，所以运行成本高，但 WD 电缆设计的优点是结构简单，具有和常规电缆相似的绝缘结构，输送容量比常规电缆大 3 倍以上，电缆的超导带材工作在液氮温度条件下，电气绝缘材料工作在室温，故需要的冷却功率相对 CD 电缆低，绝缘的加工和安装相对简单。同时，绝缘材料的选择具有较大的空间，加工技术比较成熟。可采用常规电介质和附件，按与常规电缆相似的方法进行处理和安装。相对于低温介质电缆，室温介质电缆具有损耗较大、运行费较高等缺点。室温介质电缆绝缘加工在高温超导电缆低温容器上，电缆整体尺寸较大，通常为单芯电缆。

WD 电缆特别适合于对现有电网的翻新，直接利用现有的电缆沟道，将常规电力电缆用超导电缆替换，可以达到在与常规电缆损耗相同的情况下将传输的电力容量提高 3 倍以上。

CD 电缆的电绝缘层和超导带均工作在液氮温度下，所需制冷功率大，液氮作为复合电绝缘的一部分起着一定的绝缘作用。其主要优点是结构紧凑，有磁屏蔽，有效地消除了磁耦合。电缆容器上仅存在由漏磁引起的很小的涡流。因而其传输容量大，损耗小。在生命周期内损耗低，其输送容量可达常规电缆的 5 倍以上，但存在结构复杂、耗用的超导带材较多等不足，低温下绝缘材料的长期可靠性等方面尚缺乏足够的验证。

CD 电缆的每相有 2 个同轴超导导线，即馈线和回流线，由电气绝缘层分开。导线全部置于低温环境中。因为 CD 电缆的同轴回流导体屏蔽了由馈电流产生的磁场，可防止电阻材料因感应耦合消耗能量。但由于增加屏蔽用的超导，超导材料的用量增加了 1 倍以上。CD 电缆处于液氮温度或浸入液氮中运行，必须采用与液氮相容性良好的电气绝缘材料作为 CD 电缆电气绝缘。此类电缆适用于大容量超导电缆的应用。

3. 单相电缆和三相电缆

如果按照导电芯数，可以将超导电缆分为单相结构和三相结构。它们各自既可以采用热绝缘结构，也可以采用冷绝缘结构。尽管直流输电相对交流输电有许多优势[3,4]，但在目前占据主导地位的仍然是交流输电。因此，适合三相交流输电的三相交流超导电缆在目前的超导电缆研究中占据着主导地位。总结起来，一共主要有四种超导三相交流电缆，分别是：三相三芯 WD 电缆、三相三轴带公共低温层 CD 电缆、三相三轴带独立低温层 CD 电缆、三相单轴 CD 电缆。三相三芯 WD 电缆就是将三根绝缘防护后的电缆芯放置于公共的电缆外壳中。公共的电缆外壳具有电磁屏蔽，短路保护，物理、化学、环境防护等功能，由于是热绝缘型电缆，该屏蔽层和保护层处于环境温度，其制作与常规电缆类似。为尽量减少各电缆芯之间的电磁感应的影响，各电缆线芯之间的距离较远，电缆的整体尺寸较大。三相单轴 CD 电缆的三相超导体都绕在公共的内支撑管上，各相导体之间由电气绝缘层隔开，电缆线芯中心管流出的液氮通过成缆芯外的不锈钢管与成缆芯间的空间内回流，这种结构的电缆的优点是结构紧凑，占地面积小。三相三轴带公共低温层和带独立低温层 CD 电缆两种结构电缆，性能相同，唯一不同的是两种电缆的实际安装过程，前者需要先将电缆芯装入电缆沟道后填充液氮，而后者是先填充液氮而后装入电缆沟道。

2.4.3　超导电缆的分析模型与实用技术基础

为增大电缆的传输容量，超导电缆的导体层一般为多层结构，各导电层由一定数量的超导带材以一定的方式排绕而成。对于螺旋结构导体层，为消除轴向磁场，构成导电层的各层带材间，相邻(共轭)层的带材反向缠绕，且节距相等；为降低耦合损耗，骨架上、导体层间可绕以绝缘带。给电缆通以交变电流时，由于趋肤效应，各导电层的电流分配不均，外层电流量大于内层电流量，于是外层流过电流先于内层达到了临界电流值，这使得超导电缆的交流损耗偏大，进而影响电缆安全、稳定运行。另外，超导电缆中的电场分布特性尤其是电缆绝缘层中的电场分布特性是电缆绝缘设计的主要依据。在磁场作用下，超导体的临界电流会发生退化，77K 下，铋系带材的临界电流随外加磁场的增加而明显降低，并有强烈的各向异性，在外加垂直磁场下，带材临界电流退化更为强烈，电缆的传输电流所产生的磁场会影响带材的临界电流。

超导电缆的电流传导和损耗是超导电缆运行主要基础技术问题。超导电缆的核心是超导导电层。超导体层电流分布是实际应用工程设计的基础。超导电缆导电部分的等效电路的主要参数有各层等效电阻、各层自感和层间互感。由欧姆定律可知，各层导体电流分配由其接头电阻、流阻、自感和互感共同确定。通常导电层单位长度感抗比电阻大约两个数量级，于是感抗就支配着电流在每一导电层的分配。各导电层的感抗取决于各层的半径、带材的螺距、绕向等结构参数，因此调节这些参数改变各层的感抗值，使各层流过的电流均匀分布，从而达到降低交流损耗的目的，使超导电缆导体稳定运行。测试或计算导体层电流分布有不同的方法。例如，通过给出导电层的简化示意图，然后将轴向电流演化为圆柱面通有均匀分布电流的模型，环向电流演化为一个密绕螺线管模型。

超导电缆的运行损耗主要包括导体交流损耗、漏热损耗、磁感应损耗、绝缘介质损耗、配套的低温冷却系统以及电缆接头和终端上消耗的能量。整个输电系统的损耗为上述各种损耗的总和。

超导电缆的基本分析模型和实际应用技术基础，结合中国首条高温超导实验电缆的实际情况，简单描述如下。

1. 超导电缆结构

典型的热绝缘和液氮双层冷却循环超导电缆的基本结构从内到外依次如下：

(1) 内支撑管(former)。带有密致金属护套网的金属波纹管，作为超导带材排绕的基准支撑物，并用于液氮冷却管道。

(2) 导体。高温超导电缆由高温超导带材绕制而成，一般为多层，共同组成导电导体。

(3) 热绝缘层。通常由同轴双层金属波纹管组成，两层波纹管间保持真空状态，并有防热辐射的多层金属箔，其功能是使超导体与外部环境实现热绝缘，保证超导体安全运行的低温环境。

(4) 电气绝缘层。由不同电气绝缘材料组成，提供高压电气绝缘。

2. 超导电缆电磁场分布

导体周围的绝缘物质在一定的温度和压力条件下能够承受一定的电场强度而不受破坏，这就是绝缘的电气强度。为保证安全运行中可能遇到的最大电场，实际电缆的制造也必须满足这个基本原则。

电缆导体和绝缘表面构成了一个类似同心圆筒的电容器，它的电力线完全是径向的。对于单芯电缆的电场强度 E_x(kV/cm) 的计算比较简单，可以用以下公式求解：

$$E_x = \frac{U}{x \ln \frac{R}{r}} \tag{2-37}$$

式中，U 为导体对地的电压，kV；R 为电缆绝缘外半径，cm；r 为导体半径，cm；x 为绝缘中任何一点与导体中心的距离，cm。

螺旋结构导体层超导电缆的磁场分析比较复杂，因为各层磁场不仅与通过该层的电流有关，也与该层的半径和螺旋节距以及螺旋绕行方向有关。同时，电缆各层的超导带材表面将承受电缆磁场的平行分量和垂直分量作用。分析超导电缆的电磁特性能为进一步分析超导电缆的电力分布以及电缆的设计和优化提供基本参数。

导体层为螺旋结构的超导电缆的磁场分布，以电缆轴线为参考坐标，则电缆电流产生的磁场有轴向磁场和 θ 方向磁场。超导带材在不同方向磁场作用下的临界特性不同，因此需要考虑导体承受的磁场。用第 i 层导体厚度的中心磁场表示作用于第 i 层导体上的磁场，即在第 i 层导体内 $r=r_{ic}$ 处的磁场。电缆 z 方向磁场由流过第 i 层以外的各层 $j(j>i)$ 电流和分布在区域内的第 i 层自身电流所决定；电缆 θ 方向磁场由流过第 i 层以内的各层 $k(k<i)$ 电流和分布在 $r<r_{ic}$ 区域内的第 i 层自身电流决定。根据磁场叠加原理，电缆第 i 层感应的磁场轴向分量和 θ 方向分别为

$$B_{iz\text{-cable}} = \mu_0 \left[\sum_{k=i+1}^{n} \varepsilon_k \frac{I_k}{L_{pk}} + \varepsilon_i \left(\frac{r_{io} - r_{ip}}{r_{io} - r_{ii}} \right) \frac{I_i}{L_{pi}} \right] \tag{2-38}$$

$$B_{i\theta\text{-cable}} = \mu_0 \left[\frac{1}{2\pi r_{ip}} \sum_{k=1}^{i-1} I_k + \left(\frac{r_{ip} - r_{ii}}{r_{io} - r_{ii}} \right) \frac{I_i}{2\pi r_{io}} \right] \tag{2-39}$$

$$B_i = \left(B_{iz\text{-cable}}^2 + B_{i\theta\text{-cable}}^2 \right)^{1/2} \tag{2-40}$$

式中，$\mu_0 = 4\pi \times 10^{-7}$，H/m；$n$ 为电缆中导体层数；r_{ii} 和 r_{io} 分别为从电缆轴线到第 i 层内边界和外边界的距离，即传导层的内半径和外半径；r_{ip} 是第 i 层中需要计算磁场的任意点到电缆轴线的距离；L_p 是螺旋节距；绕组角度为 α，$\tan\alpha = 2\pi r_i / L_p$；$I_i$ 为第 i 层电流；r_i 是第 i 螺旋导体层半径。

由于超导电缆的螺旋结构，电缆各层的超导带材轴线和带材表面分别受到平行磁场分量和垂直磁场分量 $B_{i\perp}$ 和 $B_{i//}$ 的作用，其磁场分量：

$$B_{i\perp} = B_{iz\text{-cable}} \cos\alpha_i + B_{i\theta\text{-cable}} \sin\alpha_i \tag{2-41}$$

$$B_{i//} = B_{iz\text{-cable}} \sin\alpha_i + B_{i\theta\text{-cable}} \cos\alpha_i \tag{2-42}$$

式中，α_i 为电缆轴线和第 i 层超导带材轴线之间的夹角，$\tan\alpha_i = 2\pi r_{ic} / L_{pi}$。

3. 超导电缆温度分布

各层材料径向温度分布计算公式为

$$\frac{1}{r} \frac{\partial}{\partial r} \left(\lambda_i r \frac{\partial T}{\partial r} \right) + \zeta_i = 0 \tag{2-43}$$

$i=1,2,\cdots$，其中含数层线材，各层之间用绝缘膜隔开，两层材料交接处温度相等，即 $T_{i,\text{out}} = T_{i+1,\text{in}}$，热流通量相等：

$$\lambda_i r \frac{\partial T}{\partial r}\bigg|_{r=r_{\mathrm{out},i}} = \lambda_{i+1} r \frac{\partial T}{\partial r}\bigg|_{r=r_{\mathrm{in},i+1}} \tag{2-44}$$

最内层换热:

$$\lambda_1 \frac{\partial T}{\partial r}\bigg|_{r=r_{\mathrm{in},1}} = h\left(T_{\mathrm{w}} - T_{\mathrm{LN}_2}\right) \tag{2-45}$$

式中,λ_i 为第 i 层材料的导热系数,W/(m·K);ζ_i 为第 i 层材料的内热源密度,W/m³;T_{w} 为 LN$_2$ 通道的壁温,K;T_{LN_2} 为液氮温度,K;h 为对流换热系数,W/(m²·K)。

当已知液氮的质量流量、温度,大气温度,电缆相关材料和结构参数时,根据以上模型即可计算得到沿径向的温度分布。

轴向温度分布计算公式为

$$m C_{\mathrm{p}} \frac{\mathrm{d} T_{\mathrm{LN}_2}}{\mathrm{d} x} = h \pi D \left(T_{\mathrm{w}} - T_{\mathrm{LN}_2}\right) \tag{2-46}$$

式中,m 为 LN$_2$ 的质量流量,kg/s;C_{p} 为 LN$_2$ 比热容,J/(kg·K)。

当已知液氮的入口温度时,结合径向温度分布模型,在假设的基础上,即可计算得出液氮沿轴向的温度分布以及电缆各层材料沿径向和轴向的温度分布。

双层通道中,外层通道 LN$_2$ 温度分布如下:

$$m C_{\mathrm{p}} \frac{\mathrm{d} T_{\mathrm{LN}_2}}{\mathrm{d}(-x)} = h \pi D_{\mathrm{i}} \left(T_{\mathrm{wi}} - T_{\mathrm{LN}_2}\right) + h \pi D_{\mathrm{o}} \left(T_{\mathrm{wo}} - T_{\mathrm{LN}_2}\right) \tag{2-47}$$

式中,T_{wi} 为通道内壁温度,K;T_{wo} 为通道外壁温度,K;D_{i} 为通道内管径,m;D_{o} 为通道外管径,m。内层液氮出口温度为外层液氮入口温度。

当已知液氮的入口温度时,结合径向温度分布模型和去流出口与回流入口温度相同的条件,即可计算得出 LN$_2$ 沿轴向的温度分布,以及输电线路各层材料沿径向和轴向的温度分布。双层液氮冷却结构使导体温差不超过 0.5K,并得到了实验验证。

4. 超导电缆电磁屏蔽

通过一定的超导线材组合及导体绕制方式,可大部分屏蔽电缆电磁场辐射和无线电干扰,避免了常规输电线路由于电磁辐射和无线电干扰而过多地占用输电走廊,也避免了电磁场对人体和生态环境的影响。

冷绝缘超导电缆中可以利用超导屏蔽层进行屏蔽;在热绝缘超导电缆中也可

以利用超导导体层间的作用来屏蔽内部电磁场,通过在导体外层或内层适当位置设置超导屏蔽层,超导屏蔽层与导体层之间用层间绝缘加以隔离,可以达到屏蔽电缆电磁场辐射和无线电干扰的效果。经过优化设计,可以实现用较少的超导线材达到所需要的屏蔽效果,同时得到比较均匀的层电流分布。实际运用中,可根据外部电磁场允许的程度来调整超导屏蔽层的设计。

5. 超导电缆导体电流均匀性

为了实现各层电流均匀分布,求解各层超导带的绕制节距 L_p,为使求解简化,假定各层的接头电阻和交流损耗的等值电阻相同。这样使电流均布的求解转化为解阻抗矩阵各行自感与互感之和相等的问题,即

$$\frac{R_i}{\mathrm{j}\omega} + \mu_0 \sum_{j=1}^{N} \left[\frac{\pi r_j^2}{P_i P_j} + \frac{\ln(H/r_j)}{2\pi} \right] = \text{const} \tag{2-48}$$

或

$$\sum_{j=1}^{N} \left[\frac{\pi r_j^2}{P_i P_j} + \frac{\ln(H/r_j)}{2\pi} \right] = \text{const} \tag{2-49}$$

这是 N 个联立方程组,可以解出 N 个超导带层的节距值。各层超导带绕制的方向是左右相间的,若节距 P 定义顺时针缠绕为正,则逆时针为负。

数值计算表明,选择传统的绕制方式会使各行感抗向量之和等于常数的精度较低,或者说迭代收敛差。对于分相电缆,H/r_j 值不会很小,P 值也比较大,第二项的数值远大于第一项。感抗项比电阻项高 3 个数量级。

在各层绕制方向相同(ODT)方式和导体分为绕制方向相反(TDT)的两组方式的绕制情况下,各行的电感和的误差是可以达到相当小的,所以从理论上看,各层电流分布不均匀性小于 10%是能够实现的。

用数值计算的迭代方法,多层超导带绕制的导体电流均布的解已经获得,其数学模型的核心是控制各层电缆的节距,使感抗趋于一致,因此超导导体的交流损耗可望达到低于 1W/m 的水平。数值计算还表明,左右旋交替缠绕的设计,很难获得各层感抗一致的结果,故理论上采用优化(ODT 或 TDT)缠绕的方案较好。

为此,超导电缆导体的电流均匀分布,可以通过不同的绕制方法,得到很大程度的控制,在此基础上,进行实验修正,最终得出改进的电流分布特性。但是,电流分布不可能理想地均匀,为此可以采用混合式绕制方法,即根据超导导体电流分布不均匀的特点,在电流分布过于密集的区域,适当组合铜导体,替换超导材料,人为将电流分布均匀化,提高超导材料利用率,降低成本和导体交流损耗,增加导体机械强度。

6. 超导电缆终端

整个终端可以分解为恒温器、导体、绝缘液氮管及附件等四个部分。恒温器和绝缘液氮管、恒温器与输电线路，以及绝缘液氮管与制冷设备之间的连接，如采用国际工业的标准接口(Johnston-coupling)，漏热小且装拆方便。

作为实际装置案例，真空多层绝热具有最低漏热，热绝缘超导输电线路的终端恒温器通常采用此绝热方式，只要10～15层超绝热材料就能使辐射漏热降低至1W/m 左右。从工艺上讲，严格控制焊缝的气密性，可达到在氦质谱检漏仪检测不到的水平。终端恒温器采用 304 不锈钢材料，壁厚选择要考虑到横向的伸出臂的重力和风力的作用。内管采用薄壁不锈钢焊接管，主要考虑减小传导热，以及经抛光处理表面的黑体系数小，有利于减小辐射热。原则上要求不锈钢无磁或采用弱磁性制造恒温器的材料。竖直段内管和外管间要有一定间距真空绝热层，以保证足够低的辐射漏热。

终端的热负荷占总热负荷的 50%～80%，所以仔细地设计终端对降低超导输电的运行费用至关重要。多数纯金属材料的传热特性服从 Wiedemann-Franz 定律，其传热系数与电阻率的乘积等于 Lorentz 常数与温度的乘积，即 $k\rho = L_0 T$。这说明，采用高导材料或增加导体截面积或缩短长度，可减小焦耳热，但传导热会增加，反之亦然。根据电流引线优化设计理论，选择何种材料对优化热负荷的影响不大，重要的是选择最佳形状因子，即电流 I 与长度 L 的乘积对截面积 A 之比:

$$(LI / A)_{\text{opt}} = \frac{\overline{k}}{L_o^{0.5}} \arccos\left(\frac{T_1}{T_h}\right) \tag{2-50}$$

取最佳形状因子的电流引线的单位电流热负荷可表达为

$$Q / I = \sqrt{L_0(T_h^2 - T_1^2)} \tag{2-51}$$

7. 超导电缆超导体和常规导体的连接

超导材料和常规金属的连接技术，可采用一种可拆卸低阻锥面接头，使其连接接头电阻率达到 $10^{-7}\Omega$ 量级的同时，能够实现超导体和常规金属的方便拆装。采用圆锥形可拆式接头，这样在不需很大的拧紧力的情况下，就能获得比较低的接头电阻。锥面接触可拆接头电阻的测量结果是 $0.275\mu\Omega$，在 2kA 运行电流的热损耗功率仅有 1.1W，这仅占整个终端热负荷的 1%。

8. 超导电缆高电压热绝缘

通常金属制作的液氮恒温管不能直接与终端恒温器连接，所以必须采用能耐高电压的绝缘绝热的液氮接管过渡-终端绝缘液氮管。玻璃纤维加强的酚醛环氧管可工作在液氮和液氢温区，适合用于制作耐高电压绝缘液氮管。外面采用硅橡胶预制伞裙，与玻纤增强的环氧管做成一体。

从实际技术看，液氮管的绝热是另一个难题，多层超绝热材料由于其导电性是不能用的，所以粉末绝热材料是最佳选择。粉末绝热材料的品种繁多，显然应选择性能最好的气凝胶。SiO_2 超细气凝胶具备良好的绝热性能，其耐高压性能和 77K 至室温的平均热导率实际实验测量数据表明，950mm 长的绝缘距离，充干燥氮气 15kPa 时可耐 100kV 工频交流电压不击穿，其热导率优于珠光砂。为兼顾电气绝缘强度和绝热性能，气凝胶层在抽真空后先充具有优良绝缘性能的 SF_6 气体至大气压，再充 0.15bar① 干燥氮气。在液氮温度下，SF_6 气体会冷凝成固体，气凝胶层的压力大致为氮气分压。实验表明，在此氮气分压下气凝胶层既能耐工频有效值 100kV 的交流电压，且它的热导率值又比正常大气压下的低。

采用同轴结构设计解决双向液氮通道的要求，其难点之一是在较紧凑的空间内实现互相不能泄漏的两个流道；另一个难点是要补偿超导电缆每端 50mm 左右的冷收缩。可用聚四氟乙烯长密封套取代大伸缩波纹管，因为其装配时刚性大大优于波纹管。

在额定电压下，绝缘液氮管漏热约为整个终端损耗的 1/4。

9. 超导电缆制冷机联合制冷

选择多台 GM 制冷机工作在 70K 时，如制冷量 Q=320W×10=3200W，则电功率 P=7.5kW×10=75kW。制冷系统工作的可靠性是整个电缆系统正常工作的最关键因素。多台 GM 制冷机组一起工作，增加了系统的灵活性，可以根据电缆负荷的多少方便地调节制冷量，节约了能量，提高了效率。一台或两台制冷机出现故障时，其余机组及备用系统可以维持电缆系统的正常工作，同时对故障机组进行维修，不影响其他机组的工作，增加了系统运行的可靠性。长期运行液氮消耗量小，操作维护简单，符合变电站无人值守的要求。

10. 超导电缆监控保护方法

超导电缆监控、保护系统主要用于对超导电缆的运行状态进行在线监测、记录与分析，当电缆发生故障或系统故障可能危及超导电缆安全运行时，采取相应的控制和保护措施，保证超导电缆本体的安全运行，减小对电力系统以及供电负荷可能造成的不利影响。由于危及超导电缆安全运行的因素较多，机理复杂，相关参数的实时监测困难。

---

① 1bar=10^5Pa。

在超导电缆保护的项目中，提出了按电流进行分层保护的保护策略，包括无时限保护和反时限保护。当过电流达到极限电流时，系统立即开断；系统过电流小于极限电流值而大于导体的临界电流值时，按热累计量进行反时限保护。

同时，鉴于绝热计算过于保守，还应考虑传热计算，通过传热计算将超导本体的运行状况反映到内部液氮出口温度、压力、流量等非电气量上。建立了传热计算近似模型，计算了超导本体温升、液氮出口温升以及局部失超和液氮出口温度的关系，并且分析了计算结果，为非电气量保护定值的确定提供了参考。

按电流进行分层保护的方法可以克服单纯非电气量检测方法对短路电流反应慢的缺点，提高检测的可靠性和准确性，为超导电缆的安全运行提供一种可靠保证。根据超导电缆电流的大小采用三层不同的保护策略。当超导电缆电流小于最小失超电流时，主要通过监测电缆两端的温度、温升、流量、压力和压力差的变化来进行保护；当电缆电流在最小失超电流和极限故障电流之间时，根据实时计算超导电缆内部的热积累来实现反时限过量保护；当电缆电流大于极限电流时，保护无延时跳闸。

超导电缆保护方法包括如下步骤：

(1) 设置整定值，包括温升越域整定值 ΔT_{set}、流量偏低整定值 L_{set}、入口温度越域整定值 T_{set}、压力差越域整定值 ΔP_{set}、定时限保护延时整定值 t_{set}、电流下限整定值 I_{low}、极限电流整定值 I_{set}、热累积量整定值 θ_{set}、热累积延时计数器整定值 T_{delay}。

(2) 采集超导电缆三相电流并计算其真有效值 I_a、I_b、I_c；采集出入口温度、液氮流量、液氮压力、进出口压力的瞬时值，并计算获得下述平均值：三相电缆的入口温度 T_{aIn}、T_{bIn}、T_{cIn}，三相电缆的出口温度 T_{aOut}、T_{bOut}、T_{cOut}，三相电缆的液氮流量 L_a、L_b、L_c，三相液氮压力 P_a、P_b、P_c；再计算得到三相电缆的温升计算值 ΔT_a、ΔT_b、ΔT_c，超导电缆进、出口压力差计算值 ΔP，三相超导电缆热累积量 Q_a、Q_b、Q_c。

(3) 对超导电缆温度、压力、流量等各变量值进行判断，并确定保护方式。

参 考 文 献

[1] 金建勋, 游虎, 姜在强, 等. 高温超导电缆发展及其应用概述. 南方电网技术, 2015, 9(12): 17-28.

[2] 张俊莲, 金建勋. 高温超导电缆模型. 中国线缆, 2007, (50): 11-14.

[3] 郭伟, 李卫国, 丘明, 等. 单通道冷绝缘高温超导电缆铜骨架的设计计算. 低温与超导, 2013, 41(8): 35-39.

[4] Miyoshi K, Mukoyama S, Tsubouchi H. Design and production of high-T_c superconducting power transmission cable. IEEE Transactions on Applied Superconductivity, 2001, 11(1): 2363-2366.

[5] Cho J, Sim K D, Bae J H. Design and experimental results of a 3 phase 30m HTS power cable. IEEE Transactions on Applied Superconductivity, 2006, 16(2): 1602-1605.

[6] 赵臻, 邱捷, 王曙鸿. 高温超导交流电缆电流分布及结构优化的研究. 西安交通大学学报, 2004, 4(4): 352-356.

[7] Olsen S K, Traeholt C, Kuhle A, et al. Loss and inductance investigations in a 4-layer superconducting prototype cable conductor. IEEE Transactions on Applied Superconductivity, 1999, 9(2): 833-836.

[8] 何超峰, 郁欢强, 宣伟, 等. 高温超导电缆终端恒温器研制. 低温与超导, 2013, 41(8): 24-27, 39.

[9] 孙成元, 毕延芳. 高温超导电缆终端恒温器热负荷的计算与测定. 真空与低温, 2003, 9(4): 206-210.

[10] Hirose M, Masuda T, Sato K, et al. High-temperature superconducting(HTS)DC cable. SEI Technical Review, 2006, (61): 29-35.

第3章 超导电缆的装置技术与工程示范

3.1 超导体与超导电缆概述

3.1.1 传统超导体与超导电缆概述

为了降低损耗和成本,长距离高功率输电主要采用高压架空线路。在人口非常密集区架空输电虽然经济,但是随着电压的增加及功率水平的提高,这种传输需要更大的通道。而在人口密集的城市里,这样大的通道难以实现,因此发展了长距离大功率的地下输电线路。然而,这种输电方式也存在问题,如使用高压纸油浸电缆的费用要比架空输电线高数倍,且其额定功率远低于架空输电线路,因此必须采用多路系统连接到架空输电线路上,进而增加了复杂性,同时加宽电缆沟也提高了成本。由于高容量会产生相当大的无功功率,这使得传统电缆的有效应用受到限制。已研究的改进方法有:采用较低介电常数的绝缘(如聚乙烯塑料或气体);采用强制冷却以提高导体的载流能力;采用超导电缆,其也可以看成一种强制冷却系统。超导交流电缆和超导直流电缆比其他任何传统技术的电缆具有更高的功率密度,因此在高功率(如大于千兆伏安)输电的情况下,具有经济上的吸引力,尤其是它能由一个单一的电缆实现高功率输电。

超导输电线路的设计可分成三个互相关联的部分:①电缆本身;②低温密封制冷系统;③输电线的整体设计,包括与现有电网及其附属装置的关联。设计必须考虑到整个系统,以便最终对超导体本身提出切实的技术要求,如临界电流、工作温度和交流损耗。

超导体虽然表现出"零电阻"特性,即在直流的情况下超导体基本上没有电阻损耗,但超导线路也无法达到100%的效率,原因有四点:①交流和直流系统在低温容器中具有传导热损耗;②在超导体中,交流电缆也会产生附加损耗,即交流损耗;③在绝缘材料中,交流电缆也会产生附加损耗,即介质损耗;④在直流电缆中,由于从直流到交流或者从交流到直流,在系统终端产生附加损耗,即换流器损耗,而对于短程直流电缆,这种转换损耗可能是一种占比很高的主要损耗。

在低温容器中的热损耗和制冷效率,可确定在给定的温度下线路的最终功率损耗。一般来说,设计的交流电缆应满足超导体和绝缘介质的损耗大致等于低温容器的漏热。当考虑到电缆尺寸和低温容器尺寸时,对同轴电缆的内部导体来说,容许的损耗约为 $10\mu W/cm^2$,内部导体引起的损耗占比最多是由于它处于比外层导体较高的磁场中,随着磁场的提高损耗增加得很快。

　　超导输电线路的工作温度由超导体和绝缘介质二者的特性及制冷效率决定。假设采用具有低临界温度 T_c 的超导体(如 Nb),则随着温度升高损耗迅速增加和电流密度降低,工作温度会受到严格限制。Nb 电缆可在 4.5~5.5K 的范围工作。假若使用较高 T_c 的超导体,如 Nb_3Sn 或 Nb_3Ge,工作温度可达到 10K 或更高一些,其损耗还是可以接受的。不过,这种情况下,工作温度受到所需要的绝缘介质的限制,由于绝缘介质的损耗与氦密度函数有关,而且在压力超过 15 个大气压和高于 10K 条件下,要求保持足够的氦密度。故若以氦作为冷却剂,则由较高 T_c 超导体组成的交流电缆可能在 6~9K 的范围工作。对直流电缆来说,对损耗和绝缘介质要求较低,允许的工作温度范围为 11~14K。使用较高 T_c 的超导体可以允许较高的工作温度和较大的温度区间,这就导致整个系统总的效率大于使用纯 Nb 超导体的效率,即使是在 Nb 中的损耗较低。同样,表面电流密度 $\sigma(A(RMS)/cm)$ 的选择和在正常运转情况下的电缆电气应力,按系统的条件可以凭经验和实验确定,但可能由于材料的约束而受到限制。早期的考虑仅仅是涉及材料的约束,对内部导体来说,选择表面电流约 500A(RMS)/cm,因为超过这个值纯 Nb 的损耗太高。但是,选择约 500A(RMS)/cm 的表面电流,能够很好地兼顾到过多的降低线路的电感以及负载电流过大之间的关系。考虑发生偶然事故的可能,所选择的 σ 值趋向于比上述值稍低。相反,在正常工作条件下,大幅度降低 σ 值是可能的。为了系统的安全起见,需要与线路并联一个附加电缆。$\sigma=500A(RMS)/cm$ 的值,相当于在内部导体上有约 890Oe[①]的峰值表面磁场。

　　在超导电缆实际工作的情况下,可能发生偶然事故而电流急剧升高(由于雷击电压或者网络局部短路等),在电缆的设计时必须考虑这种波动或事故。对于一般的交流电缆,发生的波动可达标准额定电流的 10~20 倍,而且在断路器打开之前要持续几个周期。但是,在高功率电缆中,适当降低故障容量,可避免故障对电缆造成永久破坏,而电缆本身的功能能够迅速恢复。为了应付这些问题,可以做成复合的导体,即超导体与普通的良导体如铝或铜结合在一起,有时也可结合高临界电流密度的导体,因为出现事故时,这种导体的损耗很小,而使得恢复很快完成。

　　为了满足上述要求,超导体应具有较高的 T_c。就交流电缆而言,在峰值表面磁场约 900Oe 的情况下应具有低的损耗($\leqslant 10\mu W/cm^2$);同时,在工作温度下应具有最高的临界电流密度 J_c 和临界电流 I_c,这样的超导体就可能应付相当严重的偶然事故。除此之外,还应该具有适当的力学性能,如足够的强度和可弯曲性。

　　对输电有实际意义的几种超导体的主要特性如下:

　　(1) Nb, T_c(9.2K), 4.2K 的 H_{c2}(0.28~0.47T), 1T-4.2K 的 J_c(0A/cm²), 低损

---

① 1Oe=79.58A/m。

耗，高延性；

(2) $Nb_{0.4}Ti_{0.6}$，9.5K，12T，$4\times10^5A/cm^2$，高损耗，高延性，工业应用；

(3) $Nb_{0.75}Zr_{0.25}$，11K，9T，$1.6\times10^5A/cm^2$，高损耗，中等延性；

(4) Nb_3Sn，18K，23T，$8.7\times10^6A/cm^2$，低损耗，容易成型，工业应用；

(5) Nb_3Ge，22K，35T，$2\times10^6A/cm^2$，低损耗，较脆。

在 Nb、Nb-Ti 和 Nb-Zr 合金中，Nb 用于交流电缆具有绝对优势，因为它的磁滞损耗低，低损耗与它具有特别高的 H_{c1} 值有关。但是纯 Nb 的 T_c 和 H_{c2} 较低，这样在直流或交流电缆中应用，难以达到应付偶然事故的要求。Nb-Ti 和 Nb-Zr 具有较高的 H_{c2}、较高的 J_c 及稍高的 T_c，因此具有较好的抗事故能力，并已经考虑在某些交流电缆设计中与纯 Nb 结合在一起使用。

在高 T_c 的 A15 化合物中，Nb_3Sn 是最优异的材料，因为在低磁场强度下，它具有低的交流损耗和高的 J_c，并已能进行商品化生产。Nb_3Ge 也是一种具有实际意义的材料，因为它的 T_c 高，能进行商品化生产而又具有适宜的性质，同时在成本上也有竞争力。V_3Ga 和 V_3Si 虽然具有低的损耗和高的 J_c，但由于 T_c 比 Nb_3Sn 的低，并不比 Nb_3Sn 优越。

交流电缆设计通常是每一相用一根，并把三根同轴电缆组合在一个共用的低温恒温器之中。在直流电缆中，可以把单根或者两根导体的同轴电缆放置在低温恒温器中，每根封闭在分开的低温恒温器中。选择同轴几何结构，是因为其紧凑性以及能降低与波动电流有关的涡流损耗。低温恒温器可以是挠性的或是刚性的。虽然曾经提出过可挠性和刚性两种电缆结构，但还是趋向于发展挠性电缆。

刚性电缆(Nb 组合体)的刚性导体，不论在电学上还是设计上都是最简单的一种，因此最先得到发展。刚性导体包含由固体绝缘子来保持同轴的刚性管，每根管由超导体 Nb 和良导金属(铜或铝)组合在一起。冷却剂(液氦)在导体的周围环形空间流动，同时也起到主要介电质的作用。因此，从电学的观点来看，这种系统的优点是结构简单。此外，在刚性电缆中的交流损耗一般来说比挠性电缆低，因为在挠性电缆中的交流损耗在几根带子中流动，同时会由于边际效应和涡流而使损耗增加。但是，刚性电缆的缺点是氦的介电强度低，而又需要大量的接头，以及要求对热收缩的适应性。

挠性电缆的优点在于可实现制造较长的长度、较高的介质强度以及对热收缩的适应性，但由螺旋缠绕在空间形成的随时间变化的轴向磁场，对绝缘介质强度有额外要求，并有在金属支撑结构中产生的涡流损耗，这一涡流损耗在电缆产生过流事故时沿外层导体产生显著电压降并要求严格地绝缘。通过调整内层和外层导体的间距，可以抵消轴向磁场并以此减小这种损耗。

基带通常选用不锈钢或哈氏合金(Hastelloy)，这种高阻性材料可显著降低横向通过基带的电流引起的"基带损耗"。

3.1.2 高温超导体与高温超导电缆概述

随着高温超导材料的发展,超导电缆已进入了高温超导电缆时代。目前,高温超导材料主要有 Bi 系(<92K)、Y(或 Re)系(<110K)、Tl 系(<125K)、Hg 系(<135K)等,其中以 Bi 系和 Y 系最具有实用前途。已经制备出的实用高温超导材料主要分为带(线)材、块材及薄膜。与传统的低温超导线材如 NbTi 和 Nb_3Sn 等相比,实用化高温超导带材的临界温度显著提高、临界电流密度相当、临界磁场强度显著提高、稳定性显著提高以及交流损耗较高。

Bi 系高温超导体晶粒具有层化结构,可利用机械变形来获得具有较好晶体取向的带材。此外,热处理在形成超导相的同时还能够促进材料致密化,弥合在变形加工中产生的裂痕,从而改善晶粒间的连接性。因此,人们常采用粉末套管(powder in tube,PIT)法制备具有较高临界电流密度的 Bi 系带材。但是,商业化的 Bi 系带材面临很多问题,如要求单根线材具备足够的长度、机械强度、工业产量和密度结构等。

作为实例,日本住友电气工业株式会社在线材制作工序中,针对决定超导特性的热处理工序,采用了受控过压(controlled over pressure,CT-OP)加工处理方案,其可以有效提升 Bi 系带材的超导性能。经过 CT-OP 加工制备的 DI-BSCCO(dynamically innovative BSCCO)带材具有更好的应用特性:①临界电流可得到显著提高($10^4 \sim 10^5 A/cm^2$);②机械强度可增强 50%;③单根线材长度可超过 1km;④线材生产合格率提升 4 倍多,由原来的 20%增加到 90%;⑤超导芯密度接近100%,不存在因液氮渗入导致的现场膨胀现象;⑥无额外因金属护套引起的交流损耗。

目前,Bi 系高温超导带材已有较成熟的制备和应用技术,然而,Bi 系带材的各向异性明显、不可逆磁场较小、临界电流受磁场影响较大的特点,也大大限制了 Bi 系带材的应用范围。此外,受原材料银的成本限制,Bi 系带材的成本较高,市场价格一般高于 50 美元/(kA·m)。

近年来,具有更低制备成本潜力的 Re 系涂层导体技术得到了很大的发展。与Bi 系超导体相比,Y 系超导体各向异性比较弱,具有更为优异的磁场性能。它在77K 下的不可逆磁场强度达到了 7T,高出 Bi 系超导体一个量级,是目前液氮温区下实现强电应用的最佳超导材料。但是,制备实用的 Y 系超导带材的主要障碍是弱连接问题。为了制备实用的 Y 系超导带材,就必须避免材料中的大角度晶界,消除超导相之间的弱连接,又由于 Y 系超导材料的延展性极低,采用常规的 PIT加工手段很难形成实用带材成品。在实际制备过程中,需要采用涂层技术的外延生长方法,将具有强立方织构的超导材料复合到一种柔性的金属基带上。因此,Y 系超导带材也常被称为涂层导体(coated conductor),一般由基带、种子层、隔离层、帽子层、YBCO-123 超导层及保护层等组成。目前 Y 系涂层超导带材已可以制备性能较好的千米级实用化导线，并已初步商品化。

除 Bi 系银合金包套导线和 Y 系镍合金基体涂层导线外，MgB_2 导线及 Fe 基超导体导线也相继出现。从实用化角度看，目前仍以 Bi 系和 Y 系导线为主。这些高温超导基元导线是构建不同结构电缆的核心基本单元。

高温超导体构建电缆是个涉及多学科的复杂理论、技术和工程问题，其中超导体层的设计是最基本的。超导体层设计最简单和基本的考虑要点如下：

(1) 导体层的厚度。常规超导电缆，为降低交流损耗，限定在下临界磁场 B_{c1} 以下工作。最大表面电流密度 I_s(A/cm) 与 B_{c1} 成正比，即 $I_s = \left(5 / 2\sqrt{5}\pi\right) B_{c1}$。由 I_s 和输电电流 I(A) 可以求出导体最小直径 D_m(cm)，即 $D_m = \dfrac{I}{\pi I_s}$。例如，10kA 级电缆不同超导体的最大表面电流密度 I_s(A/cm) 和导体最小直径 D_m(cm) 值：

	超导体	I_s	D_m
①	Nb	450~563	5.7~7.1
②	Nb_3Sn	338~394	8.1~9.4
③	$YBa_2Cu_3O_{6+x}$	29~67	47.5~109.8

Y 系高温超导体的 D_m 过大，已无法制造，所以它们只能在 B_{c1} 上使用。但这时的磁通将穿透到导体的内部，从而产生交流损耗。基于 Bean 模型可以算出这种损耗。假设电流在整个超导层内通过，可以求出超导层厚度 d，即 $d = \dfrac{I}{\pi D J_c}$，其中，D 为导体直径。

(2) 稳定化层的厚度。在故障态下，当电流高于 I_c 时，超导层失超，这时电流将分流至稳定化层。设计原则是稳定层的发热和温升不会因膨胀引起超导体和绝缘材料损坏。导体温升由故障电流大小、持续时间及稳定层电阻和比热容决定，即 $\int_{T_b}^{T_b + \Delta T} \left(m_s c_s(T) S_s + m c(T) S\right) \mathrm{d}T = \int_0^t I^2 R(t) \mathrm{d}t$，其中 m_s、m 分别为单位长度超导体和稳定层的质量；c_s、c 分别为超导体和稳定层的比热容；S_s、S 分别为超导体和稳定层的横截面积；$R(t)$ 为稳定层单位长度电阻；t 为故障电流持续时间。若稳定层为铜，故障电流为 30kA(0.4s)，导体最高温度 T_m=150K，稳定层最小截面积为 100mm^2，导体直径为 60mm，则铜层厚约 500μm。

(3) 交流损耗。基于 Bean 模型，设 $B_s < B_p$(穿透场)，则交流损耗功率 $p = \dfrac{4\sqrt{2}}{3} \mu_0 \left(\dfrac{1}{P_e}\right)^3 \dfrac{P_e f}{J_c}$，其中 P_e 为导体周长，f 为频率。计算表明，在液氮温度下，包括制冷功率在内的损耗为超导体的 1/100。

(4)线材的应变。长的电力输送电缆在制造和绕在电缆轴上时,都会产生应力和应变。高温超导体的允许应变值较低,通常取 0.1%。

为了制备实用化的电缆,高温超导基元导线可通过不同形式的叠砌或编织,制备大电流低损耗高温超导电缆导线,进而用于构建高温超导输电系统。随着高温超导实用导线和电缆的发展,目前在世界范围内已有多条高温超导电缆示范系统和输电系统。本章从实用化角度出发并引用示范系统实例,简要介绍高温超导电缆本体和系统的关键技术。

3.2　大电流复合超导电缆导线

3.2.1　复合导线基本结构

高温超导导线在 77K、自场和 1μV/cm 判据下,已实现了高临界电流密度 $J_c=I_c/CS_{HTS}\approx7\times10^4A/cm^2$,其中 CS_{HTS} 是导线的高温超导材料的横截面面积。作为基元高温超导导线,已在 77K 工作条件下实现工程临界电流密度 $J_e=I_c/CS\approx10^4A/cm^2$,其中 CS 是导线总横截面面积,其 J_e 比具有 $J_{Cu}\approx2\times10^2A/cm^2$ 的正常使用的传统 Cu 电阻导线高百倍。高温超导导线 I-V 特性是其电缆应用的基础,对直流电流而言,通常基于经验指数定律的表达为 $V=V_0(I_{HTS}/I_0)^n$,其中 I_{HTS} 是通过高温超导体芯的电流,I_0 是电压 V_0 处的参考电流。也可用另一种表达式,即 $V=E_cl(I_{HTS}/I_c)^n$,其中 l 是电压引线之间的带材长度,I_c 是临界电流,E_c 是高温超导导线的失超判据(通常为 0.1μV/cm 或 1μV/cm)。$n(=\ln V/\ln(E_cl(I_{HTS}/I_c)))$ 反映高温超导导线 I-V 曲线的一般形状,其典型值为 1~100。对于银合金包套复合 BSCCO-2223/Ag 高温超导导线的直流应用,即正弦电流频率 $f\rightarrow0$ 的情况下,高温超导体芯和金属保护套之间的电流分配为 $I=I_0(V/V_0)^{1/n}+V/R_s$,其中 I 是高温超导导线的总电流,R_s 是高温超导金属保护套的电阻。可以将其与高温超导直流特性的数据拟合,以确定包括 n 值的参数。对于正弦交流电流,利用这些参数还可以计算电阻电压的 RMS 值。

基本的高温超导直流电缆结构包括保护层、热屏蔽层、电绝缘层、高温超导层和冷却管。高温超导层最早采用的是 BSCCO-2223/Ag 第一代高温超导导线,目前 YBCO-123 第二代高温超导导线成为首选,其他如 MgB_2 也成为考虑的对象。

77K 下的 $10^4A/cm^2$ 量级的 J_e,可制备具有高额定传输电流能力的高温超导电缆。例如,具有 10kA 传导电流能力的电缆,其截面面积 S,在填充因子 $\lambda(=S_{HTS}/S_{HTSLayer})=0.5$ 和表面场常数为 40mT/kA 时,仅为 $2cm^2$。高温超导层额定电流为 $I=[1-k(J_c)]J_cS_{HTSLayer}\lambda$,其中 $k(J_c)$ 是自场相关系数。

高温超导直流电缆还可以将故障限流保护功能与电力传输结合起来。在这种情况下,所需的 S_{HTS} 由 J_c 和 I_1 决定,其中 I_1 是限流功能的电流触发点,即高温超导体失超电流；$S_{HTS}=I_l/J_c$，$S_{HTSLayer}=I_l/J_e$。为了将短路故障电流限制在最大允许值 I_m 以下，高温超导电缆的最小长度 $L=VS_{HTSLayer}(\rho I_m)^{-1}=VI_l(\rho J_e I_m)^{-1}$，其中 V 是网络电压，ρ 是失超高温超导电缆的电阻率。

　　由于单根高温超导带材承载的工作电流有限，构建实用高温超导电缆通常需要将多根高温超导带材并联使用。对于 n 根具有临界电流 I_c 的基元导线的并联构成电缆，电缆的最大工作电流 $I_r < nI_c$。图 3-1 描述了最基本的高温超导带材导线叠加方案，即实用大电流电缆基本原理方案。高温超导带材叠加，分为绝缘带材叠加和无绝缘带材叠加。利用高温超导带材构建实用电缆，一方面要考虑高温超导材料特性；另一方面要考虑电缆的实用特性，如固化、绝缘、机械强度等问题。对于高温超导绝缘带材叠加，基元导线的工作电流平均分配，是除高温超导材料临界电流外，制备实用电缆的关键问题之一。

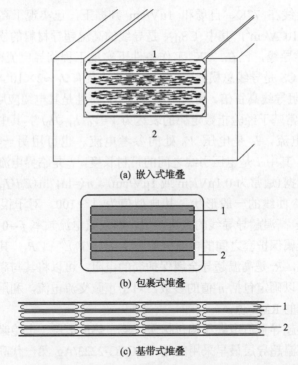

(a) 嵌入式堆叠

(b) 包裹式堆叠

(c) 基带式堆叠

图 3-1　利用高温超导基元带材导线构建的实用大电流电缆示意图

1-高温超导基元带材导线；2-强化保护层

　　用于形成高温超导电缆的高温超导导体由各种形式的高温超导基元导线组成，如图 3-1(a)～(c)所示。图 3-2(a)～(c)为高温超导电缆的结构原理示意，其中图 3-2(a)和(b)适用于交流应用，而 3-2(c)是专门为直流输电设计的，并且有适合实际应用的机械弯曲结构。

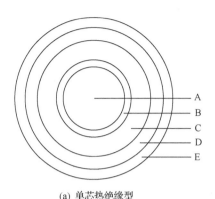

(a) 单芯热绝缘型

A-液氮通道；B-高温超导体层和骨架；
C-绝热层；D-绝缘层；E-保护套

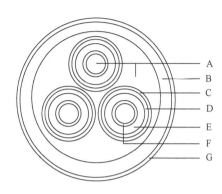

(b) 多芯冷绝缘型

A-液氮通道；B-波纹管冷却管道；C-保护层；D-高温超导
体屏蔽层；E-绝缘层；F-高温超导体层和骨架；G-保护套

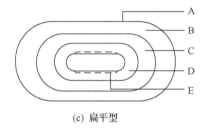

(c) 扁平型

A-保护套；B-强化层；C-绝热层；D-制冷液冷却层；E-高温超导体层和骨架

图 3-2　几种典型的高温超导电缆结构示意图

3.2.2　连续换位复合导线

超导电缆设计中，由于单根超导带材一般不能承载非常大的工作电流，通常会将多根超导带材并联使用，但并联导线各支路间存在的漏电抗，其微小的不平衡会引起很大的环流，增加交流损耗，使得漏磁场分布不均匀，从而降低临界电流，因此超导电缆正在逐渐使用超导复合电缆导体构成。目前主要有四类高温超导复合导线：①简单叠加基础复合导线；②连续换位复合导线(CCTC)；③扭曲堆叠带复合导线(TSTC)；④准各向同性(Q-IS)导线。

连续换位复合导线通过周期性换位，可以使电缆中的电流和磁场分布比较均匀，进而实现高临界电流、低交流损耗的特性。图 3-3 给出了连续换位复合导线的典型结构示意图。其中，W_T 是原始带材的宽度，W_R 是每股宽度，W_C 是股与股之间的间隙，W_X 是交叉宽度，φ 是交叉角，L_{sc} 是叠加后的每股伸出长度，L 是复合导线的换位长度。

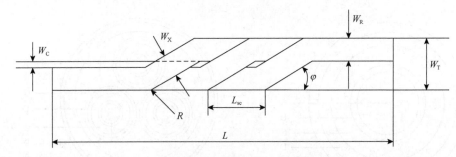

图 3-3　连续换位复合导线的几何结构示意图

　　增加连续换位复合导线临界电流的方法主要有两种：一是通过增加复合导线的换位长度，以此增加股线个数，进而增加临界电流；二是把股线制作成叠片形式。作为一个典型叠片的实例，"R11×1"是指 11 个叠片，每个叠片 1 根股线，共 11 根股线；"R13×3"是指 13 个叠片，每个叠片 3 根股线，共 39 根股线；"R10×5"是指 10 个叠片，每个叠片 5 根股线，共 50 根股线。

　　除了高临界电流特征，连续换位复合导线还具备低交流损耗的特性和优势。现有的涂层导体在垂直磁场上有较大的磁化损耗，而连续换位复合导线由于其周期性的重复换位设置，可以大大减少磁化损耗。典型的 R11×1 连续换位复合导线和 11 股单导线的损耗对比，连续换位复合导线的交流损耗要远小于分开的 11 股单导线。在较低磁场情况下，连续换位复合导线比分开的 11 股单导线损耗降低了约 50%。

3.2.3　扭曲堆叠带复合导线

　　扭曲堆叠带复合导线是由多根超导带材堆叠构成的，在带材的层与层之间留有一定的空隙，使层与层之间的带材可以相对移动，并采用液态焊锡及钢丝固定带材表面。图 3-4 为扭曲堆叠带复合导线的典型结构图。该复合导体具有能够传输大电流和易于弯曲的技术优势。在实际超导电缆绕制时，一般应缠绕在半径较大的圆管道或者是多边形管道上。

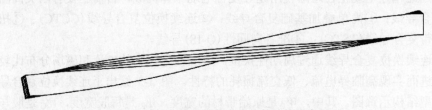

图 3-4　扭曲堆叠带复合导线的结构示意图

　　对于单根扭曲的超导带材，其周围磁场是介于平行磁场和垂直磁场之间的。因此，与完全暴露在平行磁场或垂直磁场下的直超导带材相比，扭曲后的带材临界电流介于直带材的平行磁场和垂直磁场下的临界电流之间。对于多根扭曲的堆叠带复合导线，在施加逐渐增大的电流时，初始阶段的大部分电流流向外部的带材内，接着开始流向内部的带材内。在较高的运行电流时，所有的带材有着相似的电流大小，进而保证了电流的均一性。而没有扭曲的堆叠带复合导线内部的电流分布，则由每个带材各自的瞬时电阻决定，容易因各向异性差异造成电流分布不均的问题。

与连续换位复合导线类似，扭曲堆叠带复合导线也同时具备较高的临界电流和较低的交流损耗技术优势。图 3-5 给出了不同背景磁场下的带材瞬时功率分布对比图。可以看出：和临界电流一样，扭曲堆叠带复合导线的损耗功率也处于直带材平行磁场和垂直磁场下的损耗功率之间。同时，扭曲堆叠带复合导线内部的每一根带材的临界电流近似相等，有效避免了个别带材因失超现象造成的局部过热点安全隐患。

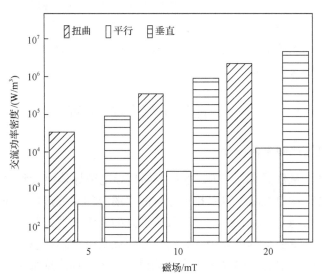

图 3-5　扭曲带材及直带材在不同磁场下的损耗功率分布

3.2.4　准各向同性复合导线

准各向同性复合导线是基于初始超导带材的尺寸，堆叠成由 N 根初始带材制成的 4 根正方形股线，再将四根正方形股线对称堆叠，形成纵横垂直设置的正方形复合导线。图 3-6 给出了准各向同性复合导线的典型结构图。为了改善热性能和力学性能，超导芯可用约 1mm 厚的铝箔包裹且用铜作为保护套，也可以使用其他金属，如铝和不锈钢。

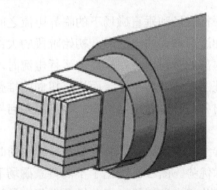

图 3-6　准各向同性复合导线的结构示意图

对于这种准各向同性复合导线，已有实际实验测试。由 NdFeB 磁体组成的永磁体阵列提供稳恒背景磁场，其磁场大小分别设置为 0.1T 和 0.5T。在实验测试过程中，定义归一化临界电流为 θ 处的临界电流与 0°处的临界电流之比。实验结果表明，在 0.1T 背景磁场下，归一化临界电流间的差异小于 2%，这表明准各向同性复合导线在低磁场下几乎是各向同性的。在 0.5T 背景磁场下，归一化临界电流间的最大差异也仅有 8%。

3.3　超导电缆终端装置

3.3.1　超导电缆终端主体设计

终端提供了从低温(67~77K)条件下的超导电缆导体连接到室温条件下的发电机、变压器或输电线路，以及接地电位的电缆冷却系统接口。在终端设计中，应该考虑以下问题：首先，终端必须具有良好的电绝缘性；其次，从环境温度到冷却介质的漏热量应该尽可能少；最后，它应该从带材超导态到正常态具有良好的过渡。这里以典型的 110kV 超导电缆为例，介绍一种冷绝缘超导电缆终端的基本设计及绝缘性能分析，包括电气绝缘、电容锥、电流引线和超导-常导(SC-NC)接头等[1]。

三相电缆系统包含三个独立的超导电缆和六个终端。每个电缆连接到室外终端，该终端位于将电缆连接到电网的变电站区域中。在这里，传输级电压和电流分别为 110kV 和 2kA，高温超导电缆线路长度为 1km。为了避免终端和电缆中传导热和焦耳热的干扰，终端和电缆采用独立的冷却系统。

终端主要由屏蔽环、衬套、电流引线和复合电介质组成，如图 3-7 所示。终端需要跨越 77~300K 的宽温度范围，只使用单一电介质维持其状态极其困难。尽管变压器油和 SF$_6$ 都是良好的电介质，但其凝固点分别为 228~263K 和 222K。

因此，电缆终端可考虑采用复合介质，如从室温区域到 77K 区域的氮气、低温氮气和液氮的复合。

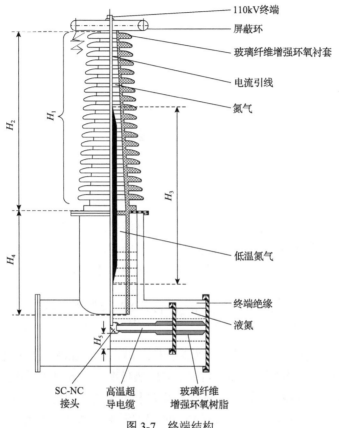

图 3-7　终端结构

由于氮气的介电强度低，所以可以采用玻璃纤维增强环氧树脂(GFRE)制成套管。GFRE 是一种具有高电气性、高机械性、高热性能、既耐高温又耐低温的良好聚合物。由于电介质的不同，电场在法兰接口上分布得非常不均匀。为了改变电场的分布，110kV 超导电缆的终端使用了电容式锥体。

电流引线是高温超导电缆系统的主要热源，其低温漏热量决定了稳态工作所需的冷却功率。电流引线分为连杆、引线体和 SC-NC 接头，如图 3-8 所示。

连杆的作用是终端到传统输电线路的过渡，其规格应符合电力电缆设计的专业标准。当导体的横截面积等于或小于 1000mm^2 时，L 不小于 240mm，D 为 45mm[2]。SC-NC 接头连接超导带材和正常导体，起过渡作用，其规范在很大程度上由电缆导体的规格决定。

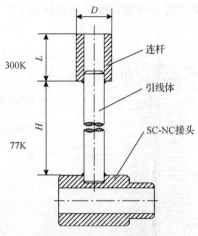

图 3-8　电流引线示意图

　　漏热量通常包括由傅里叶定律描述的室温传导热、由传输电流产生的焦耳热和与冷却介质交换的热量。在稳态运行中，它们必须处于平衡状态。对于直流电流引线的每个段长度 dx，可以基于一维方程来进行最佳设计：

$$\frac{\mathrm{d}}{\mathrm{d}x}\left(k(T)A\frac{\mathrm{d}T}{\mathrm{d}x}\right) - fC_\mathrm{p}(T)m\frac{\mathrm{d}T_\mathrm{vap}}{\mathrm{d}x} + \frac{\rho(T)I^2}{A} = 0 \tag{3-1}$$

式中，I 是输送电流，A；x 是沿着铅的轴向距离，规定在冷端处 x 是零；A、T、$k(T)$ 和 $\rho(T)$ 分别是横截面积（m^2）、温度（K）、热导率（W/(m·K)）和电阻率（$\Omega\cdot\mathrm{m}$）；f 和 $C_\mathrm{p}(T)$ 分别表示在恒定压力下的换热系数和气体的比热容；m 是由液氮的蒸发产生的气体流量，kg/s；T_vap 是低温蒸汽的局部温度，通常与电流引线温度不同。式(3-1)中的三个多项式分别代表了传导热、交换热和焦耳热。

　　当引线馈送交流电流时，由于趋肤效应和涡流的影响，必须考虑附加焦耳损失。由于交流自电场使电流集中在表面层上，电流引线横截面上电流密度是不均匀的。当横截面上的电流密度大约下降到其表面值的 1/e 时，这一截面离表面的距离称为趋肤深度。电流分布由趋肤深度 δ 决定，δ 定义为

$$\delta = \sqrt{\frac{2\rho}{\mu\omega}} \tag{3-2}$$

式中，μ 是渗透率，代表材料中磁场形成的容易度，H/m；ρ 是电力系统的电阻率，$\Omega\cdot\mathrm{m}$；ω 是电力系统的圆周频率，rad/s。其中，导体有效电阻率 ρ_eff 的一个简化解为

$$\begin{cases} \rho_{\text{eff}}(x) = \rho_{\text{DC}}(x)\left[1 + \dfrac{1}{3}\left(\dfrac{R}{2\delta}\right)^4\right], & R < 2\delta \\[3mm] \rho_{\text{eff}}(x) = \rho_{\text{DC}}(x)\left[\dfrac{R}{2\delta} + \dfrac{1}{4} + \dfrac{3}{64}\left(\dfrac{2\delta}{R}\right)^4\right], & R > 2\delta \end{cases} \tag{3-3}$$

根据式(3-3)，可以使用导体中的平均电流密度 J 来计算焦耳热，即

$$Q_{\text{Joule}}^{\text{AC}} = \rho_{\text{eff}}(x)J^2 A \mathrm{d}x \tag{3-4}$$

式(3-4)表明，在 $R > 2\delta$ 条件下，交流焦耳损耗与电流引线的半径 R 近似呈线性关系。在 $R < 2\delta$ 的条件下，交流焦耳损失将接近直流焦耳损失。这意味着交流电流引线应采用最大横向尺寸小于或等于 δ 值的组装导线。此外，互感的影响也不能忽略。对于液氮温度下的铜，δ 值约为 3mm。

在这种设计中铜的电流密度选择 $5\mathrm{A/mm^2}$，所以截面积不能小于 $400\mathrm{mm^2}$。引线体的高度由套管的绝缘间隙确定。引线体采用通过两次扭转加工复合铜-铜-镍的全金属导体。在 19 根导线的组合里，通过一层薄的绝缘铜镍层将直径为 2mm 的铜线分离，此外通过绝缘铜镍层也将每个复合导体分开，其中 7 根复合导体由第二根捻线制成。引线体的横截面如图 3-9 所示。

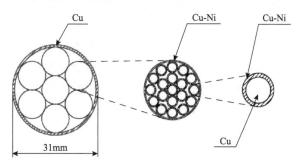

图 3-9　引线体的横截面

假定引线体的室温端和冷端分别为 300K 和 77K，长度 H 为 1650mm，不考虑交换热，引线体的漏热量约为 116W。基于上述考虑，为了避免趋肤效应，SC-NC 接头设计为中空的内筒，并且焊接在从超导带材到正常导体的过渡部位。SC-NC 接头的结构如图 3-10 所示。

3.3.2　超导电缆终端绝缘处理

超导电缆主要分为超导体主体部分、电绝缘层和冷却部分。根据冷却方法，电绝缘层分为热电介质类型和冷电介质类型。热电介质类型具有提高绝缘可靠性的优点。目前常见电缆的绝缘材料通常在低温恒温器上施加电绝缘，而不在超导

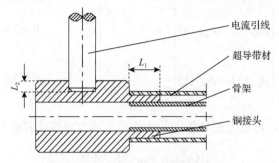

图 3-10　SC-NC 接头的结构示意

体上施加电绝缘。但是，由于这种结构的超导体不能用作屏蔽层，这将导致系统损耗增加，故难以实现大容量的超导电缆本体。与之相对，冷电介质类型的超导电缆处于低温恒温器内的电绝缘层的结构中，超导体可以用作屏蔽层，从而减少系统的损耗，并且可以在一个低温恒温器中安装三相的所有电缆芯，从而减少外部的热量渗透，从而使系统的体积变得更小。

　　以 154kV 电压等级超导电缆为例，可以选择冷电介质类型和复合绝缘型。电缆绝缘材料采用厚度互不相同的两种层压聚丙烯纸（LPP），内侧 LPP_1 为薄层，外侧 LPP_2 为厚层，这种分级的绝缘结构具有改善电缆弯曲时机械特性的特点。LPP是通过对牛皮纸和聚丙烯薄膜进行热压延加工而压缩的半合成纸，可以减少交流电缆的介电损耗[3]。

　　图 3-11 给出了 LPP_1 和 LPP_2 混合比的脉冲击穿强度值。实验结果表明，10 张LPP_1 多层壳体的脉冲击穿强度最高，7 张 LPP_2 多层壳体的脉冲击穿强度最低。在混合两个样品的情况下，LPP_1 和 LPP_2 混合比为 5：3 的脉冲击穿强度比 7：2 的稍高。考虑电缆弯曲特性，确定 LPP_1 和 LPP_2 的最佳混合比为 5：3。

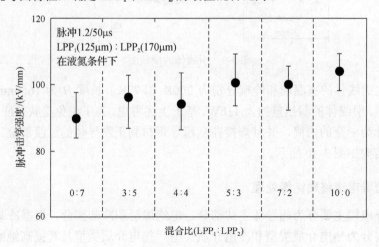

图 3-11　击穿强度与 LPP 的混合比的关系

　　图 3-12 显示了 LPP$_1$ 和 LPP$_2$ 单样品在以混合比为 5∶3 情况下的片材样品的 Weibull 击穿概率。具有 0.1%概率脉冲击穿强度的点称为最大脉冲击穿强度。高温超导电缆的绝缘厚度取决于绝缘材料的最大脉冲击穿强度与电缆耐受的目标电压之比，图 3-12 中的最大脉冲击穿强度为 56kV/mm。

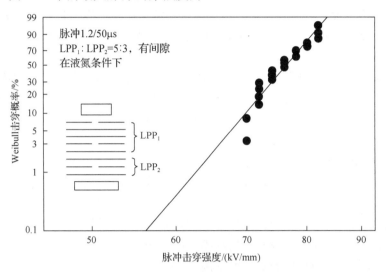

图 3-12　脉冲击穿强度的 Weibull 概率图

　　通过将绝缘材料的最大脉冲击穿强度除以目标电压得到超导电缆的绝缘厚度，并设计余量和转换系数，可以降低设计误差。因此，154kV 级超导电缆的绝缘厚度 t 为

$$t = \frac{\mathrm{BIL} \cdot K_1 K_2 K_3}{E_{\max} M_{\mathrm{imp}}} \tag{3-5}$$

式中，BIL 代表冲击耐受电压，为 750kV；K_1 代表退化系数，为 1.1；K_2 代表温度系数，为 1.0；K_3 代表设计余量，为 1.2；$E_{\max}$ 代表最大击穿强度，为 56kV/mm；M_{imp} 代表换算系数，为 0.8。

3.3.3　超导电缆绝缘材料

　　绝缘材料是超导电缆中必不可少的重要组成部分，其主要用于超导材料的电气绝缘，同时还担负着冷却、防腐防潮、机械支撑、固定和保护超导体的作用。超导系统低温绝缘失效是引起超导失超的主要原因之一。造成低温绝缘失效的原因有很多，通常情况下超导电缆在常温下生产，其在低温下工作时要受到很大的电磁力，此外冷热循环过程中也容易引起电缆绝缘材料的微小变形。如果绝缘材料没有足够的强度和合适的延伸率，在低温下就很容易发生脆裂；另外，如果系统内各部分的热膨胀系数差别太大，在温度发生变化时，各层材料界面上便会产生由热收缩导致的应力，当应力过大时，就会在冷热循环过程中使绝缘材料与超导体分离，从而导致绝缘失效。

高温超导电缆对绝缘材料的要求如下。

(1) 介电性能：要求较低的介电常数、介电损耗和足够高的介电强度。

(2) 力学性能：要求绝缘材料有足够大的拉伸强度、弹性模量和合适的延伸率，以便减小占空率。

(3) 热学性能：要求绝缘材料的热膨胀系数与高温超导电缆系统中其他部分相匹配。对于导体内层，绝缘要求有良好的动态热力学性能、热稳定性和热传导性，以便易于冷却，外层绝缘材料则需要良好的绝热性。

(4) 光学性能：要求具有较好的透明度，以便于施工和检查瑕疵。

低温高压绝缘技术是超导电缆朝着高电压、大功率发展过程中必须解决的关键问题之一。随着高温超导电缆朝着更高电压等级和更大容量的方向发展，其绝缘设计需考虑的内容也变得更加复杂，因此针对超导电缆绝缘及其性能进行科学研究和长期的运行测试，对高电压等级的超导电缆绝缘设计具有重大意义。这里简单介绍高温超导电缆在运行中电缆绝缘面临的问题以及国内外研究人员在低温绝缘介质及其性能方面的新近研究示例。

常用低温绝缘介质主要有液氮、纤维素纸、聚芳酰胺纤维纸、聚酰亚胺、聚丙烯层压纸、环氧树脂及其复合材料等。由于液氮具有无毒、无爆炸、阻燃和良好的介电性能（介电常数为 1.43），已成为超导电力设备中最常用的安全冷却剂和预冷剂。

通过采用平行平板电极测试了 0.1MPa 下沸腾液氮的交流冲击介电强度，得到了电场下的沸腾现象取决于施加电压波形的结论。在交流场强下，气泡的形状随着电压的正弦变化而复杂地改变，同时热气泡会出现剧烈的振动，形成气化通道的电压低于击穿电压；与交流电压下的动态气泡性能相比，施加的冲击电压对气泡的形状可以忽略不计；气泡使液氮的交流击穿场强低于冷氮气的击穿场强；一旦沸腾现象发生，在交流场强下由热输入和静电场力形成的气化通道促使击穿发生；而在冲击电压下，击穿在气液混合制冷通道或气相通道内发生的概率主要由热量输入的大小决定[4]。

针（锥角 35°，尖端半径 0.5mm）-板和球（直径 15mm）-板电极系统下液氮击穿性能研究表明液氮的击穿电压 V_B(kV) 是电极间距 d(mm) 的函数，V_B 随 d 非线性增加，且液氮的脉冲击穿电压总是高于交流击穿电压。在击穿特性（击穿电压-电极间距）中，针-板电极下，交流和脉冲击穿特性曲线接近平行，而对球-板电极，脉冲下的击穿特性曲线更陡。这是由于针-板电极电场分布更不均匀，使得在针电极末端的电晕放电比球电极更强。针-板电极系统中，V_B 和 d 的关系可以表示为

$$V_B = 11d^{0.44} \text{（交流电压）} \tag{3-6}$$

$$V_B = 29.3d^{0.31} \text{（脉冲电压）} \tag{3-7}$$

球-板电极系统中，V_B 和 d 的关系可以表示为

$$V_B = 46.9d^{1.1} \text{（交流电压）} \tag{3-8}$$

$$V_B = 28.3d^{0.57} \text{（脉冲电压）} \tag{3-9}$$

通过测试交流电压和脉冲电压下不同电极材料对液氮击穿性能的影响，发现不同电极材料下液氮的击穿电压不同，在不锈钢电极下的击穿电压明显高于铝电极和铜电极。因此，在特殊用途下，不锈钢可被用来增强电极结构的液氮击穿场强[5]。

利用超高频(UHF)传感器研究交流电压下由液氮中粒子运动产生的局部放电，发现 UHF 技术对识别局部放电的灵敏度与 UHF 信号的幅值和电荷量直接相关；在悬浮电压下，由粒子运动形成的局部放电幅值小，电荷随所施加电压的增大而增加；相位-放电量分析显示在交流电压峰值下产生的电荷量较高；由局部放电引起的 UHF 信号频率范围为 0.5～1.5GHz，局部放电导致了幅值不断变化的间歇突发型信号。

下面简要介绍几种常用低温固体绝缘及其性能。

1) 纤维素纸

低温绝缘实验中常用的纤维素纸一般为杜邦公司生产的 Kraft 纸。纤维素纸具有较好的浸渍性，在 77K 液氮浸渍、1 个大气压的条件下，其相对介电常数为 2.21，介质损耗角正切值为 0.14。液氮浸渍纤维素纸复合绝缘的电气强度随着液氮压力的增大而呈非线性增加。在 77K 条件下，当压力达到 8 个大气压时，交流击穿场强达到饱和[6]。Kraft 纸在室温下的交流击穿场强为 9.84kV/mm，韩国汉阳大学的研究发现，其在液氮下的交流击穿场强在 Weibull 概率等于 63.2%时为 74kV/mm，是其室温下的 7.5 倍。此外，Kraft 纸在液氮下的直流击穿场强比交流击穿场强约高 2 倍，与空气中的实验结果类似。当 Kraft 纸用于匝间绝缘且绕包数小于等于 3 时，随绕包数的增加，其在液氮下的直流击穿场强从 10kV 增加到 25kV，是交流击穿场强的 1.1～1.5 倍[7]。

2) 聚芳酰胺纤维纸

聚芳酰胺纤维纸(Nomex)是美国杜邦公司于 1965 年发明的一种合成的芳香族酰胺聚合物绝缘纸，具有良好的柔性、低温电气性能及力学性能。目前低温绝缘实验中常用的 Nomex 一般为杜邦公司 400 系列产品，如 T410、T418 等。Nomex 在室温下的交流击穿强度为 17kV/mm，研究发现，其在液氮下的交流击穿强度在

Weibull 概率等于 63.2%时为 85kV/mm，是其在室温下的 5 倍，这表明液氮与其组成的复合绝缘系统加强了其介电强度，展现了出色的低温绝缘性能。此外，Nomex 在液氮下的直流击穿强度比交流击穿强度约高 2 倍，这与空气中的实验结果类似。当 Nomex 用于匝间绝缘且绕包数小于等于 3 时，其在液氮下的交直流击穿强度随绕包数的增多而增加[7]。表 3-1 为利用柱-板电极系统测试的 T410 型 Nomex 在所处对象为空气和液氮中的交直流击穿特性，E_{AC} 和 E_{DC} 分别为交流和直流下的击穿强度[8]。

表 3-1　　T410 在空气及液氮中的交直流击穿特性

介质	E_{AC}/(kV/mm)	E_{DC}/(kV/mm)	E_{DC}/E_{AC}
空气	21.47	37.53	1.75
液氮	68.08	118.67	1.74

3) 聚酰亚胺

聚酰亚胺(PI)拥有优良的物理、化学性能及耐热能力。其热稳定性良好，可以在–269～400℃范围内保持良好的运行状态，能耐受几乎所有的有机溶剂和酸，有较好的耐磨、耐电弧等特性。这使得 PI 薄膜成为高温超导电工绝缘材料中使用最多的薄膜材料。常用的 PI 薄膜主要有美国杜邦公司的 Kapton 系列薄膜、日本宇部兴产株式会社的 Upilex 系列和日本钟渊化学工业株式会社的 Apical 系列薄膜，以及中国常熟市电工复合材料厂的 6050 薄膜。针对高温超导绝缘材料，天津大学研究团队也研发出了 Al_2O_3 纳米改性的 PI 薄膜。

研究发现 Kapton 薄膜在液氮下的交流击穿强度在 Weibull 概率等于 63.2%时为 279kV/mm。当 Kapton 薄膜用于匝间绝缘且绕包数小于等于 3 时，其在液氮下的交直流击穿强度随绕包数的增多而增加。利用内部放电低温实验平台研究 PI 薄膜在液氮下的局部放电特性，发现低温可以抑制局部放电的发生，液氮下的局部放电起始电压要比常温下高 2 倍，且局部放电随内部缺陷的增大而增强[9]。表 3-2 为使用柱-板电极系统测试的杜邦 100HN 纯 PI 薄膜在空气和液氮中的交直流击穿特性[8]。

表 3-2　　100HN 在空气及液氮中的交直流击穿特性

介质	E_{AC}/(kV/mm)	E_{DC}/(kV/mm)	E_{DC}/E_{AC}
空气	208.86	275.00	1.32
液氮	274.91	422.93	1.54

4) 聚丙烯层压纸

聚丙烯层压纸(PPLP)是日本住友电气工业株式会社研发的一种由多孔的纸

浆材料同聚丙烯薄膜压制而成的绝缘纸,为三层结构,外两层为木纤维纸,内层为聚丙烯,材料成本较 PI 更低,且 PPLP 具有良好的浸渍性能,在低温下具有良好的力学性能和较高的电气强度。由于 PPLP 在低温绝缘超导电缆主绝缘中有较好的实用性,近年来有较多对于液氮/PPLP 复合绝缘系统绝缘性能的相关研究。

有人研究了超导电缆中三层 PPLP,其中中间层带有对接间隙(butt gap)的液氮/PPLP 复合绝缘系统的局部放电起始特性。其起始局部放电量在 1~60pC,对接间隙越小时其放电量越大;交流电压下起始局部放电相位出现在交流电压的一、三象限,正负电压下起始局部放电概率相似[10]。研究包括了三层无对接间隙和分别带有上、中、下三种对接间隙的三层 PPLP 的交直流击穿特性,以及不同压力下单层 PPLP 的交直流击穿特性。通过四种三层 PPLP 试样的实验发现,无对接间隙试样的 PPLP 击穿强度最高,当对接间隙在中间层时,试样击穿强度比其在上、下层时击穿强度高,这表明 PPLP 绝缘纸上对接间隙的存在致使其绝缘强度变弱。此外在直流下的击穿场强要比交流下高 2 倍,直流下的局部放电起始电压也比交流下高。在不同压力下的击穿强度测试中,PPLP 试样的交直流击穿强度在 3kgf/cm²①处达到饱和值[11]。表 3-3 为使用柱-板电极系统测试的 PPLP 在空气和液氮中的交直流击穿特性[8]。

表 3-3　PPLP 在空气及液氮中的交直流击穿特性

介质	E_{AC}/(kV/mm)	E_{DC}/(kV/mm)	E_{DC}/E_{AC}
空气	92.72	236.63	2.55
液氮	119.10	243.29	2.04

直流和脉冲下 PPLP 的电气和机械特性研究表明,由于重叠 PPLP 试样的粗糙度比无重叠 PPLP 的大,其正直流表面闪络电压比无重叠 PPLP 试样大 1.2 倍;77K 下 PPLP 的屈服强度和断裂应力比 300K 下高约 4 倍。表 3-4 列出了 PPLP 在 77K 和 300K 下的机械特性数据,其中 MD 指平行于 Kraft 纤维方向,CD 指垂直于 Kraft 纤维方向[12]。

表 3-4　PPLP 在 77K 和 300K 下的机械特性

温度/K	方向	屈服强度/MPa	位移/mm	断裂应力/MPa
77	MD	108	0.69	109
	CD	49	0.76	61
300	MD	27.4	1.4	51
	CD	11.4	6.7	24

---

① 1kgf=9.8N。

5) 环氧树脂

环氧树脂是超导电缆接头中连接绝缘体常用的低温绝缘材料，如超导电缆电流引线的绝缘材料。利用低温实验平台，研究已得到环氧树脂在低温环境下的电树枝生长特性和电树枝的击穿特性，并探讨了低温下电树枝的生长机理[13,14]。图 3-13 为不同温度下的典型电树枝形态，在室温和不同的低温环境下，环氧树脂内部长出的电树枝形态有较大差别。在 30℃、−30℃、−60℃条件下，电树枝为简单的树枝状结构，电树分支较少，且树枝颜色很浅；而在−90℃、−120℃、−196℃时，环氧树脂内部出现树枝-松枝状的混合结构，许多细小的电树枝从主干上生长，并相互交叉在一起，且树枝颜色较深。树枝颜色的不同与通道内的碳化物有关。

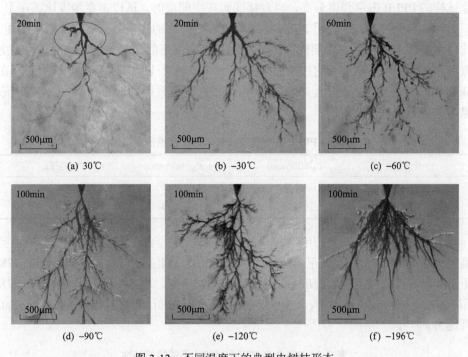

图 3-13　不同温度下的典型电树枝形态

图 3-14 显示了在施加脉冲电压时，温度对环氧树脂电树枝生长速度的影响。与室温相比，低温能够抑制电树枝的生长速度，温度越低，电树枝生长越慢。而且不同温度下的电树枝生长趋势也不相同。温度为 30℃、−30℃、−60℃时，电树枝经历先快速生长，快接近地电极时生长速度明显变慢的生长过程；而在 −90℃、−120℃、−196℃时，在初始阶段电树枝以较低的速度生长，当施加较长时间脉冲电压后，电树枝的长度快速增长，直至达到地电极。

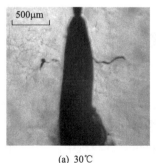

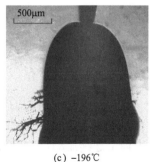

(a) 30℃　　　　　　　　　(b) −60℃　　　　　　　　　(c) −196℃

图 3-14　不同温度下电树枝的击穿通道

　　图 3-14 展示了在不同温度下环氧树脂发生击穿现象时的电树枝击穿通道。实验温度设为 30℃、−60℃和−196℃。脉冲幅值和频率分别为 12kV 和 400Hz。实验发现，随着温度的降低，电树枝的击穿通道出现明显的变化。在 30℃时，电树枝击穿通道比较细，在材料内部留下的破坏区域较小；而在−60℃和−196℃时，电树枝通道明显变宽，对环氧树脂的破坏比较严重。低温环境下，电树枝的密度增加，许多细小的分支沿着电树枝主干向地电极方向生长，发生击穿时，更多电树枝延伸至地电极，导致击穿通道明显变宽。此外，环氧树脂的击穿时间随着温度的降低呈现明显的下降趋势。

　　6) 环氧树脂基复合材料

　　环氧树脂基复合材料是低温绝缘广泛使用的结构材料，用玻璃纤维增强的环氧复合材料通称为玻璃钢(GFRP)，其具有优良的电气性能，且在高频作用下仍能保持良好的介电性能。交流和脉冲电压下超导电缆终端中 GFRP 绝缘套管在空气、氮气、低温氮气和液氮中的沿面闪络性能研究，得知 GFRP 的闪络电压依赖于闪络距离、浸渍介质、施加电压的类型、温度、压力及气雾密度，同时也受电极材料、形状和电场分布状况的影响。液氮下 GFRP 在直流电压和冲击电压下的沿面闪络性能研究，得出直流负极性沿面闪络电压略高于正极性，冲击沿面闪络电压随着沿面距离的增加而增大，直流和冲击的正负极沿面闪络电压几乎相等[14]。GFRP 在液氮下的沿面闪络性能研究，得出负极性的冲击沿面闪络电压略高于正极性的。套管模型电极下 GFRP 在液氮中的沿面闪络性能研究结果表明，沿面距离为 100mm、400mm、600mm 对应的沿面闪络电压分别为 77.6kV、107.6kV、154.4kV、189.3kV[15]。G10(玻璃纤维与树脂碾压复合材料)在液氮下的沿面闪络性能研究，得出在 U 形电极下，沿面闪络电压随电极距离的增加呈线性关系，在三角-板电极下沿面闪络电压随距离的增加趋向饱和，表明电极尖端对长距离的闪络电压有很大的影响。圆柱形 G10 在液氮和室温下的沿面闪络性能研究，得出液氮下的沿面闪络场强高于室温且直径最小的 G10 在液氮下的闪络场强最高、在室温下最低[16]。

3.4　超导电缆制冷系统

3.4.1　低温制冷机简介

图 3-15 给出了典型的低温制冷机类型及原理[17,18]。根据热交换方式进行分类，可将制冷机分为换热式制冷机和回热式制冷机。在换热式制冷机中，制冷剂在一个方向上连续流动，热量直接从热流传递到冷流。在回热式制冷机中，制冷剂在其中振荡流动，热量先是储存在再生材料中，然后转移到流体，故冷却功率集中在回热式制冷机的末端，即冷头。这种类型的制冷机通常具有较小的冷却能力，目前冷却能力最大的这类制冷机是 Stirling Cryogenics 的 StirLIN-4，其 70K 时冷却能力为 3.7kW[19]。

布雷顿(Brayton)和焦耳-汤姆孙(Joule-Thomson，JT)制冷机换热式制冷设备的冷流可通过逆流换热器吸收热量，故这种类型的制冷机可以更好地满足长距离高温超导电缆要求的高冷却功率。一方面，JT 膨胀通过等焓过程中的阀门或孔口实现；另一方面，JT 通过膨胀器的膨胀近似为等熵过程。因此，Brayton 制冷机的制冷过程比 JT 制冷机的效率更高，并且其工作压力比 JT 制冷机要小得多[20]。Claude 循环用于氦气液化装置，氦气在最终的 JT 膨胀过程中被液化。

大部分正在进行的高温超导电缆冷却系统开发项目都采用了 Brayton 制冷机。Taiyo Nippon Sanso 公司开发了使用氖作为制冷剂的 Brayton 制冷机，其冷却功率范围为 2.5~10kW。韩国 KEPCO 公司正在开发以氦作为制冷剂、容量为 10kW 的 Brayton 制冷机，其预期制冷效率在 Carnot 效率上为 16.5%~26.3%。

与 Brayton 制冷机相比，JT 制冷机的冷却部分没有运动部件。因此，JT 制冷机一般具有更高的可靠性、较长的寿命(一般超过 10 年)，并且相比其他使用轮机的换热式制冷机，其成本更低[21]。目前的 JT 制冷技术的局限性在于当处于 77K 以下的低温下，其热力学效率较低。这是因为并不存在性能从环境温度到低于 77K 这么宽广的温度范围性能始终良好的制冷剂。为解决这一问题，出现了双混合制冷剂(DMR)双级 JT 制冷机[22]。DMR JT 系统的高温超导电缆冷却系统的结构如图 3-16 所示。天然气(NG)的典型液化温度为 110K，而高温超导电缆冷却系统所需温度低于 77K。因此，在主循环中采用了氖-氮混合物，并将氮烃(C1、C2、C3)混合物用于预冷循环。DMR JT 系统的卡诺循环效率的理论范围在 17.4%~19.2%。

高温超导电缆是通过高温超导导线通过直接低热阻接触液氮制冷剂冷却的。然后，液氮通过热量产生和热量穿透逐渐升温沿着电缆的纵向流动，其中液氮冷却剂的最大流量受电缆低温直径和压降的限制。此外，电缆入口和出口之间的温度跨度通常从 65K 到 75K 不等，所以高温超导电缆的一节冷却负荷通常被限制在

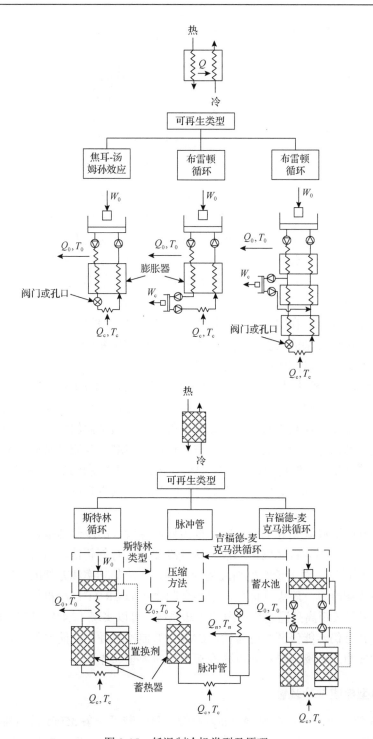

图 3-15　低温制冷机类型及原理

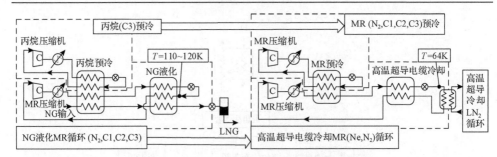

图 3-16 DMR JT 系统的高温超导电缆冷却系统

数十千米。故即使换热式制冷机可以提供极大的冷却功率，仍需要多个冷却站。Brayton 制冷机和 JT 制冷机均可以远程操作。通过连接压缩机和制冷机之间的制冷剂供应和返回线，可以将压缩机和制冷机设在不同的地方。

多个制冷机平行分布，一个大型压缩机可为每个制冷机提供高压制冷剂。除了压缩机和冷却的所有制冷电路都被部署在冷箱内，低温可通过轮机或冷箱内的 JT 口实现。在与液氮热交换完成后，低压制冷剂流会被收集起来，并且退回压缩机以完成制冷周期。在室温下，可以保持压缩机进出口温度，压缩机和制冷剂的分布部分不需要复杂的低温绝缘。此外，大体积的压缩机和冷却器可以和高温超导电缆分开安装，以高效地使用地下空间。

Brayton 制冷机的另一优越性体现在紧凑性方面。Brayton 制冷机仅需一个压缩系统，甚至在冷箱，也只需一个热交换器。但这也存在一定缺陷，因为需要在每个冷箱中都安装涡轮膨胀装置高速移动的部分。通常涡轮膨胀装置的制造成本昂贵，故移动部分也会降低可靠性。与之相对，DMR JT 制冷机通常需要两个压缩系统和热交换器，但在冷箱内不需要运动部件。可以得出结论，Brayton 制冷机具有体积小巧、效率高的优点，而 DMR JT 制冷机具有良好的可靠性和初始开发的经济性。

对于长距离高温超导电缆，冷却剂需要满足较大的冷却功率、多个制冷装置和广泛的温度范围。将氧气掺入液态氮气冷却剂具有创新性，这可以将低温极限扩展到 63K 以下。对于长距离高温超导电缆，在冷却功率和方便的制冷机布置方面，换热式制冷机一般更具优势。双混合制冷剂 DMR JT 制冷机作为一种回收式制冷机，用于长距离高温超导电缆的冷却系统，可以实现 17.4%~19.2% 的卡诺循环效率，并且仍然能保证高可靠性。DMR JT 制冷机凭借其简单的硬件开发和无移动组件成为长距离高温超导电缆冷却系统的理想选择。

3.4.2 典型电缆制冷装置

2006 年，美国奥尔巴尼（Albany）电缆项目安装了一条 350m 长的高温超导电缆，该高温超导电缆和低温制冷系统（CRS）的主要特点与参数如表 3-5 所示[23,24]。

表 3-5　实例高温超导电缆和低温制冷系统的主要特点与参数

物理参数	特点详述
位置	奥尔巴尼、纽约、尼亚加拉莫霍克电网
长度	350m 地面，BSCCO 线 320m、YBCO 线 30m
电压/电流	34.5kV，800A（RMS）
制冷	初级：封闭式制冷
制冷功率	最小值：77K 条件下为 5kW，70K 条件下为 3kW
冷却温度	67～77K（低温制冷系统出口/电缆入口）
压力	1～5bar①（低温制冷系统入口）
液氮	最大值：50L/(min·3.2bar)

①1bar=100kPa。

　　低温制冷系统的核心结构示意图如图 3-17 所示。在正常操作过程中，使用制冷机将过冷液氮循环连续冷冻至约 70K。下面简要介绍其核心部件及运行过程。

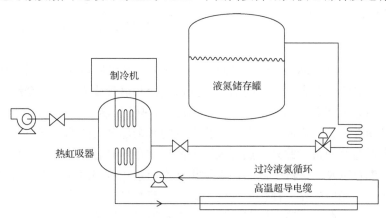

图 3-17　低温制冷系统的核心结构示意图

1. 过冷液氮循环

　　使用低温泵循环液体和并联使用第二泵，从而实现冗余。同时，为了使液氮过冷必须使用液氮储罐将回路保持在高压下。使用标准的压力建立回路可以使油箱内的压力升高。在标称工作压力为 2bar 的情况下，液氮的饱和温度为 88K，这意味着泵送回路中的液氮过冷却大约 18K。此外，与泵有关的压力升高可以将电缆入口处的过冷度提高到 26K。液氮罐也可作为缓冲容器，以允许在热瞬态期间正常的液体膨胀和收缩。液氮储罐中的液体比过冷回路液体温度高，但不会影响电缆的冷却，因为在液体从罐流入系统的情况下，它在热虹吸器中已经被冷却到回路温度。

2. 热虹吸器：正常操作

系统的中心部分是双重制冷模式（制冷机和液氮储存罐）之间的接口，即热虹吸器。在正常的操作过程中，热虹吸器由包含一定量低压液氮的密闭容器组成，并且这里的液氮与电缆冷却回路中的液氮完全分离。如图 3-17 所示，由于下部和上部热交换盘管的组合作用，热虹吸器中的液体恒处于蒸发和冷凝状态。同时，下部线圈将电缆中相对较热的过冷液体与热虹吸管槽液体接触，并将热虹吸管槽液体的温度保持在过冷回路液体所需的温度下。在换热过程中，过冷回路液体将被冷却，而热虹吸浴液将蒸发（或沸腾）。腔内产生沸腾导致压力升高，又因为该过程遵循饱和曲线（温度随着压力升高），故相应的浴液氮温度升高。在正常的大气压下（绝对 1013Mbar），浴温为 77.4K，而在 385Mbar 下的浴温为 70K。通过低温冷却器直接冷却的上冷凝盘管的作用防止了压力上升，通过适当的反馈控制来调节制冷量以维持热虹吸压力。此外，为了保持热虹吸器的压温比——压力/温度，上部冷凝盘管将以等于蒸发速率的速率冷凝氮气。低温冷却器和过冷回路液体之间的热交换，正好可以抵消由于超导电缆和其他系统部件所产生的热量。

除了可以促进无缝备份制冷的固有能力之外，热虹吸器还具有两个优点。制冷器与低温系统的其余部分之间的唯一接口是冷凝盘管或表面。这个线圈或表面（冷头）可以远程定位，其中只有低温冷却器和热虹吸器之间的液体/蒸汽管道连接。这一功能使设计界面可以在无须将系统的其余部分关闭的情况下进行维护，甚至更换低温制冷机。此外，热虹吸器中的液体存量显著增加了整个系统的热稳定性。该库存以及与蒸汽空间的热力学相互作用意味着浴池温度将不会像进口过冷回路液体的相应变化一样快速变化。即使下蒸发盘管和上冷凝盘管中的传热速率之间存在不平衡，过冷的回路出口温度依然可以保持基本恒定。不管返回的冷却剂温度如何，都需要确保供应给超导电缆的冷却剂的温度保持恒定。对于奥尔巴尼低温制冷系统，热虹吸器含有约 150L 液氮，由于操作条件的阶跃变化导致过冷循环冷却量之间存在 1kW 的热不平衡，因此浴温和出口过冷液体温度以及低温冷却器提供的冷却量变化为 0.1～0.2K/min。不过，当控制逻辑要求低温冷却器冷却速率的相应变化时，将恢复期望的设定点压力/温度。

3. 热虹吸器：备份操作

虽然过冷液氮回路的基本制冷由低温冷却器提供，但是仍需通过使用现场液氮储存罐来备份这一关键设备。备用操作所需的液氮量取决于具体的操作条件，每千瓦所需的冷却量为 650～750L/天。

在后备运行过程中，制冷机并不能防止下蒸发盘管作用引起的压力升高。前面已经提过热虹吸器由于其液体存量而具有固有的热稳定性,但在几分钟内出口过冷液体将开始升温约 1K。在该情况发生之前,低温制冷系统的控制逻辑将激活附加真空鼓风机及其相关的阀门,这确保热虹吸器压力可以保持在期望值。当热虹吸器中的液体库存耗尽并且通过控制逻辑补充时,控制逻辑打开热虹吸器和液氮储罐之间的阀门,此时热熔胶管将改变为正常过冷器的操作,并且高温超导电缆将与传统的"开放式"制冷设计相同。

测试设备使用最终的奥尔巴尼系统组件包括热虹吸器、液氮储存/缓冲罐、低温冷却器、低温循环泵、真空鼓风机和模拟超导电缆和终端热负荷的电加热器。因为这个初始测试的重点是证明基本性能和控制稳定性,所以系统组件和管路并不是真空绝缘的,这样可以更容易地将它们结合到最终的系统布置中。之后更进一步地在奥尔巴尼现场进行详细测试,同样使用模拟电热负载,但全设备配置将完全真空绝缘。超导电缆的热负荷由一小段管道模拟,该管道安装有电加热器,可以直接向过冷氮气回路提供高达 5kW 的热量。

3.5 典型示范装置与应用

首先简单回顾一下高温超导电缆的发展历史和目前的工业化进展。

超导现象是 1911 年发现的,但由于当时超导材料的临界温度 T_c(约为 4K)很低,难以用来研制超导电缆。20 世纪 60 年代出现了具有较高 T_c(约为 6~8K)的铌钛合金等具有实用特性的超导材料——低温超导(LTS)材料,于是开始了超导电力电缆的研究。1986 年终于发现了临界温度在液氮沸点以上的高温超导(HTS)材料,这大大推动了超导电缆的实用化发展及其工程应用研究。

在 20 世纪 90 年代初,高温超导实用化导线出现的时候,世界范围内有数家科研机构及公司开始了高温超导电缆的探索和研制,其中包括澳大利亚 UoW-MM Cable-BICC 研究团队,最早利用 BSCCO-2223/Ag 套银导线设计了高温超导电缆。美国是最早系统完成高温超导电缆技术工业化的国家,1999 年底,Southwire 公司开发研制的 30m、三相、12.5kV/1.25kA 冷绝缘高温超导电缆并网运行,向高温超导电缆技术实用化迈出了里程碑的一步。

2001 年 5 月,丹麦 NKT 公司宣布,其 30m、30kV/2kA 的热绝缘结构实用化高温超导电缆顺利挂网运行。同时,德国、法国、意大利及韩国等也投入了大量的人力、物力和财力参与了高温超导电缆技术的研发,推动了高温超导电缆技术的发展和实用化进程。

2002 年,日本住友电气工业株式会社和东京电力公司合作完成了 100m、三相、66kV/1kA 电缆系统并进行了测试。日本古河电气工业株式会社与日本电力工业中心研究所等合作完成了 500m、单相、77kV/1kA 超导电缆系统,低温测试结果表明，该系统符合并网运行的要求。

北京云电英纳超导电缆有限公司与中国南方电网有限责任公司合作研制的三相 35kV/2kA 高温超导电缆系统，于 2004 年 4 月 19 日在云南省昆明普吉变电站试用并网。同年 7 月，该系统正式并入 35kV 电网示范运行，它标志着继美国、丹麦之后，中国成为世界上第三个将高温超导电缆投入电网运行的国家。

2006 年 8 月 21 日，由中国科学院电工研究所与甘肃长通电缆科技股份有限公司、中国科学院理化技术研究所、河北宝丰集团、深圳市沃尔核材股份有限公司联合研究开发的 75m、10.5kV/1.5kA 三相交流高温超导电缆已通过了系统检测和调试，并入长通电缆厂内 6kV 供电网，入网运行超过 7000h。

此外，德国、韩国和俄罗斯等也都相继建立了高温超导电缆输电示范线。例如，德国的 Nexans 2001 年开始高温超导电缆研究，已完成 LIPA（Long Island Power Authority）项目 138kV-2.4kA-574MVA-600m-BSCCO-入网运行，2008 年 4 月 22 日完成项目；AmpaCity 项目-10kV-2.3kA-40MVA-1000m-BSCCO-入网运行，2011 年项目启动，2013 年完成 HTS HVDC 电缆测试，200kV-1.5～15kA。

初期的高温超导电缆研究开发项目均采用第一代高温超导材料 Bi 系高温超导体 BSCCO-2223/Ag 导线作为高温超导电缆超导体材料。YBCO-123 涂层高温超导材料，即第二代高温超导体，以其良好的电学性能逐渐取得了主导地位。

2019 年 2 月 21 日，中国首条公里级高温超导电缆示范工程启动大会在上海宝山城市工业园区举行，标志着中国超导电缆产业化又向前迈出一大步。该示范工程超导材料主要由中国的上海超导科技股份有限公司等供应商提供。

新材料是重要的战略性、基础性、先导性产业，对经济转型升级、高质量发展具有重要意义。近年来，上海超导科技股份有限公司实现了初步的高温超导材料以及超导电缆研发和制造产业链的构建，并致力于提高高温超导电缆技术产业化的可靠性、稳定性和经济性。

工程预计 2019 年底正式挂入上海电网运行，实现连接中心城区的两座变电站。这将是全球范围内首次在超大城市腹地引入超导电缆，它所承载的电流容量也将位列世界第一。上海高温超导电缆示范项目是电网发展史上具有里程碑意义的事件，对上海这样的城市来说，受制于土地资源，新建输电线路难度很大。超导示范工程如果能成功，进而推广，就可以缓解超大城市用电负荷密集与输电通道狭小之间的矛盾。

2015 年，上海超导科技股份有限公司自主研制的公里级物理法第二代高温超导带材生产线投产，将材料应用到中国多个重点工程中，并在 2017 年实现材料批量出口，目前其国际和国内的销售比例各占一半。上海超导科技股份有限公司已与国内外 100 余家高校、科研院所、企业建立合作关系，国内市场占有率约 80%，产品已成功应用于中国国家 863 计划高温超导限流器、南方电网 500kV 超导限流

器、南方电网电阻型超导直流限流器、上海电气集团高温超导发电机、英国
Tokamak 能源超导核聚变、美国 MIT 能源超导核聚变、新西兰 RRI 超导磁体等国
内外示范工程和项目。

世界范围内已建立的高温超导电缆实验示范项目归纳如表 3-6 所示[25]。

表 3-6　高温超导电缆实验示范项目

建立年份	国家	长度/m	功率/(MV·A)	电压/kV	电流/kA	类别	备注
2000	美国	30	27	12.4	1.25	AC	安装运行
2000	法国	50	400	115	2	AC	设计测试
2001	丹麦	30	100	30	2	AC	安装运行
2002	日本	30	—	77	0.7	AC	设计测试
2002	日本	100	114	66	1	AC	3-芯设计测试
2004	中国	33.5	—	35	2	AC	3-芯安装运行
2004	韩国	30	50	22.9	1.26	AC	3-芯设计测试
2005	中国	75	22	10.5	1.5	AC	3-相安装运行
2006	美国	350	—	34.5	0.8	AC	3-芯安装运行
2006	美国	200	69	13.2	3	AC	3-相安装运行
2007	韩国	100	50	22.9	1.25	AC	3-相设计测试
2008	美国	600	574	138	2.4	AC	3-相安装运行
2010	德国	30	138	20	3.2	AC	3-相设计测试
2010	日本	30	30	66	1.75	AC	三合一设计测试
2011	韩国	500	50	22.9	1.26	AC	3-相设计测试
2011	日本	200	—	±10	2	DC	设计测试
2012	荷兰	6000	250	50	2.9	AC	3-相设计测试
2012	日本	30	200	66	1.75	AC	三合一设计测试
2012	中国	360	13	1.3	10	DC	安装运行
2014	德国	1000	40	10	2.31	AC	同心三相设计测试
2014	韩国	100	500	80	3.25	DC	设计测试
2014	韩国	500	500	±80	3.125	DC	设计测试
2015	日本	500	—	20	5	DC	设计

3.5.1　超导交流电缆系统实例

中国南方电网有限责任公司和北京云电英纳超导电缆有限公司于 2001 年开
始高温超导交流电缆技术开发。2004 年 4 月 19 日，安装在云南省普吉变电站的
高温超导交流电缆成功实现了中国第一组超导电缆挂网运行，如图 3-18 所示。

(a) 现场　　　　　　　　　　　　　　　　(b) 终端

图 3-18　云南省普吉变电站的高温超导交流电缆

该 33.5m/35kV(额定)/2kA(额定)高温超导电缆系统,采用闭式液氮循环冷却,主绝缘材料为交联聚乙烯。电缆本体和终端实现在实际电网中长期稳定运行,电缆的双层液氮循环制冷结构冷却效果良好,电缆的检测保护系统也可有效保障电缆在电网中的安全运行。

高温超导电缆与传统电缆相比,具有以下优势:

(1)低损耗。零电阻没有焦耳损耗,交流损耗小于常规电缆的 1/10,系统总损耗大大低于常规电缆的焦耳损耗。

(2)大容量。工程电流密度为常规电缆的 5 倍以上。

(3)环保。减少电缆占地,减轻对环境的污染。

高温超导电缆除未来长距离、大规模应用之外,目前特别适宜于常规电缆受到空间限制的城市中心高密度负荷区;大电流常规母线损耗高的发电厂和变电站;大电流母线或电缆的冶炼厂、地铁等;利用原有管道提高供电容量的城市或工业区扩容等。

电缆系统包括电缆本体、终端、制冷及监控系统、监测与保护系统四个部分。

1. 高温超导电缆系统的组成及参数

普吉变电站有 220kV、110kV、35kV 三个电压等级,高温超导电缆安装在 2 号主变电站的 35kV 侧,负责向昆明市多个冶炼厂和一部分居民供电。为了保证高温超导电缆在发生故障被切除后不影响对用户的供电,增加了一条断路器支路与高温超导电缆并联。

电缆运行的情况,由具体系统参数所反映。安装于普吉变电站的高温超导电缆系统,由高温超导电缆本体、终端、制冷及监控系统、监控与保护系统四个主要部分组成。三相高温超导电缆本体在变电站场地上平行布置,以转角 90°敷设,其中 B 相转弯半径为 5m。高温超导电缆终端是连接超导电缆、高压母线和液氮制冷系统的接口,每根电缆两端各有一套终端。高温超导电缆制冷及监控系统安装于电缆附近的热工房内，通过真空液氮输送管连接到终端，对电缆和终端进行冷却。高温超导电缆监控与保护系统安装于变电站主控室内。

高温超导电缆系统的设计参数如表 3-7 所示。

表 3-7　高温超导电缆系统的设计参数

参数	取值
额定电压/kV	35
额定电流/kA	2
短路电流/kA	20
电流形式	AC
相数	三相
长度(含终端)/m	36.64
超导导体交流损耗/(W/(相·m))	<1.0
超导电缆本体长度/m	33.5
电缆本体质量/(kg/(相·m))	9.2
电缆外径/mm	111.7
绝缘形式	热绝缘
绝缘材料	交联聚乙烯
相间距离/mm	856
绝缘规范	符合 35kV 级 IEC 标准
弯曲直径/m	3.0
终端质量/(kg/个)	30
终端尺寸/m	长 1.2，高 1.355
安装地点	普吉变电站
运行海拔/m	2000

2. 高温超导电缆本体

这套高温超导电缆结构为双通道热绝缘结构，如图 3-19 所示。高温超导电缆的基本结构由内到外依次如下所述：

(1)支撑管(电缆骨架)是罩有致密金属网的金属波纹管，作为高温超导带材排绕的基准支撑物，同时用于液氮冷却流通管道。

(2)电缆导体由 Bi 系高温超导带材绕制而成，共四层，层间缠绕绝缘膜。该电缆导体首次采用组合式绕制方法，降低了高温超导线材在绕制电缆过程中所受的机械损伤，显著提高了高温超导电缆的制造质量。

(3)低温保持器由同轴双层金属波纹管套制而成，两层波纹管间抽真空并嵌有多层防辐射金属箔，其功能是使电缆的高温超导导体与外部环境实现热绝缘，保证高温超导导体具有安全运行的低温环境。

（4）电绝缘层采用交联聚乙烯绝缘材料，置于热绝缘层外面，由于处于环境温度下，习惯上称为热绝缘超导电缆或常温绝缘超导电缆。热绝缘超导电缆的电绝缘层由常规电缆绝缘材料制作。

（5）电缆屏蔽层和保护层的功能与常规电力电缆类似，包括电磁屏蔽、短路保护以及物理、化学、环境防护等。热绝缘超导电缆的屏蔽层和保护层的材料与常规电缆相同。

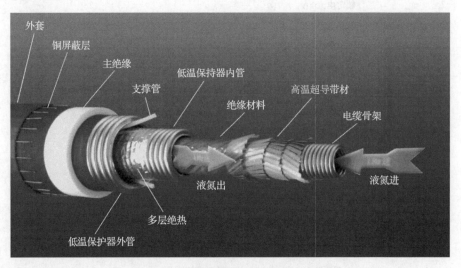

图 3-19　双通道热绝缘高温超导电缆

3. 高温超导电缆终端

终端是高温超导电缆不可缺少的部件，由于超导电缆被液氮冷却，其终端不仅具有常规电缆终端所采用的高电压技术，还涉及导电体低温向室温过渡的尺寸优化、液氮制冷剂进出管线的绝缘和绝热等低温技术。超导电缆终端是连接超导电缆、高压母线、液氮制冷系统的接口，是集高电压绝缘、低温和强电等技术于一体的产品。这套电缆终端在世界上首次采用了通用化、积木式模块化设计，更适用于产业化、系列化的生产需要[26]。

高温超导电缆终端的结构如图 3-20 所示，主要由高电位终端恒温器、2kA 电流引线及其两端分别与电缆和 35kV 高压母线连接的连接件、能承受高电压的绝缘液氮接管、超导电缆终端附件四部分组成。从结构上看，高电位终端恒温器外形像倒写的"T"字，内置电流引线，使电缆的导电缆芯通过电流引线由液氮温度过渡到室温，在顶部与高压母线连接；同时，它还是电缆液氮进出的过渡接口，两边分别与电缆恒温管端部及绝缘液氮连接管连接。

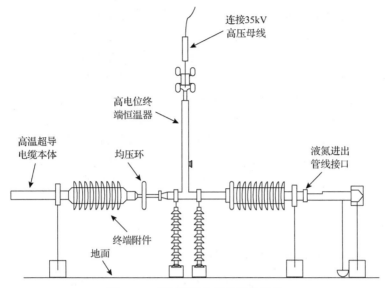

图 3-20　高温超导电缆终端的结构

4. 高温超导电缆的制冷及监控系统

这套高温超导电缆的冷却方式是过冷液氮循环。液氮进口温度为 70～72K，出口温度为 74～76K。制冷系统主要由液氮泵箱(装有液氮泵)、过冷箱(装有 GM 制冷机)、高真空输液管道、测控仪表及装置、补液杜瓦(10m³ 液氮储存罐)以及辅助减压抽空系统组成，具体结构和工作流程如图 3-21 所示[27]。

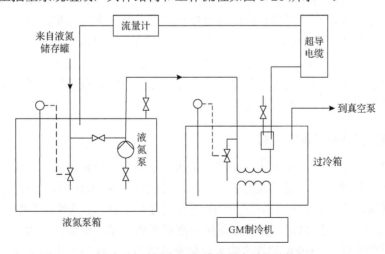

图 3-21　高温超导电缆的制冷系统结构

液氮循环流程为：高温超导电缆内部液氮从 B、C 相流入电缆，从 A 相流出。

从高温超导电缆内流出的回温液氮经 A 相电缆连接管和泵箱回液管流入液氮泵箱进行气液分离并经液氮泵增压，然后通过泵箱、冷箱连接管进入过冷箱与制冷机产生的冷量进行热交换，使液氮过冷，进入分离筒后通过冷箱出液管流入 B 相电缆连接管和 C 相电缆连接管并流入 B 相电缆和 C 相电缆的恒温器内，进而两股液氮合二为一流入 A 相电缆，最后返回液氮泵箱，开始新一次的循环。在循环过程中，循环系统中的液氮由于蒸发会慢慢减少。当循环液氮减少到设定值时（由液位计监控），$10m^3$ 液氮储存罐会通过真空绝热液氮补充管自动向液氮泵箱补充液氮。过冷箱内同样设有液氮自动补液装置。在整个液氮循环过程中，液氮一直处于过冷状态。系统产生的热损耗被 GM 制冷机冷却，如果制冷机的冷量不够，采取抽空减压辅助冷却。制冷监控系统是相对独立的闭环控制器，制冷监控系统的工作状况和电缆非电气量参数，以确保超导电缆本体的低温运行环境。

5. 高温超导电缆的监测与保护系统

高温超导电缆监测与保护系统用于保障高温超导电缆系统在电网中的安全运行，并提供丰富翔实的现场运行数据。失超是影响高温超导电缆在实际电网中安全运行的重要因素，主要由冷却系统故障、超导电缆内部故障、短路故障等引起。由于超导电缆的温度、液氮压力、液氮流量等非电气量信号能够直观反映超导电缆的运行状态，因此常规的失超保护主要由上述非电气量构成。但基于这些非电气量设计的失超保护并不完全适用于实际电网中运行的高温超导电缆。主要原因是：①为全面而准确地获取超导电缆的运行状态，需要在超导电缆本体上安装较多的非电气量传感器，由于安装技术的限制以及出于减少超导电缆系统漏热的考虑，实际可安装的非电气量传感器数目较少，难以满足失超保护的需要；②非电气量信号变化较慢，不能及时反映由电网中的短路电流引起的超导电缆失超。因此，该监测与保护系统采用了非电气量信号与电气量信号相结合的综合保护方案，采用的保护方案包括无延时速断保护、定时限保护、反时限过量保护以及超导电缆运行异常报警等四种不同形式。

3.5.2 超导直流电缆系统实例

2012 年 9 月，安装在中国河南豫联集团中孚实业股份有限公司工业园区内的 10kA/360m 超导电缆，成功获得工业现场示范应用。该 10kA 超导电缆采用为室温绝缘结构，其通电导体选用第一代 Bi 系高温超导带材，通电导体工作温度 68～78K，工作压力小于 5bar，其冷却系统为密闭循环冷却，冷却介质为工业液氮。在工程示范现场中，10kA 超导电缆采用架空方式敷设，作为一供电支路向电解铝车间 320kA 母排供电，其负极回流采用铝排连接，其工作电压为 1300～1500V。根据 320kA 电解生产线生产情况，电缆电流在 6～13kA 范围内随机波动[28]。

10kA 超导电缆由低温制冷和液氮循环冷却系统、超导电缆本体、超导电缆终端组成。超导电缆本体包括超导通电导体、低温杜瓦管及其室温绝缘，其通电导体套装于低温杜瓦管内，其室温绝缘加工于低温杜瓦管外层表面。限于大长度低温杜瓦管道运输、绝缘加工和系统集成等因素，10kA 超导电缆低温杜瓦管采用了模块化多段设计，采用真空插接连接。10kA 超导电缆是目前国际上传输电流最大，也是首组面向工业节能领域应用研究的超导直流电缆。

下面简要介绍 10kA 高温超导电缆的核心部件及关键技术。

1. 电缆导体

电缆导体由骨架、高温超导带材、层间绝缘带和防滑导线组成，其中高温超导 BSCCO-2223/Ag 带材用于电缆的导体。为了更好地验证所设计的电缆，导体使用了不同类型的高温超导带材，即北京英纳超导技术有限公司(InnoST)和日本住友电气工业株式会社(SEI)生产的高温超导带材。电缆导体包含五层高温超导带材，其中一层是由 InnoST 高温超导带材制备的，另外四层是由 SEI 提供的高温超导带材制备的。电缆导体的内径和外径分别为 41mm 和 46.2mm。电缆导体的设计参数列于表 3-8。

表 3-8　电缆导体主要参数

参数	取值
前外径/mm	41.0
高温超导带材的临界电流/A	150/90
高温超导带材的最小拉应力/MPa	250/100
导体外径/mm	46.2
导线层数	5
高温超导带材根数	115
使用的高温超导带材的总长度/km	46

目前，已经开发了用于制造电缆导体的绕线机。该绕线机能精确控制张力和螺旋度，使电缆导体更易于制造。图 3-22 给出了 10kA 高温超导电缆的基本结构。其中，承载电缆导体的低温封套由两个同心波纹不锈钢管组成。为了减少热损失，在波纹管之间使用了超绝热材料，表 3-9 列出了低温管道的主要参数。实验表明，低温管道的热损失约为 1W/m。

2. 低温封装与绝缘

由于低温封装的总长度超过 350m，制造出无接头的 350m 的低温封装较难，故低温封装是由 8 段焊接而成的，且避免每个接头均放置在弯曲部分。此外，两段之间的连接是通过双长距离高温超导真空层插入的方式进行的，从而使每个接头的热损失降低了3W。表3-9为该电缆低温封装的主要参数。这种低温封接技术将有助于未来实用超导电缆的制备与应用。

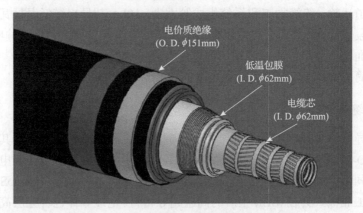

图 3-22　10kA 高温超导直流电缆的基本结构

表 3-9　低温封装的主要参数

参数	取值
内径/mm	62
不含钢网外径/mm	131
含钢网外径/mm	133
含钢网绝缘外径/mm	151
操作压力/bar	1～5
最小弯曲半径/m	1.2
运行温度/K	70～77
真空度/Pa	≤10^{-2}

3. 终端和电流引线

终端由一个主体、一个电流引线和一个独立设计和制造的腔室组成，以便于运输和集成。对于 10kA 的电流引线，长度与截面积之比为 $318.5\mathrm{m}^{-1}$，长度为 2.9m，这种设计可以将铅的热损失降低到 43W/kA。

4. 制冷系统

电力电缆的制冷系统设计成循环系统，其中使用约 70K 的过冷液氮来冷却电缆系统。系统压力在 1～5bar 的范围，通过四缸斯特林制冷机冷却，可保持 70～77K 温度差。液氮 77K 时，冷却功率为 4kW，70K 时约为 3.3kW。图 3-23 给出了整个高温超导直流电缆制冷系统的原理示意图。

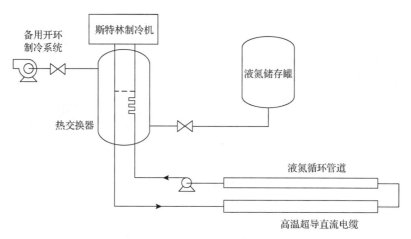

图 3-23　10kA 高温超导直流电缆制冷系统的原理示意图

5. 集成与安装

为了验证高温超导直流电缆的实际运行状况，在中国河南豫联中孚实业股份有限公司安装了电力电缆[28]。该公司是一家生产铝的公司，电力电缆连接铝电解车间变电站和母线，与常规输电导线一起为工厂供电。电缆的安装设计如图 3-24 所示，安装的电缆现场如图 3-25 所示。为了测试电缆的弯曲性能，高温超导直流电缆的安装设计弯曲九次，其中三次是垂直弯曲，六次是水平弯曲，并且最小弯曲半径为 3m。

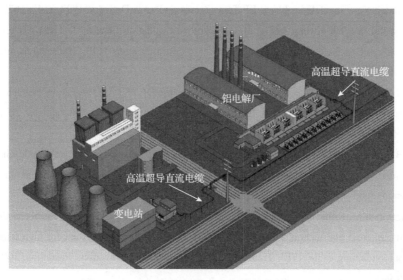

图 3-24　10kA 高温超导电力电缆的安装设计图

图 3-25　10kA 高温超导电力电缆的安装现场图

参 考 文 献

[1] Ren L, Tang Y J, Shi J, et al. Design of a termination for the HTS power cable. IEEE Transactions on Applied Superconductivity, 2012, 22(3): 5800504.

[2] 李国征. 电力电缆线路设计和施工手册. 北京: 中国电力出版社, 2007.

[3] Kwag D S, Cheon H G, Choi J H, et al. Research on the insulation design of a 154kV class HTS power cable and termination. IEEE Transactions on Applied Superconductivity, 2007, 17(2): 1738-1742.

[4] Hara M, Kwak D J, Kubuki M. Thermal bubble breakdown characteristics of LN_2 at 0.1MPa under AC and impulse electric fields. Cryogenics, 1989, 29(9): 895-903.

[5] Kwag D S, Cheon H G, Choi J H, et al. The electrical insulation characteristics for a HTS cable termination[J]. IEEE Transactions on Applied Superconductivity, 2006, 16(2): 1618-1621.

[6] Hiroshi S, Kaoru I, Shirabe A. Dielectric insulation characteristics of liquid-nitrogen impregnated laminated paper insulated cable. IEEE Transactions on Power Delivery, 1992, 7(4): 1677-1680.

[7] Seong J K, Seol J, Hwang J S, et al. Comparative evaluation between DC and AC breakdown characteristic of dielectric insulating materials in liquid nitrogen. IEEE Transactions on Applied Superconductivity, 2014, 24(6): 8800606.

[8] Li W G, Liu Z K, Wei B, et al. Comparison between the DC and AC breakdown characteristics of dielectric sheets in liquid nitrogen. IEEE Transactions on Applied Superconductivity, 2012, 22(3): 7701504.

[9] Du B X, Xing Y Q, Jin J X, et al. Characterization of partial discharge with polyimide film in LN_2 considering high temperature superconducting cable insulation. IEEE Transactions on Applied Superconductivity, 2014, 24(5): 9002505.

[10] Hazeyama M, Kobayashi T, Hayakawa N, et al. Partial discharge inception characteristics under butt gap condition in liquid nitrogen/PPLP® composite insulation system for high temperature superconducting cable. IEEE Transactions on Dielectrics and Electrical Insulation, 2002, 9(6): 939-944.

[11] Lee B W, Choi W, Choi Y M, et al. Comparison between PD inception voltage and BD voltage of PPLP in LN_2 considering HTS cable insulation. IEEE Transactions on Applied Superconductivity, 2013, 23(3): 5402104.

[12] Kim W J, Kim H J, Cho J W, et al. Electrical and mechanical characteristics of insulating materials for HTS DC cable and cable joint. IEEE Transactions on Applied Superconductivity, 2015, 25(3): 7701004.

[13] Du B X, Zhang M M, Han T, et al. Tree initiation characteristics of epoxy resin in LN_2 for superconducting magnet insulation. IEEE Transactions on Dielectrics and Electrical Insulation, 2015, 22(4): 1793-1800.

[14] 陈向荣, 徐阳, 徐杰, 等. 工频电压下 110kV XLPE 电缆电树枝生长及局放特性. 高电压技术, 2010, 36(10): 2436-2443.

[15] Cheon H G, Choi J W, Choi J H. Insulation design of 60kV class bushing at the cryogenic temperature. IEEE Transactions on Applied Superconductivity, 2010, 20(3): 1186-1189.

[16] Rodrigo H, Baumgartinger W, Heller G H, et al. Surface flashover of cylindrical G10 under AC and DC voltages at room and cryogenic temperatures. IEEE Transactions on Applied Superconductivity, 2011, 21(3): 1409-1412.

[17] Lee J, Lee C, Jeong S, et al. Investigation on cryogenic refrigerator and cooling schemes for long distance HTS cable. IEEE Transactions on Applied Superconductivity, 2015, 25(3): 1-4.

[18] Radenbaugh R. Foundation of cryocoolers short course. International Cryocooler Conference, Atlanta, 2010.

[19] Stirling Cryogenics. Products of Stirling Cryogenics. http://www.stirlingcryogenics.com [2018-08-12].

[20] Radenbaugh R. Refrigeration for superconductors. Proceedings of the IEEE, 2004, 92(10): 1719-1734.

[21] Radenbaugh R. Cryocoolers: The state of the art and recent developments. Journal of Physics Condensed Matter, 2009, 21(16): 164219-164220.

[22] Lee J, Hwang G, Jeong S, et al. Design of high efficiency mixed refrigerant Joule-Thomson refrigerator for cooling HTS cable. Cryogenics, 2011, 51(7): 408-414.

[23] Lee R C, Dada A, Ringo S M. Cryogenic refrigeration system for HTS cables. IEEE Transactions on Applied Superconductivity, 2005, 15(2): 1798-1801.

[24] Masuda T, Yumura H, Watanabe M, et al. Design and experimental results for ALBANY HTS cable. IEEE Transactions on Applied Superconductivity, 2005, 15(2): 1806-1809.

[25] 金建勋, 游虎, 姜在强, 等. 高温超导电缆发展及其应用概述. 南方电网技术, 2015, 9(12): 17-28.

[26] 杨军, 张哲, 尹项根, 等. 我国首套高温超导电缆并网运行情况. 电网技术, 2005, (4): 4-7.

[27] 毕延芳, 陈行倩, 马登奎, 等. 35kV/2kA 高温超导电力电缆终端. 低温物理学报, 2003, 25(1): 525-530.

[28] Zhang D, Dai S T, Teng Y P, et al. Testing results for the cable core of a 360m/10kA HTS DC power cable used in the electrolytic aluminum industry. IEEE Transactions on Applied Superconductivity, 2013, 23(3): 5400504.

第4章 超导电缆特性的理论模型与损耗分析

4.1 超导体的基本应用参数与特性

4.1.1 超导体的临界参数及应用特征

超导体具有三个最基本的临界参数，即临界温度 T_c、临界磁场强度 H_c 和临界电流密度 J_c。其中，临界磁场强度 H_c 和临界电流密度 J_c 也可用与其等效的临界磁感应密度 B_c 和临界电流 I_c 来表示。这三个临界参数的定义如下：

（1）在低于某一温度值时，处于低温环境下的超导体开始呈现超导现象，即超导体从存在电阻损耗的正常态转变成具有无电阻、无损耗特征的超导态的温度，称为临界温度。

（2）在高于某一磁场强度或磁感应密度时，处于外部磁场下的超导体开始失去超导现象，该磁场强度或磁感应密度称为临界磁场强度或临界磁感应密度。

（3）在高于某一电流密度或电流时，通过传输电流的超导体开始失去超导现象，该电流密度或电流称为临界电流密度或临界电流。

这三个基本临界参数不是独立的，相互之间存在紧密的关联性。图 4-1 给出了超导体的三个临界参数之间的关系。T_c-H_c-J_c 构成的临界曲面（critical surface）上的任意一点 (T_c, H_c, J_c) 称为临界态（critical state）。临界态中的三维坐标值即临界温度 T_c、临界磁场强度 H_c 和临界电流密度 J_c。

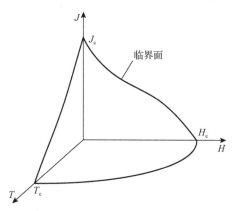

图 4-1 超导体的三个临界参数之间的关系

超导态（superconducting state）则存在于由 (T_c, H_c, J_c) 组成的曲面和 (T_c, H_c)、(T_c, J_c) 及 (H_c, J_c) 组成的三个平面围成的三维体积内。而该三维体积外的任意一点即正常态(normal state)。因此，当超导体中的任意一个实际运行参数超出该三维体积外时，超导体将出现失超(quench)现象，进入正常态。

除上面介绍的临界参数，高温超导体还有一系列与应用相关的特征与描述，如各向异性(anisotropy)、电流-电压(I-V)特性、交流损耗特性、磁化特性等。超导体的各向异性通常是指高温超导体的临界电流密度或临界电流不仅与外加磁场大小有关，还与外加磁场的方向密切相关。实用的高温超导体属于氧化物陶瓷材料，本身存在弱连接、晶粒、次相、缺陷等特性，其 Cu-O 面导电特性使其具有非常强烈的各向异性。例如，第一代高温超导体 BSCCO-2223，其相同幅值的垂直带材宽面方向的垂直磁场 $B_\perp$ 对临界电流引起的衰减程度要比平行带材宽面方向的平行磁场 $B_{//}$ 对临界电流引起的衰减程度严重得多。

对于高温超导体，单一的临界电流参数不能完全反映其载流特性。为了方便描述超导体从超导态向正常态的转变过程，引入了超导体的 n($=\ln V/\ln I$)值概念，即将超导体的电流-电压对数曲线按照幂函数规律在$0.1\mu V/cm$和$1\mu V/cm$之间拟合获得的斜率参数。单位长度的超导带材的端电压 E 可表示为

$$E = E_c \times \left[\frac{I}{I_c(B_{//}, B_\perp)} \right]^{n(B_{//}, B_\perp)} \qquad (4\text{-}1)$$

式中，E_c 为临界电流的电压判据，一般取 $0.1\mu V/cm$ 或 $1\mu V/cm$；I 为传输电流大小。与临界电流类似，超导体的 n 值同样也具有强烈的各向异性。

图 4-2 给出了典型的高温超导体电流-电压曲线。可以看出：①在相同的传输电流与临界电流比值 I/I_c 的情况下，当 $I/I_c < 1$ 时，n 值越大，单位长度的超导带材的端电压 E 越低，相应的损耗功率 EI 就越小；②在相同 n 值的情况下，I/I_c 值越小，

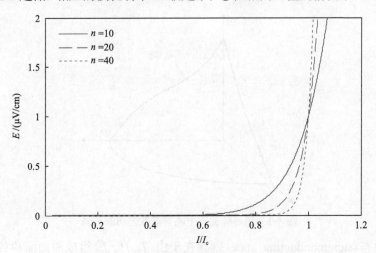

图 4-2　典型的高温超导体电流-电压曲线

单位长度的超导带材的端电压 E 越低，相应的损耗功率 EI 就越小。因此，为了减小高温超导体的损耗功率，除导体结构设计外，一方面需要在设计时减小传输电流与临界电流的比值 I/I_c，另一方面更需要改善高温超导材料从而提高 n 值[1]。

4.1.2　基本电磁特征与电磁计算分析模型

为了研究超导体的电磁性质，超导体电动力学随之建立。在二流体模型的基础上，1935 年，伦敦兄弟首先提出了两个描述超导电流和电磁场关系的方程，即伦敦理论，它们与麦克斯韦（Maxwell）方程一起构成了超导体电动力学的基础。

伦敦理论成功解释了迈斯纳效应和零电阻现象，并预言了一些新结果。电动力学的基本方程是由麦克斯韦方程、边界条件和物质方程组成的。麦克斯韦方程和边界条件对真空、导体、电介质、磁介质都成立，只是在不同情况下物质方程不同。例如，在导体中通以正常电流时，物质方程是 $J_n=\sigma E$，σ 是电导率，E 是电场强度，J_n 为正常电流密度。可以预期，当进入超导态时，对于超导电流，其物质方程必定要改变。伦敦兄弟基于这一点，在二流体模型的基础上，建立了超导体电动力学，并提出了超导体的两个方程，即伦敦方程：

$$\frac{\partial J_s}{\partial t} = aE \tag{4-2}$$

$$\nabla \times J_s = -aB \tag{4-3}$$

式中，$a = \frac{n_s e^2}{m}$；n_s 为超导电子密度；e、m 为电子电荷和质量；J_s 是超导电流密度；B 为磁感应强度。第二个方程表示超导电流的时间变化由电场决定。根据二流体模型，超导体中总电流密度 J 为 $J=J_s+J_n$，其中，J_n 为正常电流密度，假设它仍服从 $J_n=\sigma E$ 的规律。

麦克斯韦方程可以表述为

$$\begin{cases} \nabla \times H = J + \dfrac{\partial D}{\partial t} \\ \nabla \times E = -\dfrac{\partial B}{\partial t} \\ \nabla \cdot D = \rho \\ \nabla \cdot B = 0 \end{cases} \tag{4-4}$$

式中，B 和 H、D 和 E 的关系为 $B=\mu_0 H$，$D=\varepsilon_0 E$，伦敦方程和麦克斯韦方程一起构成了超导体电动力学的基本方程。

可以从伦敦方程以定量计算来讨论零电阻及超导体内磁场与电流分布等问题，在直流情形，应有 $\frac{\partial J_s}{\partial t}=0$，伦敦方程给出 $\frac{\partial J_s}{\partial t}=aE$，由此必有 $E=0$，从而应

有 $J_n=\sigma E=0$，全部电流是由超导电子贡献的，因而表现出零电阻性质。

又在稳恒（或似稳）条件下有 $\nabla^2 H=H/\lambda^2$ 或 $\nabla^2 B=B/\lambda^2$，用此方程讨论无限大平板特例有 $B(x)=B_e\exp(-x/\lambda)$，其中，B_e 是平板表面处的磁场。$B(x)$ 函数表明，当 $x\gg\lambda$ 时，$B(x)$ 趋于零。数值估计出 λ 的数量级为 10^{-6}cm。于是伦敦方程预言，只有在超导体表面附近约 10^{-6}cm 的薄层内有不为零的磁场，才称为穿透层，λ 称为穿透深度。对于大样品可以将穿透深度略去，因此在这个近似下，超导体内各处的磁感应强度都是零，这就是迈斯纳效应。

经实验检验，超导电动力学已经确定以伦敦方程和麦克斯韦方程、边界条件及正常金属物质方程构成的核心部分，反映超导体电磁性质。

伦敦理论预言有穿透深度，但从实验上测量穿透深度则很困难。这是因为穿透深度很小，只有 10^{-5}cm 左右，因此对一般大小的样品，磁场穿透深度的效应很小，需要用很精确的测量才能在大的样品中确定。

用来分析高温超导即第 II 类超导体的传统磁化模型有 Bean 模型、Kim 模型、指数模型、Yin 模型[1]。

1）Bean 模型

Bean 模型假定临界电流密度 J_c 在超导体内是一常数。Bean 模型的表达式为

$$J(r)=C \tag{4-5}$$

$$\frac{dB}{dx}\propto F_p\propto J_c=C \tag{4-6}$$

式中，电流密度 J 具有均匀分布的特点；F_p 为超导体本征磁通钉扎力。

2）Kim 模型

Kim 模型对超导体的临界电流密度 J_c 进行了修正，其不是一个常数，而是可变的。Kim 模型的表达式为

$$J(x)=\frac{C}{B(x)+B_0} \tag{4-7}$$

$$\frac{dB}{dx}\propto F_p\propto J_c(B) \tag{4-8}$$

3）指数模型

在指数模型中，高温超导体的电势 E 和电流密度 J 可以表示为

$$E(J,B)=E_0\left|\frac{J}{J_c}\right|^\sigma \tag{4-9}$$

指数模型可以用来计算高温超导悬浮体内由永磁体不均匀的外加磁场引起的

感应电流分布，并可以得到超导体的磁通密度分布图。指数模型有以下几种解释：

(1) 若 $\sigma \to \infty$，当 $J < J_c$ 时，$E = 0$；当 $J > J_c$ 时，$E = \infty$。于是指数模型就退变成了 Bean 模型。

(2) 若 $\infty > \sigma > 1$，则表示磁通蠕变。

(3) $\sigma = 1$，$E \propto J$，表示热激活磁通流动，而类似正常导体。

4) 材料方程

超导体的材料方程，即 Yin 模型，可以表述为

$$E(J) = 2v_0 B \exp(-(U_0 + W_V)/(kT)) \sinh(W_L/(kT)) \tag{4-10}$$

式中，v_0 是速度维数的前因子；U_0 为钉扎势；$W_V \eta v P = E(J) BP / \rho_f$ 是具有一定黏度系数 $\eta = BB_{c2}/\rho_n = B^2/\rho_f$ 的磁通运动的黏滞损耗项；$W_L = JBP$ 是由洛伦兹驱动力产生的能量，其中 P 是运动磁通束体积和力的作用范围的乘积。令 $v = v_0 \exp(-U(J)/(kT))$，U 是激活势垒，则式 (4-10) 可变为统一材料方程的简化形式：

$$y = x e^{-\gamma(1+y-x)} \tag{4-11}$$

式中，$\gamma \equiv U_0/(kT)$，$x \equiv W_L/U_0$，$y \equiv W_V/U_0$。

Yin 模型的主要特性包含钉扎界线项、黏滞损耗项和依赖方向的洛伦兹力项。模型提供了一个包括整个磁通运动范围的统一描述，可以用来描述所有的磁通量运动，包括热激发的磁通流动、磁通量蠕变、临界状态和磁通流动。Yin 模型包含了 Anderson-Kim 模型、Bardeen-Stephen 模型和临界模型 ($F_p = -J_c \times B$)，这三个模型均为 Yin 模型的特例。

计算磁场有不同的方法，主要有下面三种方法：

(1) Biot-Savart 定律法，即利用 Biot-Savart 定律计算外加磁场 B_{PM}；

(2) 矢量势方法，即计算矢量势 A_{PM}，即 B_{PM} 是 A_{PM} 的旋度；

(3) 标势方法，即计算无电流区域的标势 ϕ_m，B_{PM} 是 ϕ_m 的梯度。

4.2　实用超导材料的基本特性

4.2.1　液氮温度下的经验公式

对于 BSCCO-2223 高温超导体的各向异性，目前尚没有精确的数值计算式。在液氮 77K 温度下，通过对实用 BSCCO-2223 带材的实验数据拟合获得的经验公式如下[2]：

$$I_c(B_{//}, B_\perp) = \frac{I_{c0}}{48 - 6.8 \exp(-|B_{//}|/B_0) - 40.2 \exp(-|B_\perp|/B_0)} \tag{4-12}$$

$$n(B_{//}, B_\perp) = \frac{n_0}{30.8 - 7.5\exp(-|B_{//}|/B_0) - 22.3\exp(-|B_\perp|/B_0)} \tag{4-13}$$

式中，I_{c0} 和 n_0 均为液氮温度及自场条件下的标准值；B_0 是一个值为 1T 的归一化常数，以获得无量纲指数表达形式；$B_{//}$ 为平行 BSCCO-2223 带材宽面的平行磁场；$B_\perp$ 为垂直 BSCCO-2223 带材宽面的垂直磁场。式(4-12)和式(4-13)适应于较低的外磁场条件，如磁感应强度小于 0.4T，其计算结果与实验结果较为相符。因此，式(4-12)和式(4-13)可用于计算浸泡在液氮中的小型超导磁储能磁体的临界电流和 n 值，进行磁体结构优化设计。

图 4-3 给出了高温超导 BSCCO-2223 带材临界电流 I_c 和 n 值随垂直及平行磁场的变化曲线。其中，图 4-3(a)和(b)中的纵坐标分别为临界电流 I_c、n 值与对应的 I_{c0}、

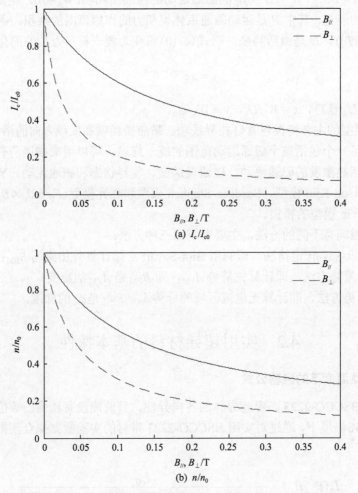

(a) I_c/I_{c0}

(b) n/n_0

图 4-3　高温超导 BSCCO-2223 带材临界电流 I_c 和 n 值随垂直及平行磁场的变化曲线

n_0 的比值。可以看出，相同幅值的垂直磁场 $B_\perp$ 对临界电流 I_c 及 n 值的衰减程度要比平行磁场 $B_{//}$ 对临界电流 I_c 及 n 值的衰减程度严重得多。因此，在实际设计超导磁储能磁体结构时，需要尽可能减小垂直磁场，以获得更高的临界电流和更低的功率损耗。

4.2.2　任意温度下的经验公式

由于 BSCCO-2223 带材在液氮温度下的临界电流相对较低，实用的超导磁储能磁体往往工作在更低的低温环境中，如在液氢温度 20K 下，以获得更高的临界电流及储能量。那么，在任意温度 T、任意磁场 B 下的临界电流 I_c 和 n 值经验公式如下[3]：

$$I_c(T,B,\theta) = I_c(T) \times G(T,B,\theta) \tag{4-14}$$

$$n(T,B,\theta) = n_0 \times \frac{0.4552(1.586 - 8 \times 10^{-3}T)}{0.4522 - \lg G(T,B,\theta)} \tag{4-15}$$

式中，$I_c(T)$ 和 $G(T,B,\theta)$ 分别为 20～110K 温度范围内的温度函数和 0～5T 磁场范围内的温度-磁场函数，其计算公式分别为

$$I_c(T) = \begin{cases} (5.92 - 0.065T) \times I_{c0}, & T < 75K \\ (3.69 - 0.035T) \times I_{c0}, & T > 75K \end{cases} \tag{4-16}$$

$$G(T,B,\theta) = \begin{cases} [1 + |B\sin\theta / B_0(T)|^{\alpha(T)}]^{-1}, & \theta > \theta_c \\ [1 + |B\sin\theta_c / B_0(T)|^{\alpha(T)}]^{-1}, & \theta < \theta_c \end{cases} \tag{4-17}$$

式中，θ 为外磁场与 BSCCO-2223 带材宽面之间的夹角，如图 4-4 所示；θ_c 为临界角度，其值与 BSCCO-2223 带材中晶粒错位角度接近，典型值范围为 5°～10°；特征磁场 $B_0(T) = 0.03 + (32–0.393T) \times I_c(T) \times 10^{-4}$；特征指数 $\alpha(T) = 0.2116 + 0.0083T + (12 + 0.3T) \times I_c(T) \times 10^{-4}$。式(4-14) 和式(4-15) 适应于 20～110K 温度范围和 0～5T 磁场范围，其计算结果与实验结果较为相符。因此，式(4-14) 和式(4-15) 可用于计算浸泡在液氮(77K)、液氖(24K)、液氢(20K) 及制冷机直接传导冷却环境中的中小型超导磁储能磁体的 I_c 和 n 值，进行磁体结构优化设计。

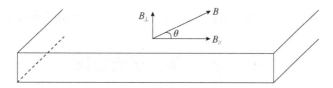

图 4-4　高温超导带材所处的外磁场及磁场分解示意图

图 4-5 给出了不同温度情况下 BSCCO-2223 带材临界电流 I_c 和 n 值随垂直磁

场的变化曲线。其中，图 4-5(a) 和(b) 中的纵坐标分别为临界电流 I_c 和 n 值，其液氮温度及自场条件下的标准值 I_{c0} 和 n_0 分别为 200A 和 20。可以看出，垂直磁场 $B_\perp$ 越小，工作温度 T 越低，临界电流 I_c 及 n 值就越高。因此，在进行超导磁储能磁体结构优化以获得更小垂直磁场的同时，还需要选择合适的工作温度，以获得符合实际超导磁储能系统应用需求的临界电流及功率损耗。

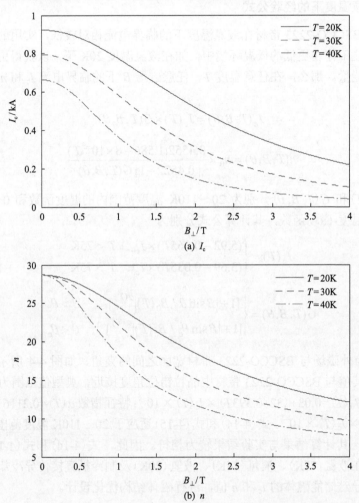

(a) I_c

(b) n

图 4-5　BSCCO-2223 带材临界电流 I_c 和 n 值随垂直磁场的变化曲线

4.3　超导体的交流损耗

4.3.1　损耗机理及分类

当超导体传输交变电流或处于交变磁场中时，变化的磁场将在超导体内部产生感应电场，并由此产生一定的能量损耗，即交流损耗（AC loss）。一般来说，超导体的交流损耗有两种分类方法[4]：

（1）根据引起交流损耗的直接原因，可以将超导体的交流损耗分为自场损耗（self-field loss）和外场损耗（external-field loss）。自场损耗指的是超导体传输交变电流时产生的损耗，也称为传输损耗（transport loss）。外场损耗则是变化的外磁场在超导体内引起的损耗，也称为磁化损耗（magnetization loss）。当超导体在传输交变电流的同时又处于交变磁场中时，总的交流损耗包括由传输电流引起的传输损耗和由外部磁场引起的外场损耗两个部分。

（2）根据引起交流损耗的物理本质，可以将超导体的交流损耗分为磁滞损耗（hysteresis loss）、磁通流动损耗（flux flow loss）、耦合电流损耗（coupling current loss）和涡流损耗（eddy current loss）。自场损耗主要由磁滞损耗、磁通流动损耗、耦合损耗和涡流损耗四部分组成；而外场损耗则由磁滞损耗、耦合损耗和涡流损耗三部分组成。

下面针对适用于高温超导电缆的高温超导体，简单基础地进行其磁滞损耗、磁通流动损耗、耦合损耗和涡流损耗，以及实用高温超导材料的交流损耗机理的解释和分析。

4.3.2　磁滞损耗

超导电缆的磁滞损耗，对于多层绕制的超导电缆，可计算某导体层的磁场强度，并可利用如 Bean 模型得到该层单位体积在一个周期里的磁滞损耗。超导电缆第 k 层单位体积在一个周期里的磁滞损耗可以表示为 $Q = F(i, \beta) 2B_p^2/(3\mu_0)$，其中的 $F(i, \beta)$ 在不同的 β 区域有不同的公式表达形式，包含的相关联的变量有 $i=I_{k0}/I_{ck}$，I_{ck} 为第 k 层超导临界电流；$\beta=B_{k0}/B_p$，其中 $B_p=I_{ck}/(2\pi d_k)$，d_k 为第 k 层导体层的直径，I_k 表示第 k 层电流，I_{k0} 第 k 层电流的幅值。B_{k0} 由电缆其他层导体层的电流产生的磁场在于该层传输电流垂直方向的分量。由不同 β 的区域对应的表达式可以得到：①当 β 很小时，磁滞损耗主要受传输电流影响，并与其三次方成正比，这种情况对应电缆的层数很少或电缆传输电流较小。随着电缆传输电流的增加或层数的增多，其他导体层对第 k 层电流的损耗的贡献增加。②当 $i<\beta<1$ 时，第 k 层自身传输的电流对其损耗的影响程度大大降低。③当 $\beta>1$ 时，层电流的大小对损耗趋势更加降低，磁滞损耗将随着电缆总的传输电流的增加几乎线性增加。

超导体的磁滞损耗与运行电流曲线及外部磁场变换规律有关，其理论计算公式较多。本节将介绍载有交直流电流的超导体处于交直流背景场下的磁滞损耗计算。如图 4-6 所示，在每个工作周期内，超导体工作电流从 $I_{dc}-I_m$ 上升至 $I_{dc}+I_m$，再从 $I_{dc}+I_m$ 下降至 $I_{dc}-I_m$。

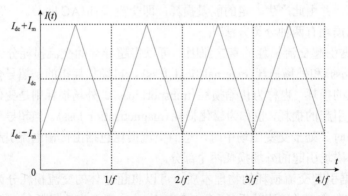

图 4-6　超导体传输的交直流电流曲线

　　图中的三角波电流曲线可分解为幅值为 I_m 的交流电流 $I_{ac}(t)$ 和直流电流 I_{dc} 两个部分，即工作电流同时含有直流电流分量和交流电流分量。相应地，工作电流将会产生与交流电流 $I_{ac}(t)$ 同相位的交流磁场 $B_{ac}(t)$ 和直流磁场 B_{dc}。需要说明的是，在实际的超导电缆系统中，每个周期内的相关参数均可能是实时变化的，即交流电流 $I_{ac}(t)$ 的幅值 I_m 和频率 f、直流电流的幅值 I_{dc} 将跟随实际运行情况而实时改变。

　　为了计算每个周期内的交流损耗，需要引入超导带材磁滞损耗计算模型。如图 4-7 所示，无限长超导带材的宽度为 $2w_t$，厚度为 $2d_t$，内部超导细丝芯区域的宽度为 $2w_c$，厚度为 $2d_c$。该超导带材载有交流电流 $I_{ac}(t)$ 和直流电流 I_{dc}，同时还处于与交流电流 $I_{ac}(t)$ 同相位的交流磁场 $B_{ac}(t)$ 和直流磁场 B_{dc} 中。那么，超导带材的总传输电流 $I(t)$ 和总外磁场 $B(t)$ 分别为

$$I(t) = I_{ac}(t) + I_{dc} \tag{4-18}$$

$$B(t) = B_{ac}(t) + B_{dc} \tag{4-19}$$

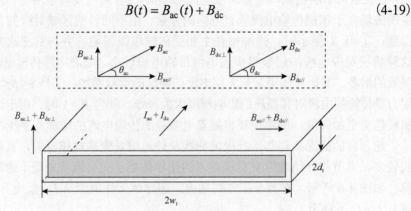

图 4-7　处于任意交直流磁场中的超导带材示意图

将任意大小和方向的交直流磁场分解为平行于超导带材宽面的平行磁场分量和垂直于超导带材宽面的垂直磁场分量，即

$$
\begin{bmatrix} B_{m//} & B_{m\perp} \\ B_{dc//} & B_{dc\perp} \end{bmatrix} = \begin{bmatrix} B_m \cos\theta_{ac} & B_m \sin\theta_{ac} \\ B_{dc} \cos\theta_{dc} & B_{dc} \sin\theta_{dc} \end{bmatrix} \tag{4-20}
$$

式中，B_m 为交流磁场的幅值；θ_{dc} 为直流磁场与超导带材宽面之间的夹角；θ_{ac} 为交流磁场与超导带材宽面之间的夹角。

为了方便磁滞损耗计算，作归一化电流和磁场定义，即

$$
\begin{bmatrix} i_{ac} & i_{dc} \\ b_{ac//} & b_{ac\perp} \\ b_{dc//} & b_{dc\perp} \end{bmatrix} = \begin{bmatrix} I_m / I_c & I_{dc} / I_c \\ B_{m//} / B_{p//} & B_{m\perp} / B_{p\perp} \\ B_{dc//} / B_{p//} & B_{dc\perp} / B_{p\perp} \end{bmatrix} \tag{4-21}
$$

式中，I_m 为交流电流的幅值；$B_{p//}$ 为平行磁场下的特征穿透磁场（characteristic penetration field）；$B_{p\perp}$ 为垂直磁场下的特征穿透磁场，其计算表达式为

$$
\begin{bmatrix} B_{p//} \\ B_{p\perp} \end{bmatrix} = \begin{bmatrix} \mu_0 J_c d_c \\ 2\mu_0 J_c d_c / \pi \end{bmatrix} \tag{4-22}
$$

式中，μ_0 为真空磁导率（$4\pi \times 10^{-7}$H/m）；J_c 为超导带材的临界电流；d_c 为超导带材内部超导细丝芯区域厚度的 1/2。

由于平行磁场分量和垂直磁场分量的存在，将在超导体内部相应产生磁滞损耗平行分量 $Q_{hys//}$ 和磁滞损耗垂直分量 $Q_{hys\perp}$。其中，每个单位体积、每个单位周期内的磁滞损耗平行分量 $Q_{hys//}$（J/m^3）的计算公式可表示为[5]

$$
Q_{hys//} = \frac{1}{V} \int_0^T dt \int_V \boldsymbol{E} \cdot \boldsymbol{J} dV \tag{4-23}
$$

式中，V 为超导体的体积；T 为超导体工作电流的周期；$\boldsymbol{E}$ 为超导体内的电场强度；$\boldsymbol{J}$ 为超导体内的电流密度。

对于具有薄板结构的超导带材，在 $\boldsymbol{B} = (0,0,B_z)$、$\boldsymbol{J} = (0,J_c,0)$ 和 $\boldsymbol{E} = (0,E_y,0)$ 条件下的安培定律和法拉第定律表达式为

$$
\begin{bmatrix} \dfrac{\partial B_z}{\partial x} \\[2mm] \dfrac{\partial E_y}{\partial x} \end{bmatrix} = \begin{bmatrix} \mu_0 J_c \\[2mm] -\dfrac{\partial B_z}{\partial t} \end{bmatrix} \tag{4-24}
$$

超导带材的两个边界处 $x=-w_c$、$x=w_c$ 的磁感应强度可表示为

$$\begin{bmatrix} B(x=-w_c) \\ B(x=w_c) \end{bmatrix} = \begin{bmatrix} B_{m//}\left(1-\dfrac{4t}{T}\right)+B_{dc//}+\dfrac{I_m}{I_c}B_{p//}\left(1-\dfrac{4t}{T}\right)+\dfrac{I_{dc}}{I_c}B_{p//} \\ B_{m//}\left(1-\dfrac{4t}{T}\right)+B_{dc//}-\dfrac{I_m}{I_c}B_{p//}\left(1-\dfrac{4t}{T}\right)-\dfrac{I_{dc}}{I_c}B_{p//} \end{bmatrix} \quad (4\text{-}25)$$

在实际计算磁滞损耗平行分量的过程中，需根据超导电缆运行情况来获得最终的解析计算公式：

(1)一般来说，实用超导带材的特征穿透磁场 $B_{p//}$ 和 $B_{p\perp}$ 的取值范围均在几毫特斯拉到几十毫特斯拉之间；而实际超导电缆产生的磁场可能会达到上百毫特斯拉。那么，归一化参数 $b_{ac//}$、$b_{ac\perp}$、$b_{dc//}$ 及 $b_{dc\perp}$ 的数值将大于 1。

(2)一般来说，包括直流分量和交流分量在内的超导体工作电流 $I(t)$ 均小于其临界电流 I_c。那么，归一化参数 i_{ac} 和 i_{dc} 的数值均小于 1，且 i_{ac} 和 i_{dc} 之和小于等于 1。

满足以上两个应用条件的归一化参数变化范围为 $i_{ac}\leqslant 1-i_{dc}\leqslant b_{ac}$。此时，磁滞损耗平行分量 $Q_{hys//}(J/m^3)$ 的计算公式(4-23)可以变换为

$$\begin{aligned} Q_{hys//} = 2\times\Bigg(&\frac{1}{2w_c}\int_0^{t_1}dt\int_{-w_c}^{x_1(t)}\boldsymbol{J}_1\cdot\boldsymbol{E}_1 dx + \frac{1}{2w_c}\int_{t_1}^{T/2}dt\int_{-w_c}^{x_1(t)}\boldsymbol{J}_1\cdot\boldsymbol{E}_1 dx \\ &+\frac{1}{2w_c}\int_0^{t_1}dt\int_{x_2(t)}^{w_c}\boldsymbol{J}_2\cdot\boldsymbol{E}_2 dx + \frac{1}{2w_c}\int_{t_1}^{T/2}dt\int_{x_2(t)}^{w_c}\boldsymbol{J}_2\cdot\boldsymbol{E}_2 dx \Bigg) \end{aligned} \quad (4\text{-}26)$$

式中，参数 t_1、$x_1(t)$、$x_2(t)$、$\boldsymbol{J}_1$、$\boldsymbol{J}_2$、$\boldsymbol{E}_1(x,t)$、$\boldsymbol{E}_2(x,t)$ 的计算公式依次表示为

$$t_1 = \frac{T}{2}\times\frac{1}{b_{ac}-i_{ac}}\times(1-i_{ac}-i_{dc}) \quad (4\text{-}27)$$

$$x_1(t) = \begin{cases} w_c\times\left(1-(b_{ac}+i_{ac})\dfrac{2t}{T}\right), & 0\leqslant t\leqslant t_1 \\ -w_c\times\left(i_{ac}+i_{dc}-i_{ac}\dfrac{4t}{T}\right), & 0<t\leqslant T/2 \end{cases} \quad (4\text{-}28)$$

$$x_2(t) = \begin{cases} w_c\times\left(1-(b_{ac}-i_{ac})\times\dfrac{2t}{T}\right), & 0\leqslant t\leqslant t_1 \\ -w_c\times\left(i_{ac}+i_{dc}-i_{ac}\dfrac{4t}{T}\right), & 0<t\leqslant T/2 \end{cases} \quad (4\text{-}29)$$

$$J_1 = \begin{cases} -J_c, & 0 \leqslant t \leqslant t_1 \\ J_c, & 0 < t \leqslant T/2 \end{cases} \tag{4-30}$$

$$J_2 = \begin{cases} J_c, & 0 \leqslant t \leqslant t_1 \\ -J_c, & 0 < t \leqslant T/2 \end{cases} \tag{4-31}$$

$$E_1(x,t) = \begin{cases} -\dfrac{4B_{p//}}{T}(b_{ac}+i_{ac})\left[w_c \times (b_{ac}+i_{ac}) \times \dfrac{2t}{T} - x - w_c\right], & 0 \leqslant t \leqslant t_1 \\ -\dfrac{4B_{p//}}{T}(b_{ac}+i_{ac})\left[-w_c \times \left(i_{ac}+i_{dc}-i_{ac}\dfrac{4t}{T}\right) - x\right], & 0 < t \leqslant T/2 \end{cases} \tag{4-32}$$

$$E_2(x,t) = \begin{cases} -\dfrac{4B_{p//}}{T}(b_{ac}-i_{ac})\left[w_c \times (b_{ac}-i_{ac}) \times \dfrac{2t}{T} + x - w_c\right], & 0 \leqslant t \leqslant t_1 \\ -\dfrac{4B_{p//}}{T}(b_{ac}-i_{ac})\left[-w_c \times \left(i_{ac}+i_{dc}-i_{ac}\dfrac{4t}{T}\right) + x\right], & 0 < t \leqslant T/2 \end{cases} \tag{4-33}$$

将式 (4-27)～式 (4-33) 代入式 (4-26)，求解积分即可获得磁滞损耗平行分量 $Q_{hys//}$ (J/m³) 的计算公式如下：

$$\begin{aligned} Q_{hys//} = \frac{2B_{p//}^2}{3\mu_0}&\left\{ b_{ac}(3+i_{ac}^2+3i_{dc}^2) - 2\left[1-(i_{ac}+i_{dc})^3+3i_{ac}i_{dc}\right] \right. \\ &\left. + \frac{6i_{ac}}{b_{ac}-i_{ac}}(i_{ac}+i_{dc})(1-i_{ac}-i_{dc})^2 - \frac{4i_{ac}^2}{(b_{ac}-i_{ac})^2}(1-i_{ac}-i_{dc})^3 \right\} \end{aligned} \tag{4-34}$$

那么，单位长度的磁滞损耗 (W/m) 的计算公式为

$$\begin{aligned} P_{hys//} = CAf\frac{2B_{p//}^2}{3\mu_0}&\left\{ b_{ac}(3+i_{ac}^2+3i_{dc}^2) - 2\left[1-(i_{ac}+i_{dc})^3+3i_{ac}i_{dc}\right] \right. \\ &\left. + \frac{6i_{ac}}{b_{ac}-i_{ac}}(i_{ac}+i_{dc})(1-i_{ac}-i_{dc})^2 - \frac{4i_{ac}^2}{(b_{ac}-i_{ac})^2}(1-i_{ac}-i_{dc})^3 \right\} \end{aligned} \tag{4-35}$$

式中，C 为超导带材内部超导细丝芯的填充系数，即超导细丝芯超导体自身占整个超导带材的体积比例 h_t，为 0.15～0.30；A 为超导带材的截面积，即超导带材宽度和厚度的乘积 $4w_t d_t$；f 为超导带材的传输电流频率。

为了获得磁滞损耗平行分量 $P_{hys//}$ 与各种归一化参数之间的特征关联，采用以下仿真分析参数：超导带材的截面积 A 为 1.35mm²，宽度 $2w_t$ 为 4.5mm，厚度 $2d_t$ 为 0.3mm；内部超导细丝芯区域的宽度 $2w_c$ 为 4.87mm，厚度 $2d_c$ 为 0.21mm；超导带材内部超导细丝芯的填充系数 C 为 0.2；超导带材的传输电流频率 f 为 1Hz；超导带材的临界电流 I_c 为 200A，临界电流密度 J_c 为 148A/mm²；平行磁场下的特

征穿透磁场 $B_{p//}$ 为 19.5mT。

图 4-8～图 4-10 分别给出了磁滞损耗平行分量 $P_{hys//}$ 与归一化参数 i_{ac}、i_{dc} 及 b_{ac} 之间的关系曲线。当 $b_{ac}=10$ 且 $i_{dc}=0.25$、0.5、0.75 时，磁滞损耗平行分量 $P_{hys//}$ 与归一化参数 i_{ac} 之间的关系曲线如图 4-8 所示；当 $b_{ac}=10$ 且 $i_{ac}=0.25$、0.5、0.75 时，磁滞损耗平行分量 $P_{hys//}$ 与归一化参数 i_{dc} 之间的关系曲线如图 4-9 所示；当 $i_{dc}=i_{ac}$ 且 $i_{dc}+i_{ac}=0.25$、0.5、0.75 时，磁滞损耗平行分量 $P_{hys//}$ 与归一化参数 b_{ac} 之间的关系曲线如图 4-10 所示。可以看出：

(1)在 b_{ac} 一定且 i_{dc} 或 i_{ac} 为一定值的情况下，$P_{hys//}$ 呈现出幂函数形式的上升趋势；

(2)在 i_{dc} 和 i_{ac} 相等的情况下，$P_{hys//}$ 呈现出线性函数形式的上升趋势。

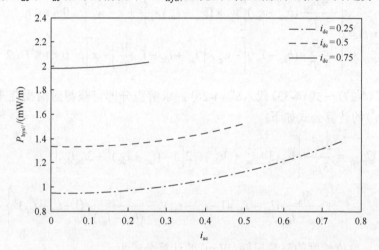

图 4-8　磁滞损耗平行分量 $P_{hys//}$ 与归一化参数 i_{ac} 之间的关系曲线

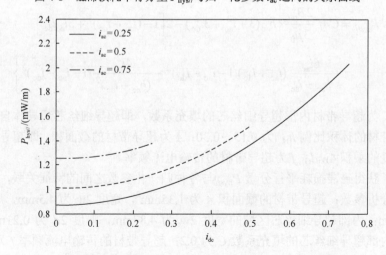

图 4-9　磁滞损耗平行分量 $P_{hys//}$ 与归一化参数 i_{dc} 之间的关系曲线

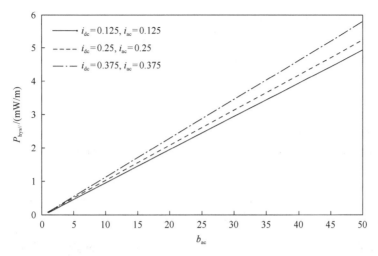

图 4-10　磁滞损耗平行分量 $P_{hys//}$ 与归一化参数 b_{ac} 之间的关系曲线

为了进一步简化计算，可以拟合出符合实际应用情况的幂函数关系式和线性函数关系式，获得磁滞损耗平行分量 $P_{hys//}$ 与超导磁体工作电流 $I(t)$ 之间的关系规律，用于实际超导体磁滞损耗的计算和评估。

针对磁滞损耗垂直分量的计算，需要引入保形映射方法（conformal mapping method），将超导带材及超导带材自身的零场区域（field-free region）分别映射在复平面 $w(=u+jv)$ 和复平面 $z(=x+jy)$ 中。其中，宽度为 $2w_c$ 的零场区域映射为一个半径为 $w_c/2$ 的圆环，有

$$w = z + \frac{a^2}{4z} \tag{4-36}$$

那么，在 $z=z_1$ 和 $z=z_2$ 位置的标量磁势（scalar magnetic potential）Φ_m 可表示为

$$\Phi_m = \begin{cases} \dfrac{I}{2\pi} \ln \dfrac{1}{z-z_1}, & z=z_1 \\ \dfrac{I}{2\pi} \ln \dfrac{z-z_2}{z-z_1}, & z=z_2 \end{cases} \tag{4-37}$$

标量磁势 Φ_m 逆变换至复平面 w 需要确定 z 的数值，即

$$z = \frac{w}{2} + \frac{1}{2}\sqrt{w^2 - w_c^2} \tag{4-38}$$

复平面 z 中的两个点 $z_1=x_1$ 和 $z_2=x_2$ 具有以下关系：

$$x_2 = \frac{w_c^2}{4} \frac{1}{x_1} \tag{4-39}$$

逆变换至复平面 w 后的表达式为

$$\begin{bmatrix} x_1 \\ x_2 \end{bmatrix} = \begin{bmatrix} \dfrac{u_0}{2} + \dfrac{1}{2}\sqrt{u_0^2 - w_c^2} \\ \dfrac{u_0}{2} - \dfrac{1}{2}\sqrt{u_0^2 - w_c^2} \end{bmatrix} \tag{4-40}$$

式中，u_0 为超导芯电流元在复平面 w 的位置。

将式(4-40)代入式(4-37)，即可获得标量磁势 Φ_m 的实数部分，即

$$\Phi_m(u,v) = \frac{I}{2\pi}\mathrm{Re}\left(\ln\frac{u+jv+\sqrt{(u+iv)^2-w_c^2}-u_0+\sqrt{u_0^2-w_c^2}}{u+jv+\sqrt{(u+iv)^2-w_c^2}-u_0-\sqrt{u_0^2-w_c^2}}\right) \tag{4-41}$$

那么，在零场区域内的表面电流密度(surface current density)J 可由在 $-w_c < u < w_c$ 范围内磁场强度 $H(u, v=0)$ 表示，即

$$J = H_u\Big|_{v=0} = -\frac{\partial}{\partial u}(\Phi_m(u,v))\Big|_{v=0} \tag{4-42}$$

求解，获得表面电流密度 J 的解析表达式，即

$$J = -\frac{I}{2\pi}\frac{\sqrt{u_0^2-w_c^2}}{\sqrt{w_c^2-u^2}\left(u_0^2-u^2\right)} \tag{4-43}$$

如果在 $u = -u_0$ 位置处再增加一个电流路径，则表面电流密度 J 的表达式变换为

$$J = -\frac{I}{\pi}\frac{2u_0\sqrt{u_0^2-w_c^2}}{\sqrt{w_c^2-u^2}\left(u_0^2-u^2\right)} \tag{4-44}$$

根据超导体的临界态模型(critical state model)，表面电流密度 J 即超导体的临界电流密度 J_c，且无穷小的电流衰减量 $\mathrm{d}I = J_c\mathrm{d}u_0$。为了计算在 $-w < u_0 < -w_c$ 和 $w_c < u_0 < w$ 区域内的分布电流，需要进行积分求解，即

$$\begin{aligned} J &= -\frac{J_c}{\pi}\int_{w_c}^{w}\frac{2u_0\sqrt{u_0^2-w_c^2}}{\sqrt{w_c^2-u^2}\left(u_0^2-u^2\right)}\,\mathrm{d}u_0 \\ &= \frac{2J_c}{\pi}\arctan\left(\frac{w^2-w_c^2}{w_c^2-u^2}\right)^{1/2} - \frac{2J_c}{\pi}\left(\frac{w^2-w_c^2}{w_c^2-u^2}\right)^{1/2} + f\left(u,w,w_c^2\right) \end{aligned} \tag{4-45}$$

当空间变量 x 发生变化时，相应的表面电流密度 J_y 的表达式为

$$J_y = \begin{cases} \dfrac{2J_c}{\pi}\arctan\left(\dfrac{w^2 - w_c^2}{w_c^2 - x^2}\right)^{1/2}, & |x| < w_c \\ J_c, & w_c < |x| < w \end{cases} \quad (4\text{-}46)$$

当超导带材内部的电流分布确定后，需要根据超导体传输电流大小来计算磁场未穿透区域的宽度 w_c。超导体传输电流的表达式为

$$\begin{aligned} I &= 2\int_0^{w_c} \frac{2J_c}{\pi}\arctan\left(\frac{w^2 - w_c^2}{w_c^2 - x^2}\right)^{1/2}\mathrm{d}x + 2\int_{w_c}^{w} J_c\mathrm{d}x \\ &= 2J_c\sqrt{w^2 - w_c^2} \end{aligned} \quad (4\text{-}47)$$

求解式 (4-47)，获得磁场未穿透区域的宽度 w_c 的计算表达式为

$$\begin{aligned} w_c &= w\sqrt{1 - \left(\frac{I}{2J_c w}\right)^2} \\ &= w\sqrt{1 - \left(\frac{I}{I_c}\right)^2} \end{aligned} \quad (4\text{-}48)$$

垂直磁场 $B_z(x)$ 的计算表达式为

$$B_z(x) = \frac{\mu_0}{2\pi}\int_{-w}^{w}\frac{J_y(x')}{x - x'}\mathrm{d}x' = \begin{cases} 0, & |x| < w_c \\ -\dfrac{\mu_0 J_c}{\pi}\mathrm{sgn}(x)\mathrm{artanh}\left(\dfrac{x^2 - w_c^2}{w^2 - w_c^2}\right)^{1/2}, & w_c < |x| < w \\ -\dfrac{\mu_0 J_c}{\pi}\mathrm{sgn}(x)\mathrm{artanh}\left(\dfrac{w^2 - w_c^2}{x^2 - w_c^2}\right)^{1/2}, & |x| > w \end{cases} \quad (4\text{-}49)$$

根据法拉第电磁感应定律，超导带材右侧的感应电场 E_y 的计算公式为

$$\begin{aligned} E_y &= -\int_{w_c}^{x}\frac{\partial B_z(x')}{\partial t}\mathrm{d}x' \\ &= \frac{\mathrm{d}\varphi(x)}{\mathrm{d}t} \end{aligned} \quad (4\text{-}50)$$

式中，磁通量 $\varphi(x)$ 的计算表达式为

$$\varphi(x) = x \operatorname{artanh}\left(\frac{x^2 - w_c^2}{w^2 - w_c^2}\right)^{1/2} - w \operatorname{artanh}\left[\frac{w}{x}\left(\frac{x^2 - w_c^2}{w^2 - w_c^2}\right)^{1/2}\right] \tag{4-51}$$

$$+ \sqrt{w^2 - w_c^2} \operatorname{arcosh}\left(\frac{x}{w_c}\right)$$

同时考虑超导带材左右两侧的磁滞损耗，则每个周期内的总磁滞损耗垂直分量 $Q_{\text{hys}\perp}$ (J/m) 为

$$\begin{aligned}
Q_{\text{hys}\perp} &= 2\int_0^{T/2} \mathrm{d}t \int_{\text{strip}} E_y J_y \mathrm{d}x \\
&= 2\int_0^{T/2} \mathrm{d}t \int_{\text{strip}} \frac{\mathrm{d}\varphi(x)}{\mathrm{d}t} J_y(x)\mathrm{d}x
\end{aligned} \tag{4-52}$$

当 $i_{\text{ac}} \leqslant 1 - i_{\text{dc}} \leqslant b_{\text{ac}}$ 时，感应电场 E_y 的计算公式变换为

$$E_y = \frac{\varphi(I_m + I_{\text{dc}}) - \varphi(-I_m + I_{\text{dc}})}{T/2} \tag{4-53}$$

相应地，每个周期内的总磁滞损耗垂直分量的计算公式变换为

$$Q_{\text{hys}\perp} = 2\int_0^{T/2} \mathrm{d}t \int_{w_c}^{w} 2\frac{\varphi(x, w_c(I_m + I_{\text{dc}})) - \varphi(x, w_c(-I_m + I_{\text{dc}}))}{T} J_c \mathrm{d}x \tag{4-54}$$

式中，参数 $w_c(I_m + I_{\text{dc}})$ 和 $w_c(-I_m + I_{\text{dc}})$ 的计算表达式分别为

$$\begin{aligned}
w_c(I_m + I_{\text{dc}}) &= w\sqrt{1 - \left(\frac{I_m + I_{\text{dc}}}{I_c}\right)^2} \\
&= w\sqrt{1 - (i_{\text{ac}} + i_{\text{dc}})^2}
\end{aligned} \tag{4-55}$$

$$\begin{aligned}
w_c(-I_m + I_{\text{dc}}) &= w\sqrt{1 - \left(\frac{-I_m + I_{\text{dc}}}{I_c}\right)^2} \\
&= w\sqrt{1 - (-i_{\text{ac}} + i_{\text{dc}})^2}
\end{aligned} \tag{4-56}$$

将式 (4-55) 和式 (4-56) 代入式 (4-54)，求解积分即可获得磁滞损耗垂直分量 $Q_{\text{hys}\perp}$ (J/m) 的计算公式如下：

$$Q_{\mathrm{hys}\perp} = \frac{\mu_0 I_\mathrm{c}^2}{2\pi}\left\{ \begin{array}{l}\left[(1-i_{\mathrm{ac}}-i_{\mathrm{dc}})\ln(1-i_{\mathrm{ac}}-i_{\mathrm{dc}})+(1+i_{\mathrm{ac}}+i_{\mathrm{dc}})\ln(1+i_{\mathrm{ac}}+i_{\mathrm{dc}})-(i_{\mathrm{ac}}+i_{\mathrm{dc}})^2\right] \\ \pm\left[(1-|i_{\mathrm{ac}}-i_{\mathrm{dc}}|)\ln(1-|i_{\mathrm{ac}}-i_{\mathrm{dc}}|)+(1+|i_{\mathrm{ac}}-i_{\mathrm{dc}}|)\ln(1+|i_{\mathrm{ac}}-i_{\mathrm{dc}}|)-(i_{\mathrm{ac}}-i_{\mathrm{dc}})^2\right]\end{array}\right\}$$

(4-57)

那么，单位长度的磁滞损耗垂直分量(W/m)的计算公式如下：

$$P_{\mathrm{hys}\perp} = \frac{f\mu_0 I_\mathrm{c}^2}{2\pi}\left\{ \begin{array}{l}\left[(1-i_{\mathrm{ac}}-i_{\mathrm{dc}})\ln(1-i_{\mathrm{ac}}-i_{\mathrm{dc}})+(1+i_{\mathrm{ac}}+i_{\mathrm{dc}})\ln(1+i_{\mathrm{ac}}+i_{\mathrm{dc}})-(i_{\mathrm{ac}}+i_{\mathrm{dc}})^2\right] \\ \pm\left[(1-|i_{\mathrm{ac}}-i_{\mathrm{dc}}|)\ln(1-|i_{\mathrm{ac}}-i_{\mathrm{dc}}|)+(1+|i_{\mathrm{ac}}-i_{\mathrm{dc}}|)\ln(1+|i_{\mathrm{ac}}-i_{\mathrm{dc}}|)-(i_{\mathrm{ac}}-i_{\mathrm{dc}})^2\right]\end{array}\right\}$$

(4-58)

为了获得磁滞损耗垂直分量 $P_{\mathrm{hys}\perp}$ 与各种归一化参数之间的特征关联，采用以下仿真分析参数：超导带材的截面积 A 为 1.35mm²，宽度 $2w_\mathrm{t}$ 为 4.5mm，厚度 $2d_\mathrm{t}$ 为 0.3mm；内部超导细丝芯区域的宽度 $2w_\mathrm{c}$ 为 4.87mm，厚度 $2d_\mathrm{c}$ 为 0.21mm；超导带材内部超导细丝芯的填充系数 C 为 0.2；超导带材的传输电流频率 f 为 1Hz；超导带材的临界电流 I_c 为 200A，临界电流密度 J_c 为 148A/mm²；平行磁场下的特征穿透磁场 $B_{\mathrm{p}//}$ 为 19.5mT；垂直磁场下的特征穿透磁场 $B_{\mathrm{p}\perp}$ 为 12.4mT。

图 4-11 给出了磁滞损耗垂直分量 $P_{\mathrm{hys}\perp}$ 与归一化参数 i_{ac} 之间的关系曲线，可以看出：

(1)在 i_{dc} 为一定值的情况下，$P_{\mathrm{hys}\perp}$ 呈现出幂函数形式的上升趋势；

(2)在 i_{ac} 为一定值的情况下，i_{dc} 越大，相应的 $P_{\mathrm{hys}\perp}$ 就越大。

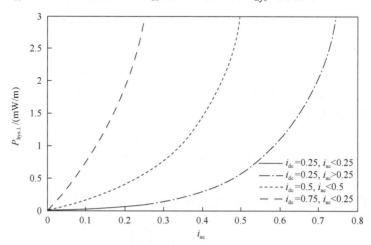

图 4-11 磁滞损耗垂直分量 $P_{\mathrm{hys}\perp}$ 与归一化参数 i_{ac} 之间的关系曲线

由于式(4-21)中的归一化参数 i_{ac}、i_{dc} 是等价的，因此磁滞损耗垂直分量 $P_{\mathrm{hys}\perp}$ 与归一化参数 i_{dc} 之间的关系曲线与图 4-9 完全一致，只需要将归一化参数 i_{ac}、i_{dc}

相互替换即可。那么，磁滞损耗垂直分量 $P_{hys\perp}$ 与两个归一化参数 i_{dc}、i_{ac} 之间均存在幂函数关系。

和磁滞损耗平行分量 $P_{hys//}$ 类似，也可以拟合出符合实际应用情况的幂函数关系式，获得磁滞损耗垂直分量 $P_{hys\perp}$ 与超导体工作电流 $I(t)$ 之间的关系规律，用于实际超导体磁滞损耗的计算和评估。

4.3.3 磁通流动损耗

当超导体的传输电流接近其临界电流时，超导体内除了磁滞损耗之外，还存在一定的磁通流动损耗。如图 4-2 所示，单位长度的超导带材的端电压 E 与传输电流 I 之间具有幂函数关系。那么，式 (4-1) 可等效变换为

$$E = E_c \times \left[\frac{|J|}{J_c(B_{//}, B_\perp)} \right]^{n(B_{//}, B_\perp)-1} \times \frac{J}{J_c(B_{//}, B_\perp)} \tag{4-59}$$

式中，E 为超导体内的电场强度；J 为超导体内的电流密度。

超导体呈现出非线性的电导率 ρ，其计算表达式如下：

$$\rho = \rho_0 + \frac{1}{J_c(B_{//}, B_\perp)} \times E_c^{1/n(B_{//}, B_\perp)} \times E^{[n(B_{//}, B_\perp)-1]/n(B_{//}, B_\perp)} \tag{4-60}$$

式中，ρ_0 为超导体内的残余电阻率 (residual resistivity)，一般取 $0.001 \times E_c/J_c \sim 0.01 \times E_c/J_c$。

那么，每个单位体积、每个单位时间内的磁通流动损耗 $Q_{flow}(\text{J/m}^3)$ 可表示为

$$Q_{flow} = \frac{1}{V} \int_0^t \mathrm{d}t \int_V \boldsymbol{E} \cdot \boldsymbol{J} \mathrm{d}V \tag{4-61}$$

式中，V 为超导体的体积；t 为积分计算的时间长度。求解，获得磁通流动损耗 $Q_{flow}(\text{J/m}^3)$ 的解析计算公式如下：

$$Q_{flow} = E_c \times I \times \left(\frac{I}{I_c} \right)^n \times t \tag{4-62}$$

那么，单位长度的磁通流动损耗 $P_{flow}(\text{W/m})$ 的计算公式如下：

$$P_{flow} = E_c \times I \times \left(\frac{I}{I_c} \right)^n \tag{4-63}$$

式中，液氮温度下的临界电流 I_c 和 n 值可由式 (4-2) 和式 (4-3) 计算获得，任意温度下的临界电流 I_c 和 n 值则可由式 (4-4) 和式 (4-5) 计算获得。需要说明的是，磁

通流动损耗直接与超导体传输电流的幅值相关,而与超导体传输电流的周期无关。因此,无论超导体传输电流是否具有明显的周期性,均可采用式(4-61)直接计算出任意时间长度内的磁通流动损耗。

图 4-12 和图 4-13 分别给出了磁通流动损耗 P_{flow} 与传输电流 I、n 之间的关系曲线。其中,临界电流 I_{c} 被设定为 200A。可以看出:①当传输电流 I 小于临界电流 I_{c} 时,n 越大,磁通流动损耗 P_{flow} 就越小;②当传输电流 I 大于临界电流 I_{c} 时,n 越大,磁通流动损耗 P_{flow} 就越大。因此,在超导体的实际应用过程中,为了避免产生过大的磁通流动损耗,需要将传输电流 I 严格限制在其临界电流以下,同时还需要尽可能提高 n 值。

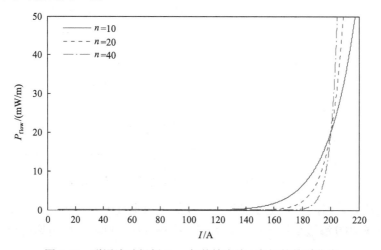

图 4-12　磁通流动损耗 P_{flow} 与传输电流 I 之间的关系曲线

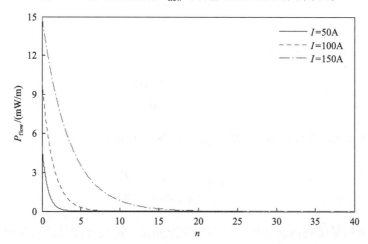

图 4-13　磁通流动损耗 P_{flow} 与 n 值之间的关系曲线

4.3.4 耦合损耗

当超导体承载交流电流或处于交变磁场中时，超导细丝芯之间的耦合作用将会在内部超导细丝芯区域的金属银基底中产生一定的感应电场，进而产生耦合电流及相应的耦合电流损耗。

由于超导细丝芯之间的耦合损耗与超导线长度的平方成正比，实用超导带材中的超导细丝芯均以扭矩 L_p 进行扭绞处理。超导细丝芯之间的耦合电流将沿着超导细丝芯扭绞的方向交叉，通过超导细丝芯之间的金属银基底形成电流环，如图 4-14 所示。相邻电流环相交处的电流方向相反，因此相互抵消。扭绞的超导细丝芯相当于将整根超导带材切割成若干个区域，每一个区域的长度为 $L_p/2$。

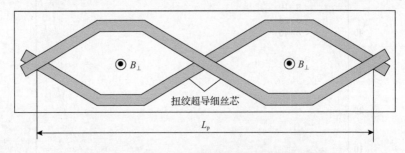

图 4-14　超导带材内部的扭绞超导细丝芯示意图

假定超导体内的相邻超导细丝芯构成的平面垂直于外部交变磁场 $B(t)$ 及由外部交变磁场 $B(t)$ 渗透至超导体内部的交变磁场 $B_i(t)$，则其感应电场的计算公式为

$$E_z = \frac{L_p}{2\pi}\frac{\mathrm{d}B_i(t)}{\mathrm{d}t} \tag{4-64}$$

那么，超导细丝芯之间的感应电流密度为

$$J_z = \frac{1}{\rho_{\mathrm{eff}}}\frac{L_p}{2\pi}\frac{\mathrm{d}B_i(t)}{\mathrm{d}t} \tag{4-65}$$

联合式(4-64)和式(4-65)，即可获得耦合损耗的计算公式为

$$P_{\mathrm{coup}} = CA\frac{1}{\rho_{\mathrm{eff}}}\left(\frac{L_p}{2\pi}\right)^2\left(\frac{\mathrm{d}B}{\mathrm{d}t}\right)^2 \tag{4-66}$$

式中，C 为超导带材内部超导细丝芯的填充系数，即超导细丝芯自身占整个超导带材的体积比例 h_t，为 $0.15\sim0.30$；A 为超导带材的截面积，即超导带材宽度和厚度的乘积 $4w_t d_t$；ρ_{eff} 为超导细丝芯分布产生的横向电阻率，其取值范围为

$$\rho_{\mathrm{m}}\frac{1-\lambda}{1+\lambda} \leqslant \rho_{\mathrm{eff}} \leqslant \rho_{\mathrm{m}}\frac{1+\lambda}{1-\lambda} \tag{4-67}$$

式中，ρ_{m} 为金属银基底电阻率；λ 为填充因子。式 (4-67) 中的上下限分别表示超导细丝芯与金属银基底之间无接触电阻和超导细丝芯完全被绝缘的两种极限情况。

渗透至超导体内部的交变磁场 $B_{\mathrm{i}}(t)$ 与外部交变磁场 $B(t)$ 关系的表达式为

$$B_{\mathrm{i}}(t) = B(t) - \frac{\mathrm{d}B_{\mathrm{i}}(t)}{\mathrm{d}t}\tau \tag{4-68}$$

式中，τ 为外部磁场作用下的特征时间常数，其表征的物理含义为交变磁场消失后屏蔽电流衰减所需的时间长度，其计算表达式为

$$\tau = \frac{\mu_0}{2\rho_{\mathrm{eff}}}\left(\frac{L_{\mathrm{p}}}{2\pi}\right)^2 \tag{4-69}$$

那么，耦合损耗的计算公式 (4-66) 可变换为

$$P_{\mathrm{coup}} = CA\frac{2\tau}{\mu_0}\left(\frac{\mathrm{d}B_{\mathrm{i}}}{\mathrm{d}t}\right)^2 \tag{4-70}$$

对于 BSCCO-2223 高温超导带材，在外部平行磁场和垂直磁场作用下的特征时间常数 $\tau_{//}$ 和 $\tau_{\perp}$ 的计算公式为

$$\begin{bmatrix} \tau_{//} \\ \tau_{\perp} \end{bmatrix} = \begin{bmatrix} \dfrac{\mu_0 L_{\mathrm{p}}^2}{16\rho_{\mathrm{eff}}}\left(\dfrac{d_{\mathrm{c}}}{w_{\mathrm{c}}}\right)^2 \\ \dfrac{7\mu_0 L_{\mathrm{p}}^2}{480\rho_{\mathrm{eff}}}\dfrac{w_{\mathrm{c}}}{d_{\mathrm{c}}} \end{bmatrix} \tag{4-71}$$

一般来说，特征时间常数 $\tau_{//}$ 和 $\tau_{\perp}$ 的取值范围均在几毫秒到几十毫秒之间；而超导磁储能系统中的超导磁体工作电流变化率较为缓慢，上升时间和下降时间达到几百毫秒到几千毫秒之间。因此，超导体内部磁场变化率与外部磁场基本相等，即 $\mathrm{d}B_{\mathrm{i}}/\mathrm{d}t = \mathrm{d}B/\mathrm{d}t$。那么，BSCCO-2223 高温超导带材的耦合损耗平行分量 $P_{\mathrm{coup}//}$ 和垂直分量 $P_{\mathrm{coup}\perp}$ 的计算公式为

$$\begin{bmatrix} P_{\mathrm{coup}//} \\ P_{\mathrm{coup}\perp} \end{bmatrix} = \begin{bmatrix} w_{\mathrm{c}}d_{\mathrm{c}}\dfrac{2\tau_{//}}{\mu_0}\left(\dfrac{\mathrm{d}B_{//}}{\mathrm{d}t}\right)^2 \\ w_{\mathrm{c}}d_{\mathrm{c}}\dfrac{2\tau_{\perp}}{\mu_0}\left(\dfrac{\mathrm{d}B_{\perp}}{\mathrm{d}t}\right)^2 \end{bmatrix} \tag{4-72}$$

在实际的超导带材中，其超导细丝芯区域、扭矩及等效电阻率都是固定的。因此，耦合损耗将完全取决于平行磁场变化率和垂直磁场变化率。耦合损耗平行分量和垂直分量均与磁场变化率的平方呈正比例关系。因此，在超导体的实际应用过程中，为了避免产生过大的耦合损耗，需要尽可能降低外部磁场的变化率。对于超导磁储能系统中的超导磁体，外部磁场都是由磁体自身的电流产生的，则需要尽可能降低超导磁体工作电流的变化率。

4.3.5　涡流损耗

超导电缆的涡流损耗，其来源于超导体本身的金属基带、金属支撑管和金属绝热恒温器。

超导带材金属基体的涡流损耗主要取决于带材自身的材料特性、结构和带材的绕制方式。Bi 系超导带材通常是由数十根银基超导细丝嵌置在银包套中形成的复合材料，理论和实验均表明其自身的涡流损耗是很小的，如 mW/m 数量级。Bi 系超导带材制作的单相电缆的交流损耗为 W/(kA·m) 数量级。

金属支撑管的涡流损耗的产生简述如下。因为支撑管在电缆导体层的里面，所以第 i 层导体在支撑管处将产生一个均匀轴向场。假设该电缆有 n 层导体，则整个电缆在支撑管处的磁场强度为 1～n 层的叠加。绕支撑管一圈的感应电动势由 $U=\mathrm{d}\Phi/\mathrm{d}t$ 得到，且其平方与环绕电流的等效电阻之比再除以 2 即超导电缆环绕支撑管涡流损耗的功率，其与半径的 3 次方成正比，与其厚度成正比，与电阻率成反比。

绝热恒温器上的涡流损耗简述如下。绝热恒温器一般由两层同心的金属管中间抽成真空形成。因为绝热管在电流传输导体的外部，它将受到一个与管壁圆周切线方向的磁场 $H_t=I/(2\pi r)$，其中 I 是电缆传输的总电流，r 为绝热恒温器内层金属管的半径。

交变磁场 H_t 在绝热器内层金属表面感应一个方向相反的磁场，正弦变化的磁通在这个面积上感应的闭环电流导致涡流损耗。单位长度的绝热恒温器内层金属管涡流的损耗功率等于最大感应电动势的平方与金属管材料的电阻率之比再除以 2。绝热器的涡流损耗与电阻率成反比，这也是绝热器使用电阻率较高的不锈钢材料，而不使用铜或铝的原因。

除了支撑管和恒温器的金属材料及几何尺寸对交流损耗的影响，降低交流损耗还有下面的做法：①使用绝缘超导带材；②使用非绝缘超导带材在绕制时注意同一层的带材不要相互重叠并且保证导体层之间的绝缘；③选用临界电流高的超导材料，这样可以减少超导带材的根数，也就会降低发生在超导带材上的涡流损耗。

当超导体承载交流电流或处于交变磁场中时，将会在内部超导细丝芯区域的银金属基底及超导细丝芯区域外部的金属包套中产生一定的感应电压,进而产生涡流及相应的涡流损耗。

假定超导带材的宽度为 $2w_t$,厚度为 $2d_t$,构成的 x-y 平面垂直于外部交变垂直磁场 $B_\perp(t)$,则其感应电场的计算公式为

$$E_x = y\frac{\mathrm{d}B_\perp(t)}{\mathrm{d}t} \tag{4-73}$$

那么,超导带材内部的感应电流密度为

$$J_x = \frac{1}{\rho_m} y\frac{\mathrm{d}B_\perp(t)}{\mathrm{d}t} \tag{4-74}$$

联合式(4-73)和式(4-74),即可获得涡流损耗垂直分量 $P_{\mathrm{eddy}y\perp}$(W/m)的计算公式如下:

$$
\begin{aligned}
P_{\mathrm{eddy}y\perp} &= 2d_t\int_{-w_t}^{w_t} E_x J_x \mathrm{d}y \\
&= \frac{2d_t}{\rho}\int_0^{w_t} y^2\left[\frac{\mathrm{d}B_\perp(t)}{\mathrm{d}t}\right]^2 \mathrm{d}y \\
&= \frac{3d_t w_t^3}{2\rho}\left[\frac{\mathrm{d}B_\perp(t)}{\mathrm{d}t}\right]^2
\end{aligned} \tag{4-75}
$$

类似地,由外部交变平行磁场 $B_{//}(t)$ 产生的涡流损耗平行分量 $P_{\mathrm{eddy}y//}$(W/m)的计算公式如下:

$$P_{\mathrm{eddy}y//} = \frac{3w_t d_t^3}{2\rho}\left[\frac{\mathrm{d}B_{//}(t)}{\mathrm{d}t}\right]^2 \tag{4-76}$$

对比耦合损耗计算公式(4-72)和涡流损耗计算公式(4-75)及式(4-76),以上两种交流损耗均与磁场变化率的平方呈正比例关系。从产生机理来说,耦合损耗也是属于涡流损耗的范畴,在实际测量过程中无法严格区分。

4.3.6 实用高温超导材料的交流损耗

目前,实用高温超导材料均为非理想第Ⅱ类超导体,也称为硬超导体(hard superconductor)或脏超导体(dirty superconductor)。非理想第Ⅱ类超导体内部存在多种晶体缺陷、杂质、不均匀性等,这将对磁通线产生磁通钉扎力(flux pinning force)作用,即不同程度地阻止磁通线的流动,并阻碍磁通线进入或退出超导体。

磁通线所在涡旋区域处于正常态，称为钉扎中心，而传输电流流经区域则处于超导态。当超导体承载交流电流或处于交变磁场中时，磁通线不断克服磁通钉扎力进入或退出超导体所做的功即磁滞损耗（hysteresis loss）。

理想情况下，当超导体的传输电流小于其临界电流时，磁通涡旋完全钉扎在超导体内，只有磁滞损耗产生；而当超导体的传输电流大于其临界电流时，磁通涡旋可以自由移动，磁滞损耗则被磁通流动损耗取代。实际上，受到超导体内各个钉扎中心的钉扎强度分布不均匀的影响，磁滞损耗和磁通流动损耗之间存在一定的交叠，它们之间的转变较为平滑。

超导体的传输电流产生的磁场将与磁通涡旋中的磁通线发生作用，造成磁通线密度分布不均匀，从而产生驱动磁通线从密处向疏处移动的洛伦兹力（Lorentz force），最终形成磁通线的流动，称为磁通流动。这样，流动磁通线切割传输电流的流经区域就产生了感应电动势或感生电场，最终以焦耳热形式释放出来。超导体传输电流时呈现出非线性的电流-电压关系，外在表现为一个非线性变化的损耗电阻，即磁通流动电阻（flux flow resistance）。因此，磁通流动损耗又称为磁通流阻损耗（flux flow resistance loss）。

实用超导材料是超导体与高热导率、低电阻率金属或合金材料复合在一起的复合导体结构。以第一代高温超导材料为例，绝大部分实用 BSCCO-2223 带材为多芯复合超导体结构，其包含多根 BSCCO-2223 细丝芯，并嵌套在银金属基底或银合金包套内。那么，当超导体承载交流电流或处于交变磁场中时，超导细丝芯之间的耦合作用将会在银金属基底中产生耦合电流损耗（coupling current loss），同时银金属基底或合金包套自身还会产生一定的涡流损耗。

图 4-15 给出了典型的 BSCCO-2223 带材横截面微观图[6]。其中，BSCCO-2223 带材的宽度为 $2w_t$，厚度为 $2d_t$；内部超导细丝芯区域的宽度为 $2w_c$，厚度为 $2d_c$。一般而言，BSCCO-2223 带材的宽度 $2w_t$ 和厚度 $2d_t$ 分别约为 4mm 和 0.3mm，w_c/w_t 和 d_t/d_c 的数值范围分别为 0.8～0.9 和 0.6～0.7，超导细丝芯自身占整个超导带材的体积比例 h_t 的范围为 0.15～0.30，超导细丝芯自身占超导细丝芯区域的体积比例 h_c 的范围为 0.5～0.6。以上带材参数用于各种交流损耗的数值计算过程。

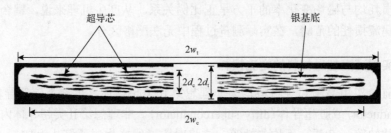

图 4-15　典型的 BSCCO-2223 带材横截面微观图

高温超导交流损耗特性，目前已有较多研究和系统总结，其要点简介如下：

(1)交流损耗的各向异性特性。高温超导材料的各向异性决定着高温超导体的交流损耗具有各向异性。交流损耗的各向异性主要由超导材料钉扎力的各向异性和超导带材的几何形状即宽厚比决定。超导体本征钉扎的存在决定了超导体的临界电流密度在平行场下最大，随着磁场与带面夹角的增大，J_c 逐渐下降，由此引起交流损耗随磁场与带面夹角的增大而增大。不同形状的超导体，其宽厚比不同、磁场方向不同，则其退磁因子也不相同，从而使得磁场对超导体的作用效果不同，引起损耗的增加情况也不相同。由上所述，外磁场使传输损耗增加是由 J_c 的减小引起的。由于高温超导材料的各向异性，材料内部的钉扎随磁场方向的改变而不同，使得 J_c 随磁场与带面夹角的改变而改变，而引起传输损耗随外磁场的大小及其与超导带夹角的变化而变化。

(2)交流损耗的应力-应变特性。单芯及多芯复合超导体的交流损耗还受到外力的影响，外力一般为拉伸或弯曲应力。应力-应变对高温超导体临界电流影响的主要原因，是应力-应变改变了超导芯的微观结构，如超导晶粒偏转、滑移、产生新的裂纹或使裂纹扩展乃至断裂等，引起超导电流传输面积减小，进而导致临界电流的退化。对于拉伸应变，当拉伸应变较小时(小于不可逆限)，拉伸应变对超导带(芯)的微观结构影响较小，临界电流下降不明显(基本不变)。当外加应力-应变卸载后，超导带还可以恢复原始状态，临界电流是可逆的。当拉伸应变较大时(大于不可逆限)，拉伸应变将会造成超导带(芯)的微观结构不可恢复的损坏，这时即使外加应力-应变卸载，带材也不能恢复原始状态，临界电流将不再可逆。与拉伸应变不同，弯曲应变对临界电流的影响较为复杂。弯曲应变的作用是不均匀的，即中间面外侧受到拉伸作用，内侧受到压缩作用。弯曲引起的裂纹一旦形成，即使应力解除也不能恢复，所以由弯曲引起的临界电流的下降是不可逆的。

(3)交流损耗的基本计算方法。无论正常导体或超导体，当处于交变磁场中时，穿过导体内的磁感应强度将发生变化。由法拉第定律可知，导体内将产生感应电场 E，与感生电场伴随的将有一个感生电流密度 J，则 $J \cdot E$ 即单位体积内的局域损耗功率。在交变条件下，对 $J \cdot E$ 积分可得交流损耗。目前，$E\text{-}J$ 函数关系有不同的形式，如指数模型、Bean 模型或 Kim 模型及其推广模型、统一物态方程模型等。

(4)减小交流损耗的基本方法。研究交流损耗的最终目的在于减小交流损耗。依据影响交流损耗的因素，可采用以下几种基本方法以减小交流损耗：①增大带材的宽厚比；②增大带材基底的电阻率；③增大超导芯间间距；④多根带材扭绞；⑤外磁场屏蔽；⑥超导芯细丝化；⑦减小带材的垂直磁场分量；⑧超导芯间绝缘。

4.4　超导电缆导体特性的实验分析

超导电缆导电层导体的分析是超导电缆设计与优化的重要步骤，这里简要举例介绍基础问题与处理方法。

4.4.1　超导导电层相互作用对电流分布的影响

多个相邻导体中交变磁场相互作用，会对导体的导电性产生影响，其与传输电流的频率、导体性质、导体尺寸及空间位置等因素有关。

在常导态，电流分布按电阻、自感和互感规律分布；而超导态，应按照接头电阻、自感和互感规律分布。实验结果表明，在超导态时，电流并未按阻抗规律分布。因此，超导导电层相互作用对电流分布的影响规律，需要进一步分析。

将超导电缆邻近的导电层简单地等效成一对相距很近的平行金属板，并通以交流电。两金属板之间的磁场和电流的相互作用满足 H-J 和 E-B 麦克斯韦方程组。由方程和已知条件及边界条件可得金属板的电导率对电流分布的影响。电导率对电流密度的分布有显著影响。对于超导体，电导率无穷大，电流只会集中在两个金属板的外侧表面。但是如果电流密度超过该超导体的临界电流密度，则要使超导体失超，其电导率不再是无限大。超导体中电流分布的偏离程度比一般导体大得多，于是就产生了在多层导体的超导电缆中出现电流并未按阻抗规律分布的情况。

4.4.2　基于 Preisach 模型的超导电缆超导导电层电磁特性分析

磁性材料具有磁滞现象，即当磁性材料被磁化到饱和状态后，将磁场强度从大值逐渐减小时，其磁通密度不是沿原来的途径返回，而是沿着比原来的途径稍高的一段曲线而减小。当磁场强度减小为零时，磁通密度并不减小为零。由磁性材料的磁滞特性引起的磁滞损耗对于电机、变压器等电气设备的运行有很大影响。磁性材料的磁滞特性，得到了广泛研究，提出了一些实用的磁滞模型，其中较为经典的有 J-A（Jiles-Atherton）磁滞模型、Preisach 磁滞模型及 E&S（Enokizono & Soda）模型等。这里以 Preisach 磁滞模型为例，简要介绍磁滞模型及其方法在高温超导电缆设计分析中的应用方法。

Preisach 磁滞模型由 Preisach 于 1935 年提出[7]，1983 年 Krasnosel 把 Preisach 磁滞模型从物理意义中分离出来，而用纯数学模型表示，随后学者对 Preisach 磁滞模型及其改进模型进行了相应的研究。由于 Preisach 磁滞模型的物理意义明确，数值方法简便，而 J-A 磁滞模型、E&S 磁滞模型在实际应用中需要根据大量的实验数据确定多个参数，实现过程烦琐，因此 Preisach 磁滞模型得到了更广泛的认可，在实际中得到了广泛的应用。基于 Preisach 磁滞模型分析的核心问题在于 Preisach 函数的辨识。

高温超导体是一种具有与传统超导体不同特性的材料，它并非完全没有损耗，其中磁滞损耗是在工频下的临界电流、临界温度和临界磁场附近的主要损耗。这种磁滞是由各种缺陷对磁通线钉扎效应引起的。磁通磁钉扎的结果，是在施加新的通量之前，通量在高温超导内部保持恒定。这种现象构成了高温超导体的记忆效应，其可以通过 Bean 的临界态模型较好地描述。这一模型被进一步普遍化用来考虑临界电流对磁场的依赖关系。临界态模型，如 Bean 模型、Kim 模型、指数模型等，逐渐被发现具有一定的内在局限性，因为场方程的解析解只能用于具有非常简单的几何样品。后来出现了关于超导磁滞建模的不同尝试，并证实临界态模型是经典 Preisach 模型的特例，进一步阐明经典 Preisach 模型能够适用于复杂几何形状的超导样品。然而，分布函数是不易确定的，通常采用统计方法，根据多次可重复的实验，计算分布函数。

Preisach 磁滞模型是通过一组无限集合磁偶极子描述磁性材料的磁滞现象，磁偶极子具有不同的磁场强度切换值的矩形基本磁滞回线，认为磁环由大量的磁化特性的磁偶极子组成，磁偶极子的正向翻转阈值 α 和负向翻转阈值 β 呈统计分布。用来表示磁偶极子的分布密度的二元函数称为 Preisach 函数，其特性如下：

$$\begin{cases} \mu(\alpha,\beta)=0, & \alpha<\beta 、\ \alpha>H_{\text{sat}} \text{ 或 } \beta<-H_{\text{sat}} \\ \mu(\alpha,\beta)=\mu(-\beta,-\alpha) \end{cases} \tag{4-77}$$

磁偶极子磁化特性与 Preisach 函数示意图如图 4-16 所示，其中，S^{+} 区域表示处于 B_{s} 状态的磁偶极子，S^{-} 区域表示处于 $-B_{\text{s}}$ 状态的磁偶极子。

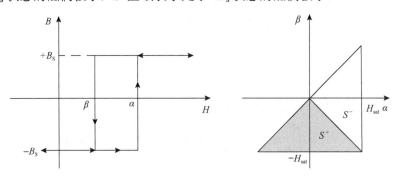

图 4-16　磁偶极子磁化特性与 Preisach 函数示意图

对应于施加的磁场 H，磁化 M 可表现为磁偶极子的综合作用，表示为

$$\begin{aligned} M &= \iint_{S} \mu(\alpha,\beta)\gamma_{\alpha\beta}(H)\,\mathrm{d}\alpha\mathrm{d}\beta \\ &= \iint_{S^{+}} \mu(\alpha,\beta)\,\mathrm{d}\alpha\mathrm{d}\beta - \iint_{S^{-}} \mu(\alpha,\beta)\,\mathrm{d}\alpha\mathrm{d}\beta \end{aligned} \tag{4-78}$$

为了避免确定偶极子分布函数 $\mu(\alpha,\beta)$ 的困难，可采用分离 Preisach 函数变量的方法来推导磁滞回线，通过使用简单的函数变换解耦分布函数 $\mu(\alpha,\beta)$，即[8]

$$\mu(\alpha,\beta) = m_A(\alpha)m_B(\beta) \tag{4-79}$$

$$F(\alpha) = \int_a^{H_{\text{sat}}} m_A(x)\mathrm{d}x \tag{4-80}$$

通过这种方法可得到不同情况下的磁滞回线表达式，且其中 Preisach 函数仅基于 M-H 极限回线来确定[9]，即

$$M(H) = M(H_n) - 2\left[\frac{M_{\text{u}}(H_n) - M_{\text{d}}(H)}{2} + F(H_n)F(-H)\right] \tag{4-81}$$

$$M(H) = M(H_n) + 2\left[\frac{M_{\text{u}}(H) - M_{\text{d}}(H_n)}{2} + F(H)F(-H_n)\right] \tag{4-82}$$

式中，H_n 表示 n 个反转点之后磁化过程的操作点。M 处于向下轨迹上的一般情况磁化，可通过式(4-81)导出；M 处于向上轨迹上的一般情况磁化，可以通过式(4-82)计算。其中：

$$M_{\text{u}}(H) = M_{\text{i}}(H) - \int_H^{H_{\text{sat}}} m_A(\alpha)\mathrm{d}\alpha \int_{-H_{\text{sat}}}^{-H} m_b(\beta)\mathrm{d}\beta \tag{4-83}$$

$$= M_{\text{i}}(H) - \left[F(H)\right]^2$$

$$M_{\text{d}}(H) = M_{\text{u}}(H) + 2F(H)F(-H) \tag{4-84}$$

$$M_{\text{i}}(H) = \int_{-H}^H \int_{-H}^H \mu(\alpha,\beta)\mathrm{d}\alpha\mathrm{d}\beta \tag{4-85}$$

$$= \int_{-H}^H m_A(\alpha)\mathrm{d}\alpha \int_{-H}^H m_B(\beta)\mathrm{d}\beta = \left[F(-H) - F(H)\right]^2$$

式中，$M_{\text{u}}(H)$ 为磁滞回线的上升支；$M_{\text{d}}(H)$ 为磁滞回线的下降支；$M_{\text{i}}(H)$ 为初始 M-H 曲线。

$F(H)$ 可以计算为

$$F(\alpha) = \sqrt{M_{\text{d}}(-\alpha)}, \quad \alpha < 0 \tag{4-86}$$

$$F(\alpha) = \frac{M_{\mathrm{d}}(\alpha) - M_{\mathrm{u}}(\alpha)}{2\sqrt{M_{\mathrm{d}}(\alpha)}}, \quad \alpha \geqslant 0 \tag{4-87}$$

式中，$F(\alpha)$ 仅由 M-H 极限回线的磁化值表示，而不考虑磁偶极子的分布函数。因此，仅需要 M-H 极限回线来建立磁滞模型。

擦除特性与同余特性构成了经典 Preisach 磁滞模型表示真实磁滞非线性的充分必要条件。擦除特性，即每一个输入局部最大值擦除了 α 坐标小于该值上的所有顶点，每一个输入局部最小值擦除了 β 坐标大于该值上的所有顶点。同余特性，即输入极大值与极小值相同的所有闭合回线是相互同余的。

利用带有银包套的 BSCCO-2223 带材样品进行测试，其中外部磁场垂直于 BSCCO-2223 带材表面，并记录样品在 5K 和 77K 的温度下的磁化与磁场关系 M-H。图 4-17 和图 4-18 分别给出了 77K 和 5K 温度下使用简化 Preisach 磁滞模型和实验测量 BSCCO-2223 样品的磁滞回线。仿真结果和实验结果之间具有良好的一致性，为模拟高温超导材料的 M-H 特性提供了一种新的建模研究分析方式。

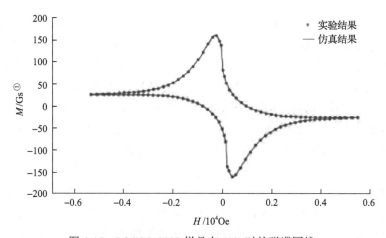

图 4-17　BSCCO-2223 样品在 77K 时的磁滞回线

综上所述，临界态模型具备可擦除特性和同余特性。应用简化的 Preisach 磁滞模型对高温超导体进行磁滞建模，可得到任意磁场输入下磁化强度的表达式。建立的高温超导电缆等效电路模型中含有磁滞电感，进而可计算电流分布和损耗。进一步的工作可考虑不同频率下高温超导的简化 Preisach 磁滞模型，并将其应用于高温超导电缆的电磁计算。

---

① 1Gs=10⁻⁴T。

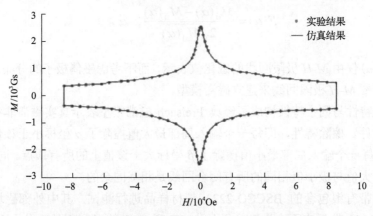

图 4-18　BSCCO-2223 样品在 5K 下的磁滞回线

4.4.3　高温超导电缆多层导体结构参数优化

　　粒子群优化(particle swarm optimization，PSO)算法与其他进化计算(evolutionary computation，EC)技术类似，也采用随机解决方案进行初始化，并通过更新代数来搜索最优值。在粒子群优化算法中，每个被称为"粒子"的潜在解决方案都会在问题搜索空间中寻找最佳位置。随着时间的推移，粒子会根据自己的"经验"以及相邻粒子的经验调整自己的位置。粒子群优化算法在低维空间具有速度快、求解质量高的优点；在高维空间(多峰值函数)具有"早熟"现象，即局部收敛的缺点。对于室温介质超导电缆，应用粒子群优化算法进行优化，50 个优化周期大概可以找到 10 个左右的最优解。对于冷介质超导电缆，应用粒子群优化算法进行优化，50 个优化周期大概可以找到 2 个左右的最优解。

　　鲁棒性优化算法是常用方法。最优性和鲁棒性通常是矛盾的。Six-sigma(6σ)方法是由摩托罗拉公司提出的，并由通用电气公司发展为 DFSS(design for six sigma)的精益设计方法。DFSS 是一种强大的优化方法。这里的术语"sigma(西格玛)"是指标准偏差 σ，它是分散的度量，6σ 的性能水平相当于每百万允许有 3.4 缺陷单元(ppm)，而 3σ 水平即普遍的平均西格玛水平，缺陷率约为 66800ppm。DFSS 方法流程可简单描述为：定义，确定客户的关键需求；测量，对现有流程测量评估；分析，对已获得数据进行分析，找出缺陷；设计，设计鲁棒性的进程满足客户需求；鉴定，检查设计流程确保满足客户需求。优化模型有常规优化模型和鲁棒性优化模型。鲁棒性优化的目标函数应包含设计目标的"均值"和"变化量"。

　　利用基于 6σ 方法的稳健优化公式的关键是能够估计性能变异统计数据，以便重新制定目标和约束。例如，蒙特卡罗模拟技术是通过给出 PSO 算法中定义的每个粒子的随机抽样值来实现的，并且可以评估统计特性，如目标均值、目标方差和约束。传统 PSO 算法和 DFSS 之间的差异不仅包括目标和约束的表述，还包括统计评估程序。

应用粒子群优化算法对冷介质超导电缆的结构参数进行优化，优化后的电缆各层电流比较均衡分布。引入平均粒子距和算子的改进粒子群优化算法，在收敛质量上要优于传统的粒子群优化算法。基于 DFSS 的鲁棒性优化算法同时考虑了目标函数的最优性和鲁棒性，优化后的电缆结构具备一定的鲁棒性。

高温超导电缆的粒子群优化处理，包括高温超导导电层电流分布的计算、高温超导导电层中电流均匀分布优化模型和约束。约束包括：①临界电流的约束。这些约束用于限制层中的电流低于其临界电流，即 $I_i < N_i I_c k_1 k_2 k_3 k_4$，$i=1$，$2，\cdots，n$。其中，$N_i$ 是缠绕在第 i 层上的高温超导带的数量；I_c 是电缆中高温超导带的临界电流的平均值；考虑到磁场、温度、制造和热循环，设置 k_1、k_2、k_3 为临界电流的恶化因素；k_4 为设计的安全范围。k_1 可以由高温超导带的临界电流、磁场和温度的关系导出。②力学性能的限制。考虑到超导带的力学性能，最佳程序应满足超导带的拉伸应变必须小于临界拉伸应变，弯曲应变必须小于临界弯曲应变。③半径的约束。考虑因素为电缆导体的内径和外径，以及层间电介质的厚度。

使用粒子群优化结构参数。高温超导电缆的结构优化设计，是可以在各种约束条件下获得一系列先进的参数，并利用这些参数使电流分布尽可能均匀。基于优化前后的结构参数可以看出，优化前的电流在幅度和相角方面差别很大，但优化后的电流变得均匀；当随着总电缆电流的峰值被推高到一定值，外层电流增加到临界电流附近，层的等效电阻增加，优化前的电流波形失真，但优化后的电流波形一直保持为正弦波。

假设以下条件进行粒子群优化（PSO）算法和遗传算法（genetic algorithm，GA）之间的性能比较。在一次进化操作中，最大生成数设定为 5000，并且对于 10、20 和 40 个颗粒的群体分别进行总共 50 次演变。适应度函数 F_{norm} 定义为同一代中 50 次演化的最佳适应度函数值的平均值。结果显示，当群体为 10 时，GA 比 PSO 算法表现更好；当群体大小达到 20 和 40 时，由于 GA 的选择和交叉，GA 可能导致过早收敛到次优点，PSO 算法可以收敛到全局最优结果。在与上述相同的条件下 PSO 算法和 GA 的运行时间结果表明，PSO 算法每个粒子的确定比 GA 的个体更简单，PSO 算法计算时间短于 GA。

高温超导电缆的稳健优化模型建立的简单介绍如下：①高温超导电缆类型选择，采用由多层高温超导带材和高温超导带材屏蔽层组成的单相冷介质型电缆。②构建稳健优化模型，采用稳健优化公式作为目标函数，并利用 DFSS 优化公式，其中相关约束将转换为临界电流的约束、力学性能的约束和半径的约束。③结构参数优化。结果显示优化前不同层中的电流在幅度和相角方面差别很大。当设计变量的扰动范围并采用 DFSS 和 PSO 算法求解鲁棒优化问题，蒙特卡罗模拟用于估算所有输出的均值和标准差。采用 PSO 算法和 DFSS 优化的结构参数和电流分布几乎相同，但 PSO 算法优化得到的结果分布范围覆盖更广，可能会使一部分电缆的电流分布与预期结果相差较大。对比而言，DFSS 优化得到的结果分布范围较小，可以有效增强优化设计的稳健性。比较设计结果的质量，取利用 PSO 算法得到的适应度函数 μ_F 的平均值、适应度函数 σ_F 的标准差，与通过使用 6σ 鲁棒优化、6σ 方法得到的目标函数的平均值和标准差相比都显著降低了，超过约束的概率几乎为零，因此 DFSS 的可靠性远高于 PSO 算法。

利用 PSO 算法这种启发式算法，处理高温超导电缆导体的结构参数优化，可以获得均匀分布的层电流。优化结果表明，电流分布得到改善。对于许多随机优化测试，与 GA 进行比较来评估 PSO 算法的性能，证明 PSO 算法是结构参数优化问题的有吸引力的替代方案。考虑到高温超导电缆结构设计的不确定性，采用基于 6σ 鲁棒优化设计结合 PSO 算法进行鲁棒设计。传统 PSO 算法与基于 DFSS 的优化比较表明，使用 DFSS 的鲁棒优化优于 PSO 算法，以实现更高的可靠性和质量。考虑到早期的 PSO 算法改进，DFSS 的效率评估以及考虑超导带滞后的交流损耗模型将在未来的工作中展示[10]。

4.4.4　考虑铁磁片及带材排列的临界电流分析

高温超导带材的临界电流是电力电缆应用最重要的参数。将电缆中的带材组合之后，带材的自身场受到来自其他带材磁场的影响，这将导致带材性能的降低。对于直流电源系统，超导电缆电流容量的提升是最重要的。提升超导带材的临界电流以尽可能减少交流损耗，是超导电缆应用的关键技术要点。

1. 具有铁磁片的堆叠导体临界电流分析

在堆叠的高温超导带状导体中，BSCCO 带材的临界电流显示出对带材之间的电流馈送方向的强烈依赖性。当向其施加反向电流时临界电流得到改善，并且由于它们之间的强磁场相互作用而降低了相同方向电流馈送模式。通过使用铁磁片（FMS），高温超导带材的自场将受到影响并且可以改善其临界电流。电缆中将高温超导带材组合成超导电缆导体后，每个高温超导带材的自身磁场受到其他带材的影响，并且当传输电流施加到电缆时，其临界电流将发生变化。

2010 年，日本中部大学使用 BSCCO 带材建立了一个 200m 高温超导直流输电系统。图 4-19(a) 和 (b) 给出了双极直流电缆结构实物图和用于超导电缆的三层导体层结构方案。在电缆结构中进行合理的布局，可以在一定程度上提升高温超导带材的临界电流。如图 4-19(b) 所示，为了获得高电流容量，需要采用高温超导带材的多层组合结构[11]。

内层导体　　　　　外层导体

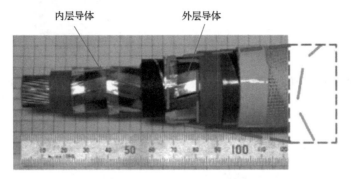

(a) 双极直流电缆结构实物图

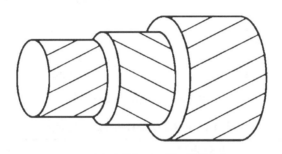

(b) 用于超导电缆的三层导体层结构方案

图 4-19　超导电缆实例导体层结构

在堆叠式的带材导体中，BSCCO 带材的临界电流对带材之间的馈电方向具有很强的依赖性。当反向电流作用于它们时，临界电流得到提高；而相同方向电流的馈电方式由于它们之间的强磁场相互作用，临界电流减小[12]。通过使用铁磁片，BSCCO 带材的自场受到影响，并且可以改善在电缆中的带材临界电流。在形成堆叠导体带材的同时，铁磁片和带材之间的磁场相互作用过程不同于具有铁磁材料的单根带材[13]。

图 4-20 为双层堆叠带材方案。BSCCO 带材 (HT-CA 型) 两面都是 0.05mm 的铜合金层。BSCCO 带材的临界电流在 77K 的自场中为 200A。铁磁片是由日本 JFE-Steel 提供的晶粒取向钢[14]。BSCCO 带材和铁磁片的规格如表 4-1 所示。在实验中，使用宽度为 3mm 和 5mm 的铁磁片来覆盖堆叠带材导体。如图 4-20(a) 所示，两根 BSCCO 带材用于形成堆叠的带状导体，图 4-20(b) 为在边缘处覆盖有六个 3mm 宽和四个 5mm 宽的铁磁片。

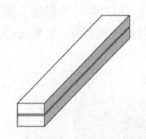

(a) 没有铁磁片的双层堆叠带材

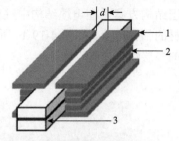

(b) 具有铁磁片的双层堆叠带材
1代表5mm的铁磁片；2代表3mm的铁磁片；
3代表BSCCO带材；d代表铁磁片的间隙

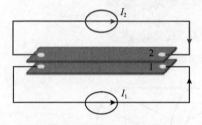

(c) 同向(↑↑)电流的电路回路原理图布局
1代表#1带材；2代表#2带材

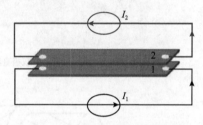

(d) 反向(↑↓)电流的电路回路原理图布局
1代表#1带材；2代表#2带材

图 4-20　双层堆叠带材方案

表 4-1　BSCCO 带材和铁磁片的规格

参数	BSCCO 带材	铁磁片
宽度	4.5mm	3.0mm/5.0mm
厚度	0.35mm	0.30mm
长度	27cm	15cm

通过将样品浸入液氮中来测量其在 77K 下的临界电流。通过四探针法测量 BSCCO 带材的临界电流。在每根带材上焊接三个电压抽头，其间隔分别为 8cm 和 10cm。电压信号可由 KEITHLEY 2700 万用表测量，灵敏度为 $0.1\mu V/cm$，传输电流由 $0.125m\Omega$ 电流分流电阻测量。通过使用两个电源来控制电流馈送模式，如图 4-20 (c) 和 (d) 所示。在 #2 带材施加了电流 I_2 的运行状况下，在实验中测量 #1 带材的临界电流。对于不同的电流馈送模式，通过使用和不使用铁磁片测量堆叠带材导体的 V-I 特性，并且通过将电压归一化到电压抽头之间的距离来获得它们的 E-I 特性。

1) 没有铁磁片覆盖的堆叠带材导体的临界电流

图 4-21 为没有铁磁片的堆叠带状导体中 BSCCO 带材与单根带材的典型 E-I 曲线比较。相邻电流 I_2 分别为 ±100A 和 ±160A。负电流表示反向(↑↓)电流馈送模式。E-I 曲线显示出不同相邻电流的强烈差异。

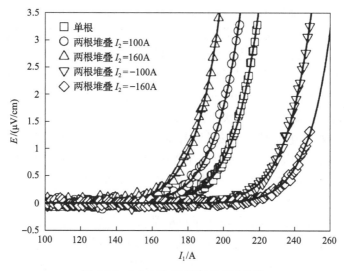

图 4-21　BSCCO #1 带材的 E-I 曲线

图 4-22 为相邻电流对没有铁磁片的双层堆叠带材临界电流的影响。图 4-22（a）总结了 BSCCO 带材相对于堆叠带状导体的相邻电流的临界电流。通过 E-I 曲线中的电力线拟合，在 1μV/cm 的电场准则下确定临界电流。对于 #1 带材，单根带材的临界电流测量值为 203.5A。图 4-22（b）显示了临界电流相对于相邻电流的增长

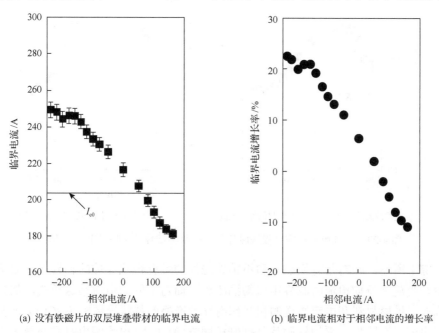

(a) 没有铁磁片的双层堆叠带材的临界电流　　　　(b) 临界电流相对于相邻电流的增长率

图 4-22　相邻电流对没有铁磁片的堆叠带材临界电流的影响

率。对于当前电流馈送模式显示不同的性能,具有相反的(↑↓)方向和相同的(↑↑)方向。对于反向电流馈送模式,临界电流随着相邻电流 I_2 的减小而增加。当传输电流施加到具有相同方向的两个带材时,临界电流随着相邻电流的增加而减小。当 I_2 为零时,由于 #2 带材本身的屏蔽效应,可以观察到约 5% 临界电流的增长率。当相邻电流 I_2 大于 80A 时,临界电流变得小于单个电流。

　　2)用铁磁片覆盖的堆叠带状导体的临界电流

　　图 4-23 为相邻电流对完全被铁磁片覆盖的双层堆叠带材临界电流的影响,即 #1 带材的临界电流相对于 #2 带材的相邻电流。图 4-23(a)显示了完全被铁磁片覆盖的堆叠带状导体中的 BSCCO 带材的临界电流,即间隙 $g = 0$mm,其临界电流的分布与图 4-22(a)不同。如图 4-23(b)所示,当小于 200A 的传输电流施加到相邻的 #2 带材时,临界电流变得不小于单根带材的临界电流。对于完全覆盖的堆叠带状导体,没有观察到临界电流的降低,这与单个带状导体不同。当相反的电流施加到两个带材时,临界电流的峰值出现在 100A 的相邻电流附近。

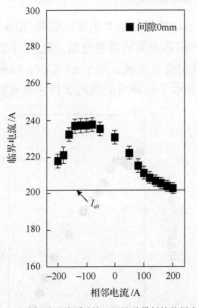
(a) 完全被铁磁片覆盖的双层堆叠带材的临界电流

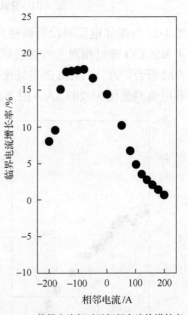
(b) 临界电流相对于相邻电流的增长率

图 4-23　相邻电流对完全被铁磁片覆盖的双层堆叠带材临界电流的影响

　　综上所述,在对带有铁磁片和不带铁磁片的堆叠带状导体的临界电流测量过程中,当施加反向电流时临界电流得到改善,而对于同向电流馈送模式,临界电流降低。铁磁材料和电流馈送的相互作用导致堆叠的带状导体中 BSCCO 带材的临界电流没有降低。采用铁磁片是抑制相同方向(↑↑)电流馈电对堆叠导体临界电流影响的一种可行方法。

2. 带材排列对提高直流电缆临界电流的影响

在上述的 200m 超导直流电缆系统中，为了降低低温管道的漏热量，应设计紧凑型的同轴双极电缆，以减少低温与室温之间的辐射效应[15]。

如图 4-24 所示，内、外超导体层分别含有 23 根超导带材和 16 根超导带材。为了使电磁线周围的磁通线呈圆形，高温超导带材螺旋地紧密缠绕。由于它们的半径不同，每个导体中的带数不同。如果每个高温超导导体层使用相同的带数，则将产生带之间的空隙。不合适的间隙会影响电缆中高温超导带材的临界电流，最终会降低电缆的电流容量，从而影响高温超导电缆系统的效率。

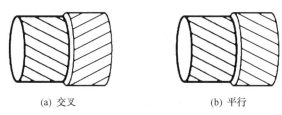

(a) 交叉 　　　　　　　　　　　　 (b) 平行

图 4-24　交叉和平行扭曲缠绕电缆方案

为了设计高温超导电力电缆，需要研究高温超导带材排列对自身性能的影响，如每层带材之间的间隙和缠绕方式。针对交流电缆，减小平行螺旋缠绕的间隙将减少交流损耗。对于直流电缆，情况有所不同。与单层和堆叠结构相比，通过增大双层结构中带材的相对位置，临界电流可以实现较大的提升。通过使用更多的带材和不同的带材布置，更实际地研究带材在直流电缆中的特性，测量如图 4-24 所示的用于双层结构的交叉和平行扭曲缠绕方案的两层结构的带材临界电流。考虑到间隙和缠绕方向，测量五根直带和扭曲带布置的带材临界电流。观察到临界电流得到改善，表明通过超导带材布置可以改善高温超导直流电缆的电流性能。

图 4-25(a) 为五根高温超导 BSCCO 带材在两层结构中的布局，每层带材之间的间隙不同。g 是带材边缘之间的距离(间隙)。五根长度为 27cm 的 BSCCO 直带材平行组装，相互绝缘。通过四探针法测量临界电流。实际测量中，每根带材上焊有三个电压抽头，电压信号由万用表测量，如灵敏度为 0.1μV/cm 的 KEITHLEY。传输电流由 0.125mΩ 电流分流电阻测量。通过使用两个电源来控制传输电流馈送模式，如图 4-25(b) 所示。

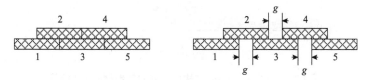

(a) 五根BSCCO带材的排列(两层结构在带材之间具有不同的间隙)

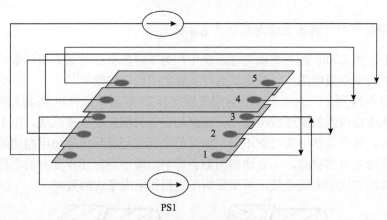

(b) 两个独立电源的电流环路示意图

图 4-25　五根 BSCCO 带材的两层排列结构及实验测量电路

1) 平行直带材布置的临界电流

将电压按电压抽头之间的距离归一化后,得到 BSCCO 带材的 E-I 曲线。图 4-26 为具有不同间隙的单根和五根平行直带材排列的 #3 带材的 E-I 曲线对比。用于单根和五根直线带材排列,间隙分别为 0.4mm 和 2mm,实线表示确定临界电流的拟合曲线,图标表示在相同方向上施加到每个带材的电流(120A)。电流以与图 4-26 中给出的相同方向施加到每个带材上。施加到 #1、#2、#4 和 #5 带材的相邻电流是 120A。单根直带材、0.4mm 小间隙和 2mm 大间隙的五根平行直带材的 E-I 曲线有较大差异。

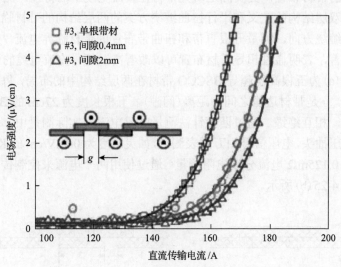

图 4-26　五根两层排列结构中 BSCCO 带材的 E-I 曲线

图 4-27(a)总结了 BSCCO 带材在不同间隙下,相对于其他带材中的相邻电流的临界电流。临界电流在 1μV/cm 的电场标准下确定。单根 #3 带材的临界电流测量值为 152A。图 4-27(b)显示了临界电流相对于相邻电流的增长率。在具有 2mm 间隙的双层结构的情况下,当相邻电流大于 80A 时,#3 带材的临界电流大于单根带材的临界电流。当 g=2mm 时,#3 带材临界电流从 152A 增加到 168A,增加了 10.5%。5 个平行直带布置中,大间隙 2mm 的#3 带材的临界电流大于小间隙 0.4mm 的#3 带材的临界电流。由于带间磁场的相互作用,当同一层带材之间存在间隙时,BSCCO 带材的临界电流得到改善。

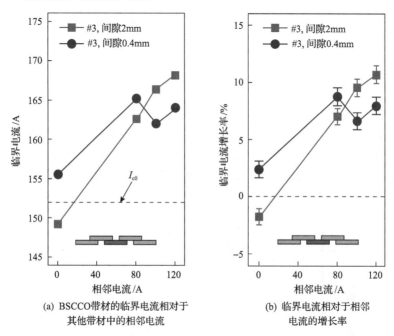

(a) BSCCO带材的临界电流相对于
其他带材中的相邻电流　　　(b) 临界电流相对于相邻
电流的增长率

图 4-27　小间隙 0.4mm 和大间隙 2mm 的五根 BSCCO 平行排列直带材的相邻电流的影响

2)平行扭曲带材排列的临界电流

如图 4-24 所示,BSCCO 带材在电缆架上是螺旋缠绕的,这将导致带材的扭曲应变以及由于扭曲带材引起的局部磁场畸变。为了观察平行扭曲带材布置的临界电流,测试时使用五根长度为 54cm 的绝缘带材来制造螺旋缠绕的电缆,如图 4-28 所示。BSCCO 带材缠绕在直径为 2.6cm 的电缆架上,节距为 25cm,间隙分别为 0.4mm 和 2mm。

图 4-28 为单根带材和间隙分别为 0.4mm 和 2mm 的五根平行扭曲带的 E-I 曲线,与平行直带材导体的 E-I 曲线类似。单个 #A、#B、#C、#D 和 #E 带材的临界电流测量结果分别为 155.1A、162.6A、162.0A、166.8A 和 167.2A。由于传输电流以串联模式施加到每个带材,可以获得五个平行扭曲带材排列中每个带材的临界电流。

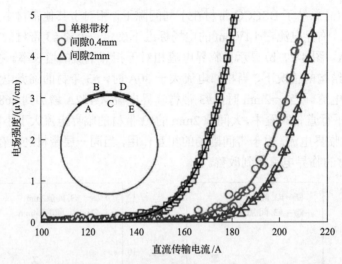

图 4-28 单根带材和五根平行扭曲带材排列不同结构中的 *E-I* 曲线

图 4-29 为五根平行扭曲带材的临界电流的对称分布图。每根带材在 2mm 大间隙时的临界电流大于在 0.4mm 小间隙时的临界电流。对于间隙为 2mm 的五根平行扭曲带材，#C 带材的临界电流急剧增加 20%，至 196A，这表现出与三种平行扭曲带材排列相似的行为。

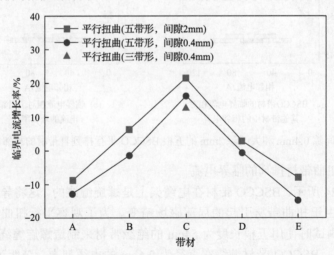

图 4-29 五根平行扭曲带材的临界电流增长率的对称曲线

3) 平行和交叉排列的比较

在这根 200m 高温超导电缆中，BSCCO 带材在内层与外层形成交叉缠绕。对于这种交叉布置，带材间仅设置了小的间隙。中间 #3 和 #C 带材的测量临界电流分别为 154.6A 和 167.1A，故对于交叉直线和交叉扭曲排布，临界电流差异小于

3%。图 4-30 显示了不同布置的缠绕方向对 BSCCO 带材临界电流的影响。对于直线和扭曲 BSCCO 带材，平行布置都优于交叉布置。

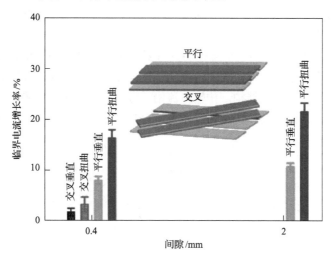

图 4-30　缠绕方向对不同排列的 BSCCO 带材临界电流的影响

考虑到扭曲和缠绕方向，通过对不同带材布置方式下的磁场相互作用的临界电流测量和分析，内层的带材布置可以优化，从而改善用于直流输电的高温超导电缆的性能。图 4-24 中的原电缆是由 23 根带紧密地小间隙（＜0.5mm）缠绕在铜骨架上。对于高温超导直流电缆的新设计，可以使用较少的 BSCCO 带材，如使用 18 根带材制备具有两层结构间隙为 2mm 的内层导体层，而不会降低电缆中带材的临界电流。

综上所述，基于对双层结构的五根具有不同间隙的 BSCCO 平行直带材的临界电流、BSCCO 带材临界电流与五根平行直带横向间隙的测试，结果表明，当平行直带导体和平行扭带导体都存在间隙时，BSCCO 带材的临界电流得到改善。此外，与交叉布置相比，平行布置的临界电流显著改善。即使带材布置存在适当的间隙，电缆中的带材性能也不会显著降低。在双层结构的情况下，直流电缆可以采用带有间隙平行缠绕，提高带材的超导性，从而减少带材的数量，降低电缆成本。直流电缆的布线方式，与交流电缆的布线方式会有所不同。

4.4.5　考虑电缆结构参数优化的交流损耗分析

当高温超导带材组装成导体获得高电流容量时，组装导体中的交流损耗受到周围带材电流产生的磁场的影响。在由 YBCO 带材绕圆柱形电缆骨架制成的高温超导电缆中，电缆的截面可以是多边形，垂直于带材表面磁场对交流损耗特性有更显著的影响。在具有这种配置的高温超导电缆中，降低交流损耗的一个关键因素是利用相邻带材中电流产生的磁场抵消垂直于带材表面的磁场分量。由于高温超导电缆的交流损耗特性与电缆几何参数密切相关,本节介绍带宽和带-带间隙对 YBCO 带材在一层和两层排列中组装的多边形导电层中的交流损耗的影响。利用数值模型方法,分析在一层多边形和多层多边形导体中组装的高温超导带材电流分布和交流损耗[16]。

图 4-31 给出了多层多边形排列的具有多个矩形横截面高温超导带材的总装导电缆结构的数值模型,多层电缆中拾取相邻的两个层,即第 i 层和第 i+1 层。在该模型中,不考虑螺旋缠绕结构。传输电流沿 z 方向流动。由于电磁场被认为在 z 方向上是均匀的,因此电场和电流密度没有 x 分量和 y 分量,分析可以在二维进行。

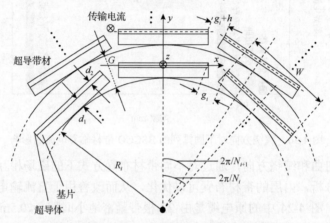

图 4-31 多层多边形导体层结构模型示意图

该模型满足以下几何关系:带数、带宽、带-带间隙、内切半径、基板厚度和每层超导体,即

$$\left(R_i + d_1 + \frac{d_2}{2}\right)\tan\left(\frac{\pi}{N_i}\right) = \frac{g_i}{2\cos\left(\frac{\pi}{N_i}\right)} + \frac{W}{2} \tag{4-88}$$

式中,N_i 是第 i 层的高温超导带材的根数;g_i 是第 i 层中的带-带间隙;R_i 是第 i 层的内切半径;W 是带宽;d_1 和 d_2 是基板和高温超导基带的厚度。

通过式(4-89)计算高温超导带材的电流密度和电场分布,即

$$\frac{\mathrm{d}A}{\mathrm{d}t} = -E - \nabla V \tag{4-89}$$

式中,A 和 E 是磁矢量势和电场矢量势;∇V 表示超导带材沿着 z 轴方向的单位长度电位差,其在带材横截面上是均匀的。A 是磁矢量势,由自磁场和周围带材中的电流产生的外部磁场组成。由于电磁场分布在 z 方向上是均匀的,因此 A 由积分形式表示[17]:

$$A = \sum_{i=1}^{N} \frac{\mu_0}{2p\pi} \iint_{S_i} \boldsymbol{J} \ln \frac{1}{r} \mathrm{d}S_i \qquad (4\text{-}90)$$

式中，μ_0 是真空磁导率；$\boldsymbol{J}$ 是电流密度矢量；r 是与源的距离。式(4-90)中的积分在导体中所有带的整个横截面上完成。通过用幂函数定律表示带材内定义的 $\boldsymbol{E}\text{-}\boldsymbol{J}$ 关系，即

$$E = E_0 \left(\frac{J}{J_c} \right)^n \qquad (4\text{-}91)$$

式中，J_c 是 $E = E_0$ 时单位带宽的临界电流密度；$E_0 = 1 \times 10^{-4}\,\mathrm{V/m}$。为了确定导体的几何配置与交流损耗之间的关系，在此分析中与所有带材的磁场和常数无关。通过数值求解式(4-89)，计算带材横截面上的 $\boldsymbol{J}$ 和 $\boldsymbol{E}$ 的分布，并且通过 $\boldsymbol{E} \cdot \boldsymbol{J}$ 获得带材中的交流损耗。

(1)带-带间隙的影响：数值研究了带-带间隙对多边形电缆导体交流损耗特性的影响。在该分析中，带宽和带数是固定的，带-带间隙和内切半径随着式(4-88)表示的关系而变化。多边形电缆导体的几何参数和其他计算参数总结在表 4-2 中。

表 4-2　用于分析单层多边形电缆导体中带-带间隙对交流损耗影响的几何参数和计算参数(案例 I)

参数	取值
内切半径 R_1	可变
带宽 W	4mm,2mm
带数 N_1,N_2	14,28
带-带间隙 g_1	可变
电缆临界电流 I_c	1537A
基板的厚度 d_1	0.125mm
高温超导体的厚度 d_2	1μm
临界电流密度 J_c	27.5A/mm²
带数 N	50

图 4-32 给出了带-带间隙为 0.2mm 和 0.5mm 的高温超导带材电流密度分布及峰值传输电流下单根带材的电流密度分布，即以带材中心为原点的横跨带材宽度的电流密度分布[18]。

图 4-33 给出了在峰值传输电流下垂直于带表面的磁场分量分布。通过比较可以发现，电流密度的穿透通过减小带到带的间隙而减小。这是因为带材边缘周围的自场的垂直磁场分量由于周围带材中的电流产生的磁场而减小。当带-带间隙小于 1mm 时，带-带间隙的减小对交流损耗减小的影响变得非常大。

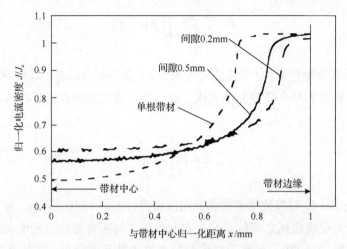

图 4-32　单层多边形导电层的高温超导带材的电流密度分布

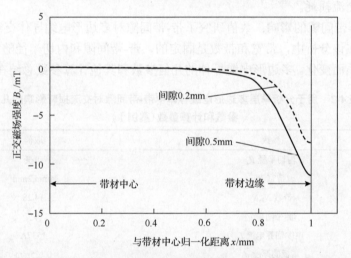

图 4-33　单层多边形导电层的高温超导带材表面的垂直磁场分布（W=2mm）

（2）带宽影响。多边形电缆的几何参数和其他计算参数列于表 4-3 中，在此分析中考虑两种情况：

案例Ⅰ的带宽和带数也随固定间隙和电缆临界电流而变化。在这种情况下，由于确定内切半径以保持 $I_c = J_c NW$ 恒定，因此内切半径随着带宽减小而增加。在案例Ⅰ中，当带宽变小（即增加带材数量）时，多边形电缆的横截面变得接近圆形，带边缘周围的垂直磁场减小，进而使得交流损耗随着带宽的减小而单调减小。

案例Ⅱ是改变带宽和带数、固定内切半径和带-带间隙。在这种情况下，随着带宽减小，电缆临界电流 I_c 减小。因此，I_t / I_c 因恒定的传输电流 I_t 而增加，带宽的减小对减少多边形电缆中的交流损耗是有效的，但需要调整好带间隙。此外，在使用窄带的情况下，通过调整电缆半径，临界电流可以保持恒定。

表 4-3　多边形电缆中高温超导带材宽度对交流损耗影响的基本参数

参数	案例Ⅰ中参数取值	案例Ⅱ中参数取值
内切半径 R_1	可变	9.0875mm
带宽 W	可变	可变
带材根数 N	可变	可变
带-带间隙 g_1	0.2mm,0.5mm	0.2mm,0.5mm
临界电流 I_c	1537A	可变
传输电流	1000A(峰值)	1000A(峰值)
基层厚度 d_1	0.125mm	0.125mm
高温超导层厚度 d_2	1μm	1μm
临界电流密度 J_c	27.5A/mm^2	27.5A/mm^2
案例带材根数 N	50	50

4.4.6　考虑窄涂层导体参数优化的交流损耗分析

关于超导电缆的交流损耗特性，目前大部分文献是基于已广泛使用的标准 4mm 宽涂层导体构成的电缆进行研究。但是，在数值上已经证明，窄的 2mm 涂层导体比 4mm 涂层导体更有利于降低多层电缆中的交流损耗。此外，在完善的剪裁技术帮助下，通过切割过程造成的损坏越来越少。这意味着即使生产的原始宽涂层导体被切割成 2mm 的窄导体，高临界电流 I_c 和良好的临界电流密度 J_c 分布仍将保留。因此，窄的 2mm 涂层导体实际上是制造超导电缆的良好选择[19,20]。

1) 数值模型

在该模型中，沿着电缆的高温超导涂层导体的螺旋结构被忽略，因此所有涂层导体被认为是垂直的并且平行于电缆的中心轴。对于多层电缆，所有层同轴布置并且几乎具有相等的间隔。该模型是模拟有浅俯仰角电缆的理想选择。当考虑螺旋节距时，交流损耗会发生轻微变化，约为 5%[21]。与电缆的交流损耗特性相比，这种变化足够小。此外，利用该模型，可以实现最多六层的多层电缆所有涂层导体的电磁场分析。

该数值模型是基于涂层高温超导体薄带的近似(一维模型)。使用该一维模型，可以计算沿着构成电缆的每个涂层导体的电磁场。忽略平行于每个涂层导体宽面的磁场分量，而只考虑垂直分量，即考虑在外部磁场几乎平行于其宽面时，垂直分量仍然主导着涂层导体的交流损耗。

超导性质被称为 $E\text{-}J$ 幂律，超导体 σ_{sc} 的等效电导率为

$$\sigma_{\rm sc} = \frac{J}{E} = \left(J_{\rm c}^{n} / E_{\rm c} \right) J^{1-n} \tag{4-92}$$

式中，$J_{\rm c}$ 为临界电流密度；$E_{\rm c} = 1 \times 10^{-4}\,{\rm V/m}$。用这种等效电导率的欧姆定律作为本构方程，通过电磁场分布的时间演化计算交流损耗。$\boldsymbol{J}$ 可通过电流矢量势 $\boldsymbol{T}$ 由 $\boldsymbol{J} = \nabla \times \boldsymbol{T}$ 得到的，单位体积内的交流损耗密度 P 可以通过式(4-93)计算：

$$P = JE = J^{2} / \sigma_{\rm sc} \tag{4-93}$$

2) 电缆结构设计

通常，高温超导电缆的直径是预先设计的并且考虑选择适当宽度的涂层导体，并确定高温超导涂层导体的数量和间隙。然而，从数值分析的角度看，涂层导体的宽度和数量以及间隙的大小，对于交流损耗的影响具有更高的权重。电缆中每层的直径由涂层导体的宽度、相邻涂层导体之间的间隙和涂层导体的数量确定，其中涂层导体假定是刚性和扁平的。

高温超导电缆的横截面如图 4-34 所示，其显示了涂层导体宽度 w_n、间隙 g_n、内半径 $r_{\rm in}$ 和外半径 $r_{\rm out}$、超导层上方和下方的涂覆导体的厚度 $t_{\rm a}$ 和 $t_{\rm u}$，以及其他相关的参数。α_n 和 β_n 分别是 w_n 和 g_n 的半中心角。为了避免计算每层的内半径 $r_{\rm in}$ 和外半径 $r_{\rm out}$ 相邻层的重叠。当 $r_{\rm in}(n+1) > r_{\rm out}(n)$ 时，可以确定地避免重叠，其中 n 层被 $n+1$ 层紧密围绕。表 4-4 给出了具体的配置参数。从内部计算层的顺序，最内层是第一层，其他层依次标记。

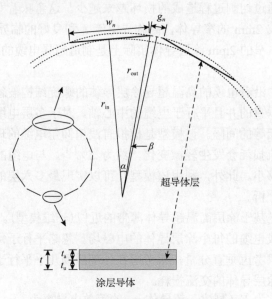

图 4-34　高温超导电缆中某层的横截面图

表 4-4　高温超导电缆的参数设计

层的顺序	涂层导体数量	间隙宽度/mm	内外径/mm
1	25	0.36	18.70/18.81
2	26	0.35	19.38/19.48
3	27	0.34	20.04/20.14
4	28	0.33	20.70/20.19
5	29	0.32	21.25/21.44
6	30	0.31	22.09

在多层电缆中，间隙的尺寸从一层到另一层需稍微调整，以使各层以相等的空间分开。例如，在 4 层电缆中，每层的间隙尺寸分别为 0.36mm、0.35mm、0.34mm 和 0.33mm。当第二层和第三层、第三层和第四层之间的空间分别为 0.56mm 和 0.56mm 时，第一层和第二层之间的空间为 (19.38–19.81)mm=0.57mm，这表明层间隙几乎是均匀的。

所有 2mm 涂层导体均采用相同的原始宽涂层导体定制，导体厚度为 2μm，如图 4-35 所示。这意味着它们在剪裁后在每个边缘上共享相同的 J_c 为 250A/cm 和 0.3mm 的损伤，在图 4-35 中称为"肩部"。因此，每个涂层导体的 I_c 为 250× (0.2–0.03)=42.5A。通过应用激光定制技术可以确定地实现 0.3mm 的损坏，而如果使用机械裁剪技术，通常将不可避免地造成更严重的损坏。

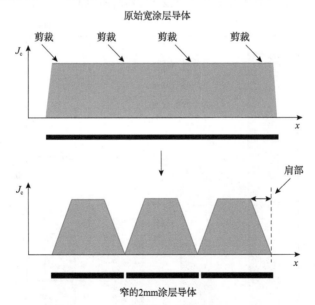

图 4-35　窄的 2mm 涂层导体剪裁后示意图

3）数值结果分析

传输电路 (I_t) 的频率为 50Hz。所有电缆的负载率 I_t/I_c（均为峰值）为 60%。交

流损耗以 $Q/($长度$\cdot I_c^2)\,(\mathrm{W/(m\cdot A^2)})$ 的形式表示,以排除长度和 I_c 影响。相关的交流损耗分类为组,并且其中一些标准化用于比较。

为了确定涂层导体高温超导电缆的理想层数,曾有过一系列多层高温超导电缆的设计方案,特别是 1 层、2 层、4 层和 6 层电缆。初期的高温超导电缆通常是 1 层和 2 层电缆,其后 4 层和 6 层电缆也已有大量研究以适用于未来的高功率传输。多层高温超导电缆普遍认为是实现承载极高电力的下一代电力传输网络的选择。这里实际研究的电缆不超过 4 层,而 6 层电缆被认为是未来的选择。这组电缆与上面描述的一组标准电缆具有相同的电气特性和配置参数。每个涂层导体具有 0.3mm 区域的肩部,通过切割损坏 J_c 较少。所有这些电缆的传输电流最高可达其能力的 60%,即 50Hz 的 60% I_c 的传输电流。

如图 4-36 所示,2mm 涂层导体组成的电缆的交流损耗,Q_1 代表一层电缆的交流损耗,用诺里什带(Norris strip)法计算交流损耗的数值结果和右侧纵坐标上标注的归一化值。显然,对于 2mm 电缆,随着层数的增加,交流损耗有很大改善。特别是当层数从 1 层增加到 2 层时,交流损耗下降了近一半。层数增加到 6 层时,交流损耗仅保持在 30%。这意味着通过构建具有多层的电缆来降低交流损耗是一种有效的方法。电缆的层数越多,以相同的负载率输电时产生的交流损耗就越小。由于窄涂层导体的 1 层和 2 层电缆容易受到结构密实度的影响,因此结构紧凑的设计是较好的选择。这可能会在一定程度上失去机械弹性,但交流损耗可以大大减少。

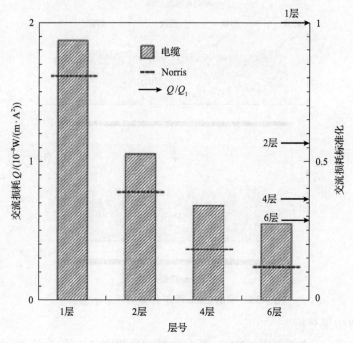

图 4-36　多层导体组成的高温超导电缆的交流损耗

4.5　超导电缆的系统损耗

高温超导电缆的系统损耗，除了高温超导导体本身的本征损耗、绕制结构及介质损耗、冷却系统损耗外，还有由其构成的输电系统的各个环节的损耗。这里从系统的角度简单介绍高温超导电缆系统的各种损耗。由于非超导相关的输电损耗属传统技术，并已在电力系统研究中有较多介绍，这里仅简单引出并省略进一步的分析。

4.5.1　超导交流电缆的系统损耗

典型的高温超导交流输电系统如图 4-37 所示。其核心部件主要包括高温超导交流电缆、低温冷却系统和电缆终端。与常规交流电缆相比，工作在低温环境中的超导交流电缆的运行损耗非常低、传输容量非常大，可以有效提高电网的总效率，实现低损耗、大容量输电，是解决大功率输电的有效途径。尤其是对于人口密集的城市地区，在电网扩容时采用超导电缆技术方案，可直接使用现有的地下电缆沟道，避免昂贵的破坏性挖掘和重复建设。

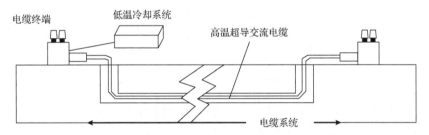

图 4-37　典型的高温超导交流输电系统示意图

超导交流电缆的运行损耗主要包括导体交流损耗、漏热损耗、绝缘介质损耗、低温系统损耗和电缆终端损耗。下面简单介绍主要损耗的计算公式。

1）导体交流损耗

处于交变磁场 B_a 作用下，并通以交流电流 I_t 的单根带材交流损耗为

$$P_t \propto B_a I_t^2 \tag{4-94}$$

高温超导电缆总损耗是所有带材的损耗之和。每根带材除了自身传输交流电流外，还处于其他带材形成的磁场环境中。所以，高温超导电缆损耗的工程计算可以用式(4-95)表示：

$$P_{\text{cable}} = \sum_i c_i B_{ai} I_{ti}^2 \tag{4-95}$$

如果带材电流分布均匀，即 I_{ti}^2 始终相等；与电流分布相关的系数 c_i=1。这时

每根带材上的外加磁场 B_{ai} 由电缆传输总电流 I_t 唯一确定,且与传输总电流 I_t 成正比,即

$$I_{ti} = I_t / n, \quad I_t \propto B_{ai} \tag{4-96}$$

所以,在电流均匀分布时,电缆总损耗正比于 I_{ti}^3。

同时,高温超导电缆导电层的交流损耗也可通过 Norris 方程来计算。带材自身传输交变电流带来的传输损耗计算公式如下:

$$\begin{cases} Q_{ti} = \dfrac{\mu_0 f I_{ci}^2}{2\pi} g\left(\dfrac{I_{pi}}{I_{ci}}\right) \\ g(x) = (2-x)x + 2(1-x)\ln(1-x) \end{cases} \tag{4-97}$$

式中,f 是电源频率;I_{pi} 是第 i 层流过的电流峰值;I_{ci} 是第 i 层的临界电流值。

带材处在交变的磁场中引起的磁化损耗计算公式如下:

$$\begin{cases} Q_{mi} = \begin{cases} \dfrac{2 f B_i^2 \eta_i}{3\mu_0} S_i, & \eta_i < 1 \\[3mm] \dfrac{2 f B_i^2}{\mu_0}\left(\dfrac{1}{\eta_i} - \dfrac{2}{3\eta_i^2}\right) S_i, & \eta_i > 1 \end{cases} \\[6mm] \eta_i = \dfrac{B_i}{\mu_0 J_c b} \end{cases} \tag{4-98}$$

式中,B_i 是第 i 层带材受到的磁场;S_i 是第 i 层所有带材的横截面积之和;b 是带材厚度的一半;J_c 是带材的临界电流密度。于是,第 i 层交流损耗可近似为 $Q_{ti} + Q_{mi}$;若有 n 层,则总交流损耗可表示为

$$Q = \sum_{i=1}^{n} Q_{ti} + \sum_{i=1}^{n} Q_{mi} \tag{4-99}$$

2)漏热损耗

由于绝缘材料的非理性特性以及从液氮温度(77K)到环境温度(300K)的热疲劳 ΔT,高温超导电缆的漏热损耗可描述为

$$W_{th} = \frac{2\pi\lambda\Delta T}{\ln(D_o / D_i)} \tag{4-100}$$

式中,λ 为绝热物质的热导率;D_o 和 D_i 分别是热绝缘的外径和内径。

3)绝缘介质损耗

热绝缘电缆的电介质损耗与常规电缆相同,其计算式可表示为

$$W_{ins} = U_0^2 \omega C \tan\delta \tag{4-101}$$

式中，U_0 为高温超导电缆导体对地额定电压；ω 为电压角频率；C 为绝缘电容量；$\tan\delta$ 为绝缘体介质损耗角正切值。而对于冷绝缘电缆，其电介质损耗通过液氮回路泄漏掉，故此部分损耗可归算到制冷系统的损耗之中。

4）低温系统损耗

低温系统损耗主要包括液氮流动过程中的能量消耗和液氮泵上的能量消耗。液氮流动过程中的能量损耗的大小主要依赖于液氮的流动系数，可通过式(4-102)计算：

$$W_{\text{hyd}} = \frac{m\Delta p}{\gamma_{\text{LN}}} \tag{4-102}$$

式中，m 是液氮质量；Δp 是液氮的压力下降量；γ_{LN} 液氮质量密度（取为 809kg/m³）。

5）电缆终端损耗

电缆终端上的损耗来自终端金属引线把电缆电流从液氮温度过渡到环境温度的热传导，以及金属引线本身的内阻。这部分损耗描述为

$$W_{\text{Lmin}} = I\left(2\rho\int_{77\text{K}}^{300\text{K}}\kappa(T)\text{d}T\right)^{0.5} \tag{4-103}$$

式中，ρ 是金属引线上的内阻；$\kappa(T)$ 是金属引线的热导率。

4.5.2　超导直流电缆的系统损耗

典型的超导直流输电系统如图 4-38 所示。其中，9 为超导输电电缆；10 为直流换流站；$A(1)\sim A(n)$ 为换流站或电缆连接冷却接力站。超导直流电缆两端的交流系统可简化为具有内阻抗的两个机组系统，并配有相应的交流滤波器。直流换流站分别由三绕组变压器的星形和三角形绕组提供电流，并在直流侧配有相应的直流滤波器和平波电抗器等。

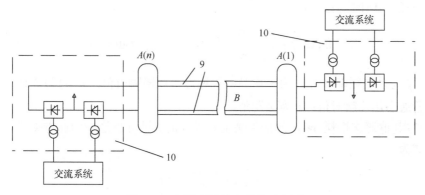

图 4-38　超导直流输电系统示意图

在直流输电系统中，超导直流电缆导体本身的交流损耗几乎为零，其能量损耗主要用在维持系统的低温环境和补充低温冷却介质上。因此，与超导交流电缆相比，超导直流电缆的总运行损耗更低。概括起来，超导直流电缆系统的损耗主要分为直流换流站损耗和电缆系统本体损耗两大部分。

1. 直流换流站的损耗计算

直流换流站的主要设备有晶闸管换流阀、换流变压器、平波电抗器、交流和直流滤波器、无功功率补偿设备等。这些设备的损耗机制各不相同，换流器在运行中，交流侧和直流侧均产生一系列的特征谐波，谐波电流通过换流变压器、平波电抗器和交、直流滤波器均将产生附加的损耗。在不同的负荷水平下，直流换流站投入运行的设备不完全相同，运行损耗也不相同。因此，通常需要在空载和满载之间选几个负荷点，分别计算和评估换流站内部的各损耗分量。直流换流站损耗的典型分布情况如下：换流变压器占总损耗的百分数为 39%～53%；晶闸管换流阀占总损耗的百分数为 32%～35%；平波电抗器占总损耗的百分数为 4%～6%；交流滤波器占总损耗的百分数为 7%～11%。可以看出，换流变压器和晶闸管换流阀的损耗在直流换流站总损耗中占绝大部分。下面简单介绍晶闸管换流阀和换流变压器的损耗计算[22]。

1）晶闸管换流阀损耗

(1) 阀通态损耗 W_1，是指负荷电流通过晶闸管产生的损耗，其计算公式为

$$W_1 = \frac{I_d^2 R}{3}\left[U_0 + R_0 I_d\left(\frac{2\pi - \mu}{2\pi}\right)\right]^n \tag{4-104}$$

式中，n 为阀中串联晶闸管的级数；U_0 为晶闸管通态压降平均值；R_0 为晶闸管通态电阻平均值；μ 为晶闸管换相角；I_d 为通过换流桥的直流电流。

(2) 电流扩散损耗 W_2，是指晶闸管开通时电流在硅片上扩散期间产生的附加通态损耗，其计算公式为

$$W_2 = nf \int_{\omega t = \alpha + 120°}^{\omega t = \alpha + 120° + \mu} \left[u_1(t) - u_2(t)\right] i(t) \mathrm{d}(\omega t) \tag{4-105}$$

式中，f 为系统频率；$u_1(t)$ 为平均晶闸管通态电压降瞬时值；$u_2(t)$ 为预计的平均晶闸管通态压降瞬时值；α 为触发角。

(3) 其他通态损耗 W_3，是指除晶闸管以外的其他元件造成的通态损耗，其计算公式为

$$W_3 = \frac{I_d^2 R}{3}\left(\frac{2\pi - \mu}{2\pi}\right) \tag{4-106}$$

式中，R 为阀两端之间的直流电阻。

(4)阀电压损耗 W_4，是指阀在不导通期间，加在阀两端的直流电压在阀的并联阻抗分量上产生的损耗。当阀处于热备用状态时，阀上的电压为换流变压器阀侧绕组的相电压 W_4'，其计算式为

$$
\begin{cases}
W_4 \propto \dfrac{U_L^2}{2\pi R_{DC}} \\[3mm]
W_4' = \dfrac{U_L^2}{3R_{DC}}
\end{cases}
\tag{4-107}
$$

(5)阻尼电阻损耗 W_5，是指阀在关断期间，加在阀两端的交流电压经阻尼电容耦合导阻尼电阻上产生的损耗。当阀处于热备用状态时，阀上电压为正弦波，其损耗 W_5' 计算式为

$$
W_5' = \frac{R_{AC} U_L^2}{3Z_{AC}^2}, \quad Z_{AC} = \sqrt{R_{AC}^2 + \left(\frac{1}{2\pi f C_{AC}}\right)^2}
\tag{4-108}
$$

(6)阀电抗器磁滞损耗 W_6，是指阀中电抗器的铁心交流磁通变化产生的损耗，其计算式为

$$
W_6 = n_L M K f
\tag{4-109}
$$

式中，n_L 为阀中电抗器的铁心数；M 为每个铁心的质量；K 为磁滞损耗特性；f 为系统频率。

(7)充放电损耗 W_7，是指在阀关断期间加在阀上的电压波形阶跃变化时，电容器储能发生变化而产生的损耗。

(8)阀关断损耗 W_8，是指阀在关断过程中，流过晶闸管的反向电流在晶闸管和阻尼电阻上产生的损耗。

2)换流变压器损耗

换流变压器的损耗分为空载损耗和负荷损耗。在热备用状态下，相当于换流变压器空载，其损耗的计算方法与普通电力变压器相同。在实际负载运行中，换流变压器的损耗主要包括铁心励磁损耗及电力负荷损耗。下面简要介绍三种典型的换流变压器负荷损耗测量方法：

(1)分别测量换流变压器在各种谐波频率下的有效电阻，分别计算通过换流变压器的各次谐波电流及损耗，最后把这些损耗分量求和即可得到负荷损耗。

(2)根据同类型的换流变压器用方法(1)进行测量的结果，推导出有效电阻与频率的关系曲线来求出其有效电阻，再计算出各次谐波的损耗。

(3)只在工频和一个高于 150Hz 的频率下测量换流变压器的负荷损耗，再由

实际测量结果推导绕组涡流损耗及其他结构的杂散损耗,最后计算出总负荷损耗。

2. 电缆系统本体的损耗计算

电缆系统本体的损耗主要包括漏热损耗、电介质损耗、液体损耗、抽吸损耗、中继辅助站和电缆终端损耗。下面简单介绍主要损耗的计算公式。

1) 漏热损耗

由于绝缘材料的非理性特性以及液氮温度(77K)和环境温度(300K)的差异 ΔT,超导直流电缆的漏热损耗可描述为

$$W_{\text{th}} = \frac{2\pi\lambda\Delta T}{\ln(D_{\text{o}} / D_{\text{i}})} \tag{4-110}$$

式中,λ 为绝热物质的热导率;D_{o} 和 D_{i} 分别是热绝缘的外径和内径。在实际电缆设计中,热绝缘层中间抽成真空,以尽可能地降低漏热损耗。

2) 电介质损耗

超导直流电缆上的电介质损耗通过液氮回路泄漏掉。

3) 液体损耗

液氮循环流动消耗的能量称为液体损耗,这部分损耗的大小依赖于液氮的流动系数,其大小可通过式(4-111)计算:

$$W_{\text{hyd}} = \frac{m\Delta p}{\gamma_{\text{LN}}} \tag{4-111}$$

式中,m 是流体质量;Δp 是流体的压力下降量;γ_{LN} 液氮密度(取为 809kg/m^3)。

4) 抽吸损耗

为了形成液氮循环回路,需要在电缆中心的液氮流通管内形成一定的压力差,这就需要外加液氮泵。在液氮循环中消耗在液氮泵上的能量定义为抽吸损耗。

5) 中继辅助站和电缆终端损耗

电缆系统两端部分称为电缆终端,它既是超导电缆和外部其他电气设备之间相互连接的端口,也是电缆冷却介质和制冷设备的连接端口。中继辅助站的基本功能有电缆连接、冷却液和真空补偿控制。电缆终端上的损耗来自终端金属引线上流过的电流。这部分损耗描述为

$$W_{\text{Lmin}} = I\left(2\rho\int_{77\text{K}}^{300\text{K}} \kappa(T)\text{d}T\right)^{0.5} \tag{4-112}$$

式中,ρ 是电流传导率;$\kappa(T)$ 是热导率。

参 考 文 献

[1] 金建勋. 高温超导体及其强电应用技术. 北京: 冶金工业出版社, 2009.

[2] Dutoit B, Sjöström M, Stavrev S. Bi(2223)Ag sheathed tape I_c and exponent n characterization and modeling under DC applied magnetic field. IEEE Transactions on Applied Superconductivity, 1999, 9(2): 809-812.

[3] Oomen M P, Nanke R, Leghissa M. Modelling and measurement of AC loss in BSCCO/Ag-tape windings. Superconductor Science and Technology, 2003, 16(3): 339-354.

[4] Grilli F, Pardo E. Computation of losses in HTS under the action of varying magnetic fields and currents. IEEE Transactions on Applied Superconductivity, 2014, 24(1): 8200433.

[5] Schönborg N, Hörnfeldt S P. Losses in a high-temperature superconductor exposed to AC and DC transport currents and magnetic fields. IEEE Transactions on Applied Superconductivity, 2001, 11(3): 4086-4090.

[6] Oomen M P. AC loss in superconducting tapes and cables. The Netherlands: University of Twente, 2000.

[7] Preisach F. Über die magnetische nachwirkung. Zeitschrift Für Physik, 1935, 94(5-6): 277-302.

[8] Naidu S R. Simulation of the hysteresis phenomenon using Preisach's theory. IEE Proceedings of Circuits, Devices and System, 1990, 137(2): 73-70.

[9] Duan N, Xu W, Wang S, et al. Hysteresis modeling of high-temperature superconductor using simplified preisach model. IEEE Transactions on Magnetics, 2015, 51(3): 1-4.

[10] Mao Y, Qiu J, Liu X Y, et al. Structural parameter optimization of multilayer conductors in HTS cable. Journal of Electronic Science and Technology of China, 2008, 6(2): 112-118.

[11] Yamaguchi S, Kawahara T, Hamabe M, et al. Experiment of 200-meter superconducting DC cable system in Chubu University. Physica C: Superconductivity and its Applications, 2011, 471(21-22): 1300-1303.

[12] Sun J, Watanabe H, Hamabe M, et al. Critical current behavior of a BSCCO tape in the stacked conductors under different current feeding mode. Physica C: Superconductivity and its Applications, 2013, 494: 297-301.

[13] Ohara H, Sun J, Hamabe M, et al. Critical current enhancement of BSCCO tapes in stacked conductors with ferromagnetic sheets. IEEE Transactions on Applied Superconductivity, 2015, 25(3): 1-4.

[14] Inoue H, Okabe S. Magnetic properties of grain oriented electrical steel in model transformer under direct current-biased magnetization. Journal of Applied Physics, 2014, 115(17): 1-4.

[15] Sun J, Watanabe H, Hamabe M, et al. Effects of HTS tape arrangements to increase critical current for the DC power cable. IEEE Transactions on Applied Superconductivity, 2013, 23(3): 5401104.

[16] Fukui S, Ogawa J, Suzuki N, et al. Numerical analysis of AC loss characteristics of multi-layer HTS cable assembled by coated conductors. IEEE Transactions on Applied Superconductivity, 2009, 19(3): 1714-1717.

[17] Rhyner J. Vector potential theory of ac losses in superconductors. Physica C: Superconductivity and its Applications, 2002, 377(1-2): 56-66.

[18] Norris W T. Calculation of hysteresis losses in hard superconductors carrying AC: Isolated conductors and edges of thin sheets. Journal of Physics. D, 1970, 3: 489-507.

[19] Li Q, Tan H, Yu X. Effect of multilayer configuration on AC losses of superconducting power transmission cables consisting of narrow coated conductors. IEEE Transactions on Applied Superconductivity, 2014, 24(5): 1-4.

[20] Li Q, Amemiya N, Takeuchi K, et al. AC loss characteristics of superconducting power transmission cables: Gap effect and J_c distribution effect. Superconductor Science & Technology, 2010, 23(11): 115003-115009.

[21] Takeuchi K, Amemiya N, Nakamura T, et al. Model for electromagnetic field analysis of superconducting power transmission cable comprising spiraled coated conductors. Superconductor Science and Technology, 2011, 24(8): 085014.

[22] 赵畹君. 高压直流输电工程技术. 北京: 中国电力出版社, 2004.

第 5 章　超导电缆系统的运行仿真分析基础原理

5.1　超导电缆系统的仿真分析

5.1.1　电路模型

高温超导电缆本体的电磁特性与设计，可以借助基于仿真平台的分析，如采用 Ansoft/Maxwell 仿真软件平台，对其电磁特性进行分析及电缆设计[1]。这里以高温超导电缆直流输电为例，从系统的角度，介绍基于高温超导电缆构建的输电系统的基本仿真分析方法。

直流输电系统线路在电路原理上可用图 5-1 所示的等效电路来简单表示。

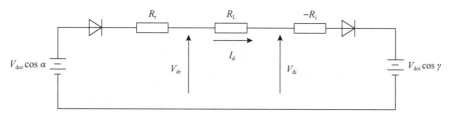

图 5-1　直流输电系统等效电路

由基尔霍夫定理可得，从整流器流向逆变器的直流电流为

$$I_{\mathrm{d}} = \frac{V_{\mathrm{dor}}\cos\alpha - V_{\mathrm{doi}}\cos\gamma}{R_{\mathrm{r}} + R_{\mathrm{L}} - R_{\mathrm{i}}} \tag{5-1}$$

整流器终端的功率为

$$P_{\mathrm{dr}} = V_{\mathrm{dr}}I_{\mathrm{d}} \tag{5-2}$$

逆变器终端的功率为

$$P_{\mathrm{di}} = V_{\mathrm{di}}I_{\mathrm{d}} = P_{\mathrm{dr}} - R_{\mathrm{L}}I_{\mathrm{d}}^2 \tag{5-3}$$

因此，直流系统可通过控制整流器和逆变器的内电势，来控制线路上任一点的直流电压、线路电流以及功率。具体来说可以从两个方面进行调节：

(1) 调节整流器的触发延迟角、逆变器的熄弧角或越前角，即调整加到换流阀控制极的触发脉冲相位。这种方式具有调节范围大、速度快的优点。

(2)调节换流器的交流电势。一般靠调节发电机励磁或改变换流变压器分接头来实现，调节速度相对较慢，是直流输电系统的辅助调节方式。

5.1.2　仿真分析

1. 仿真模型的建立

MATLAB 软件包下的 Simulink 可以仿真线性或者非线性系统，并能够构造连续时间或离散时间系统。它具有良好的用户界面，只需要从模块库中调用相应的模块进行搭建，然后修改其参数就可以完成系统的建模。作为原理介绍，避免使用较复杂的实际运行的高压直流输电系统数据，这里在建立直流输电系统数学模型以及控制方式的基础上，基于 CIGRE HVDC 模型，如基于如图 5-2(a) 和 (b) 所示 CIGRE HVDC 标准测试系统模型，利用 MATLAB/Simulink 仿真软件建立如图 5-2(c) 所示的高温超导直流输电系统仿真模型[1]。该模型的整流器和逆变器均采用 2 个 6 脉冲桥串联而成的 12 脉冲桥结构。整流侧交流源是短路容量为 5000MW 的 500kV 电力网络，频率为 60Hz；逆变侧则连接 10000MW 的 345kV 交流网络，频率为 50Hz，直流线路长 300km。换流器所需的无功功率由一组滤波器（电容器组，11 次、13 次高通滤波器）提供，整流侧和逆变侧容量各为 600Mvar。在正常运行条件下，整流器控制直流电流，逆变器控制直流电压，当整流器电压降低时，逆变器进入定电流控制模式，整流器进入定触发角控制模式，建立电压。

2. 仿真过程及分析

仿真示例分析的仿真参数设置，用 $R=0.00015\Omega/km$ 的输电线来表示电阻几乎等于零的超导输电线，用 $R=0.015\Omega/km$ 的输电线代表常规导线，设置输电线电感 $L=0.792\times10^{-3}H/km$，电容 $C=14.4\times10^{-9}F/km$。仿真的主要目的在于验证将超导技术与直流输电技术相结合的可行性，验证如果输电线电阻降低会不会引起系统的暂态失稳、故障无法恢复等一系列问题。

1)系统启动、扰动和停运实验分析

在该实验中设置直流输电系统的启动、停运采用逐渐升压、降压的方式，以避免产生过电压。仿真中设计直流参考电流 I_{dref} 从 0.02s 开始以 0.33pu/s（pu 即 per unit，代表标幺值）的斜率从零上升，直流电流 I_d 在 $t=0.58s$ 时达到给定值 2kA。当 $t=0.7s$ 时，在电流基准值 I_{dref} 上加一个 0.2pu 阶跃下降的扰动，然后在 $t=0.8s$ 消失。当 $t=1.0s$ 时，在直流参考电压上产生一个 0.1pu 的阶跃下降扰动，$t=1.1s$ 时扰动消失。系统的启动、扰动和停运的仿真结果如图 5-3 和图 5-4 所示，分别是整流侧和逆变侧的直流电压、直流电流和触发延迟角的动态响应曲线。

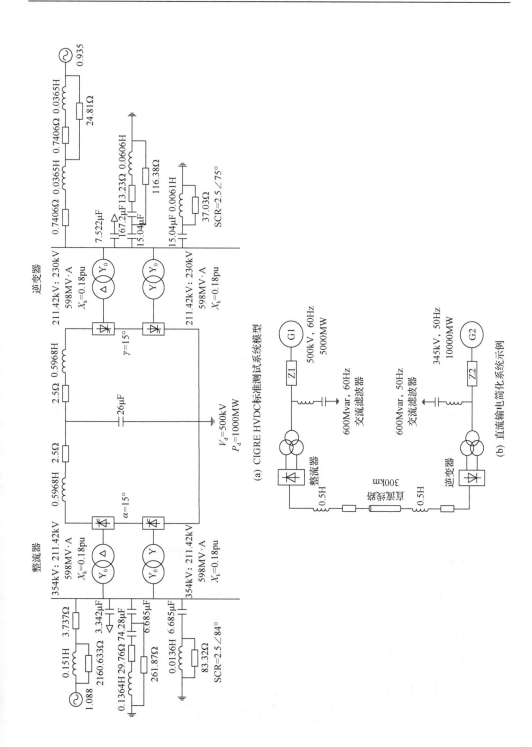

(a) CIGRE HVDC标准测试系统模型

(b) 直流输电简化系统示例

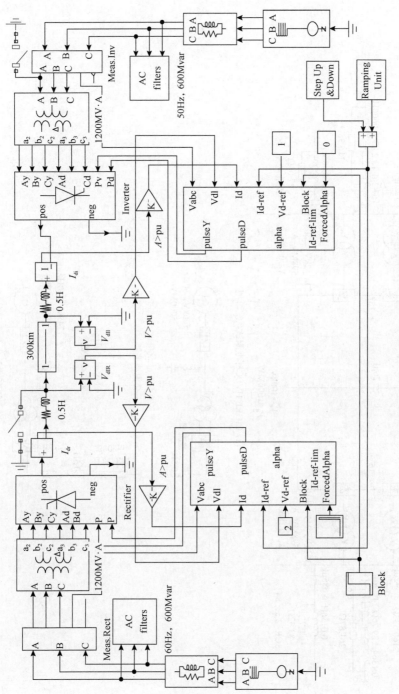

(c) 基于MATLAB/Simulink的直流输电系统仿真模型

图5-2 直流输电系统仿真模型

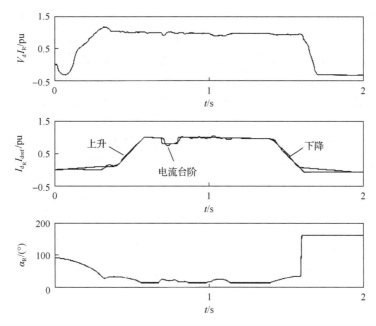

图 5-3　R=0.00015Ω/km 输电线时小扰动下整流侧的动态响应

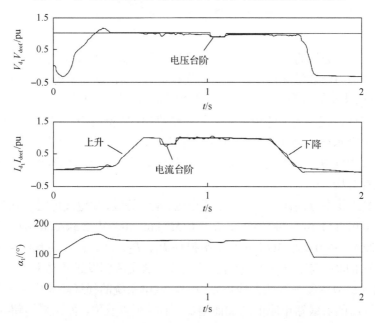

图 5-4　R=0.00015Ω/km 输电线时小扰动下逆变侧的动态响应

直流电流从 0.02s 开始启动上升，系统约在 0.58s 达到稳定状态，此时整流侧直流电压约为 1.05pu，直流电流 1pu，触发延迟角 α 约为 18.5°，可从图中求出，

整流侧换相角 μ_1 约为 11.6°。逆变侧直流电压 1pu，直流电流 0.9pu，触发延迟角 α 为 145°。可从图中求出，逆变侧的换相角 μ_2，约为 9.9°，因此逆变侧的关断越前角 γ 为 25.1°。由此可得出，稳定运行时该系统能在期望的电压电流下传送额定功率，并且能有效避免换相失败的故障。当 0.7s 时，–0.2pu 的扰动电流加在参考电流 I_{dref} 上，然后在 0.8s 消失，从图 5-4 可以看出电流实际值跟随效果好，直流电压只是在上升沿和下降沿产生微小的波动，在比例-积分(PI)调节下，触发角增大，系统受到的干扰很小，并且在扰动消失后系统很快就恢复了稳定运行状态。同样，当 t=1.0s 时，在直流参考电压上产生–0.1pu 的阶跃下降扰动，t=1.1s 时扰动消失，电压实际值也同样具有较好的跟随效果。

通过图 5-4 还可求出正常运行时的整流侧和逆变侧的换相角 μ_1 和 μ_2，以此推算出逆变侧的关断越前角的大小，并判断是否满足安全运行要求。其中 $\beta = \pi - \alpha$，$\gamma = \beta - \mu_2$，而 μ_1 和 μ_2 可通过式(5-4)和式(5-5)计算：

$$\mu_1 = \arccos\left(\cos\alpha - \frac{2X_{\mathrm{r1}}I_{\mathrm{d}}}{\sqrt{2}U_1} \right) - \alpha \tag{5-4}$$

$$\mu_2 = \arccos\left(\cos\gamma - \frac{2X_{\mathrm{r2}}I_{\mathrm{d}}}{\sqrt{2}U_2} \right) - \gamma \tag{5-5}$$

式中，U_1 和 U_2 分别为整流站和逆变站换流变压器阀侧空载线电压有效值，kV；X_{r1} 和 X_{r2} 分别为整流站和逆变站每相的换相电抗，Ω；α 为整流器的触发延迟角，(°)；γ 为逆变器的关断角，(°)；I_{d} 为直流电流平均值，A。

实验发现，在不同的输电线电阻下，仿真出的直流电压、电流、触发延迟角曲线几乎完全重合。因此，当输电线的电阻减小时，系统完全能够自动从小扰动的暂态过程中恢复到正常运行状态，启动和停运过程也能达到预设的要求。

2)损耗分析

本仿真工作中分别计算了在输电线电压、电流等级、输电线电阻分别为 400kV、2.5kA、R=0.015Ω/km，500kV、2kA、R=0.015Ω/km，400kV、2.5kA、R=0.00015Ω/km，500kV、2kA、R=0.00015Ω/km 的功率损耗 P_1、P_2、P_3、P_4、仿真结果分别对应图 5-5(a)中的②～⑤，而其中①给出的是整流器交流侧发送的功率。

从图 5-5(a)中②～⑤的曲线可以看出，输电系统的损耗随着电压等级的降低而增加，同时随着线路电阻的增加而增加，而且可以发现，如果采用超导输电线，则即使是在低的电压等级下的输电损耗 P_3，仍低于常规导线在较高的电压等级下的损耗 P_1。但由于输电线电阻减小，阻尼不足，故而产生一定的振荡，如图 5-5(a)中的①所示。从图中可以明显看出，即使采用低压直流网路，高温超导输电带来

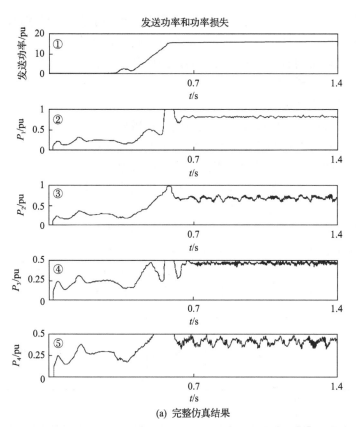

(a) 完整仿真结果

①代表整流器交流侧发出的功率；②代表400kV、2.5kA、$R=0.015\Omega/km$传输线条件下的功率损耗P_1；③代表500kV、2kA、$R=0.015\Omega/km$传输线条件下的功率损耗P_2；④代表400kV、2.5kA、$R=0.00015\Omega/km$传输线条件下的功率损耗P_3；⑤代表500kV、2kA、$R=0.00015\Omega/km$输电线条件下的功率损耗P_4

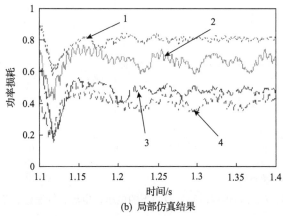

(b) 局部仿真结果

1代表400kV, 2.5kA, $R=0.015\Omega/km$；2代表500kV, 2kA, $R=0.015\Omega/km$；3代表400kV, 2.5kA, $R=0.00015\Omega/km$；4代表500kV, 2kA, $R=0.00015\Omega/km$

图 5-5　不同输电线电阻、电压等级下的功率损耗

的输电损耗也要比普通输电要小得多，其中图中波形的前面部分分别对应启动过程和阶跃电流电压。仿真过程中的功率是通过分别测试输电端交流系统的有功功率和接收端交流系统的有功功率而得到的，因此其中包含了变压器、滤波器、变流器等部分的功率损耗。图中的功率损耗为标幺值，功率基准值选择为 100MW。

3）整流侧直流线路接地故障

直流输电系统中，直流线路上的故障大多是极对地故障，只有出现相当大的物理性破坏时才有可能使两个极导体碰到一起发生极对极故障。因此，这里仿真的是常见故障，即直流线路对地故障，也称为极对地故障。设计在 t=0.7s 时整流侧平波电抗器后的正极直流输电线路某点发生接地故障，持续 0.1s 后于 t=0.8s 自动消失。强制性 α 保护功能受故障影响在 0.7s 时启动，0.8s 停止作用，这样可以防止系统发生换相失败。同时依赖于电压的电流指令限制保护也在故障发生后迅速作用，从而可在电压幅值严重下降时，强制性地降低直流电流，使逆变器从换相失败中恢复过来。当直流输电系统发生直流线路对地故障时，整流侧和逆变侧的直流电压、直流电流以及触发延迟角的动态响应如图 5-6 所示。

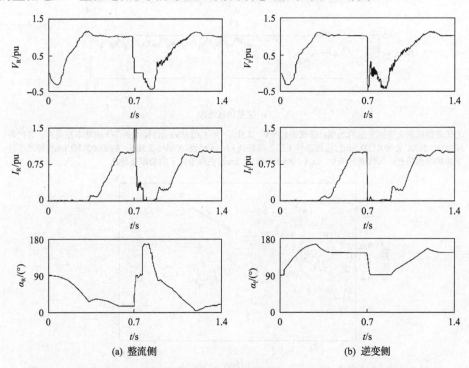

(a) 整流侧　　　　　　　　　　　　(b) 逆变侧

图 5-6　R=0.00015Ω/km 输电线时直流故障下的电压、电流、触发延迟角变化情况

从仿真结果中可以看到，t=0.7s 以前，系统处于稳定运行状态，t=0.7s 时在整流侧平波电抗器后的正极直流输电线路某点发生接地故障，整流侧发生以下变化：

由于直流线路上发生对地故障，因此直流电压瞬时值降至零并在故障期间保持。在直流电压严重下降变为负值时，控制器立即动作，将整流侧电流参考值降为0.1pu。由于线路上存在电感，直流电流不能立即降为零，而是受到电缆电容放电效应作用在较短的时间内上升到 2.2pu 再降到零。强制 α 保护收到的输入信号为高电平，在 $t=0.77$s 时，它使触发延迟角增至 170°，此时整流侧处于逆变运行状态，直流电压变为负电压，这样就可以为建立换流端电压的正确极性而清除故障，并将储存在线路中的能量返回交流网络，使故障电流在下一个过零点快速熄灭。约在 $t=0.84$s 故障消失时强制 α 保护释放角 α ，整流侧直流电压和直流电流约在 $t=1.1$s 后恢复正常值。

故障期间逆变侧发生以下变化：由于故障不是发生在逆变侧，所以逆变侧的直流电压不是立即降为零，而是经过一个短暂的振荡后衰减为零，受整流器电流控制的作用，逆变侧的电流变得比电流控制器参考整定值还小，因此逆变器的控制方式从定电压控制转为定电流控制，这使得逆变器电压持续降低直至转换为负电压。在直流电压严重下降的故障情况下，控制器立即动作，将逆变侧的电流参考值也减为 0.1pu，以防止出现换相失败。受故障影响，直流电流也降为零。这时直流网络将其全部能量都释放到交流系统中。仿真结果说明，超导技术引入，不会影响直流线路接地故障的控制和恢复。

4) 逆变侧交流线路单相接地故障

与直流输电系统相关的交流系统是与换流站母线相连的两侧交流系统和换流站内的交流部分。分析中设计在 $t=0.7$s 时刻逆变侧 A 相线路上发生接地故障，故障持续 0.1s 后于 0.8s 自动消失。设置直流线路为 $R=0.00015\Omega$/km 超导输电线，直流电压、电流及触发延迟角的动态响应如图 5-7 所示。

从仿真结果分析可知，$t=0.7$s 以前，系统处于稳定运行状态，$t=0.7$s 时逆变侧交流线路 A 相发生接地故障，逆变器交流侧相对地短路，通过和换流站接地网及直流接地极，到达直流中性端，形成相应的阀短路，使逆变器发生换相失败。在故障初期，直流电流增加。由于接地故障导致换流站母线电压下降，使得换相电压下降。从图 5-7 中的 α_1 可以看出，为保证足够的判断角，触发角在关断角调节器作用下被立即减小到135°左右，在失去一相换相电压时，通过减小触发角，增大关断角，使整流器以正常的顺序换相，不会再发生换相失败。此时，逆变器输出的直流电压、电流平均值都低于正常值，导致整流侧直流电压、电流跟着下降。同时触发间隔不等，导致直流电压和电流出现谐波，而直流线路两端没有装设滤波装置，使故障期间直流线路电压、电流有很大谐波分量。$t=0.8$s 故障消失后，逆变侧直流电压和直流电流约在 $t=1$s 时恢复正常运行，整流侧直流电压和直流电流约在 $t=0.9$s 时恢复正常运行。由此可见，对于交流系统的故障，直流系统的响应要快得多。仿真结果说明，超导技术引入不会影响单相交流接地故障的控制和恢复。

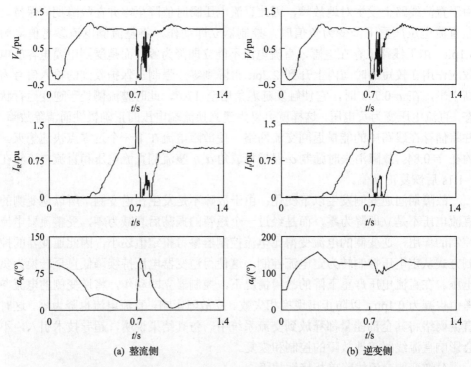

图 5-7　$R=0.00015\Omega/\text{km}$ 输电线时交流故障下的直流电压、电流、触发延迟角的变化情况

5) 频率特性分析

直流输电系统的换流装置采用的是两个 6 脉波换流桥串联构成的 12 脉波换流桥。因此，在换流桥的交流侧将产生 $12n\pm1$ 次电流特征谐波，在直流侧则产生 $12n$ 次电压特征谐波，由于各种各样的不对称，如不等间隔的触发脉冲、母线电压不对称和相间换相电抗的不对称，以及变压器励磁电流还将产生少量额外的非特征谐波。换流站交流侧的谐波电流进入交流系统后，将在系统中产生谐波电压、电流分布，使电压波形发生畸变并造成不良影响和危害，还可能通过换流器对直流系统进行渗透。换流站直流侧的谐波电压将在直流线路上产生谐波电压、电流分布，不但会使邻近的通信线路受到干扰，而且会使超导电缆产生额外的交流损耗，导致失超现象的发生，还会通过换流器对交流系统进行渗透。为了抑制谐波，必须辅以滤波装置。

系统的频率特性是滤波器设计的依据，在 MATLAB/Simulink 的模块库中包含阻抗测量模块，仿真过程中，只需将阻抗测量模块串接在待测点和地之间即可，仿真过程分别测量了直流系统、整流侧交流系统、逆变侧交流系统的阻抗特性，其幅值-频率特性分别如图 5-8(a)～(c)所示。

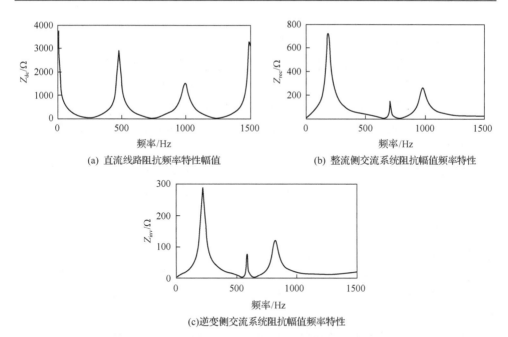

(a) 直流线路阻抗频率特性幅值　　　　　(b) 整流侧交流系统阻抗幅值频率特性

(c)逆变侧交流系统阻抗幅值频率特性

图 5-8　$R=0.00015\Omega/km$ 输电线时交直流阻抗频率特性

直流线路本身具有纵向阻抗和对地电容，对直流谐波有一定的限制作用，直流电缆除本身的屏蔽作用外，由于对地电容较大，对谐波有较大的限制作用；串接在主电流回路上的大电感，对谐波电流具有很好的抑制作用。因此，直流线路和电缆的设计主要考虑有效输送功率等问题，而不需要专门为满足滤波器要求而改变设计。从图 5-8(a)可以看到，在频率约为 245Hz 处，直流系统的平波电抗器、线路电感、电容等构成的等效滤波器对某种模式的干扰发生串联谐振，从而导致对该频率干扰信号的阻抗幅值为零。

从图 5-8(b)和(c)可以看出，由于无源滤波器与交流系统并联，作为交流系统谐波的旁路通道，并调谐在 11 次、13 次特征谐波频率上，故整流端交流系统在频率为 660MHz 及 780MHz 处，发生串联谐振，对应图 5-8(b)中阻抗幅值为零。系统处于串联谐振状态，交流阻抗为零。同理，逆变侧交流系统在频率为 550MHz 和 650MHz 处发生串联谐振，对应图 5-8(c)中阻抗幅值为零。

实际上，直流输电线上的电阻对整个直流输电线的阻抗没有太多的影响。因为相对输电线的电抗，电阻值只占其中很小的一部分，尤其对超导直流输电(仿真中用 $R=0.00015\Omega/km$ 输电线表示)，线路电阻几乎可以不考虑。此时，线路电阻对阻抗值的影响更小，所以线路的阻抗主要取决于线路的电感和电容。输电线路电阻的降低，更不会对交流侧的阻抗特性产生任何影响。因此，超导直流输电不会对系统的频率特性产生影响，但是可能会因为阻尼不足，在低频时发生浪涌现象。实际超导电缆中的电感、电容和常规电缆尤其是常规导线是有一定差距的。通过仿真分析，可以得到以下几点结论。

(1)采用超导直流输电，即当输电线的电阻减小时，系统完全能够自动从小扰动的暂态过程中恢复到正常运行状态，启动和停运过程也能达到预设的要求。

(2)高温超导直流输电的最大优势在于降低输电线路上的功率损耗，当采用超导输电线时，即使采用低压输电，高温超导输电带来的输电损耗也要比普通输电要小得多。

(3)和普通高压直流输电系统一样，高温超导直流输电系统发生交流系统或直流系统故障时，交流系统与直流系统之间的相互作用及其对整个交直流系统安全稳定性的影响，是备受关注的问题。当交流系统发生故障时，需要关注该故障会不会引起换相失败，换相失败后需要多长时间才能恢复，换相失败的冲击会不会引起交流系统暂态失稳，对交流和直流系统应采取怎样的控制措施才能最大限度地使系统保持稳定；而当直流输电系统发生故障时，需要关注交流系统能否保持稳定，交流系统和其他直流输电线路应采取怎样的控制措施才能最大限度地使系统保持稳定。

(4)为了充分理解交直流系统之间的相互作用特性，有必要对直流输电系统在各种故障方式下的典型响应特性进行研究。不同的控制器以及不同的故障方式都会影响系统的暂态响应特性。良好的控制器设计可以使直流输电系统在交流系统故障时快速而平稳地恢复，并有可能对交流系统的稳定性提供支持。

(5)系统频率特性是直流输电系统滤波器设计的基础，输电线电阻对交流系统的频率特性没有影响；而直流线路电阻相对于电抗部分的比重不大，因此直流线路频率特性主要由输电线电感和电容决定。因此，输电线电阻对直流线路阻抗频率特性也几乎没有影响。由于在仿真参数设置中，采用 $R=0.00015\Omega/km$ 输电线来代表超导输电线，其他参数如电感、电容按常规电缆设置，而实际高温超导电缆的电感、电容与常规电缆有一定的差异。

5.2　基于电网标准的仿真分析

实现电网的大区域互联从而提高整个电网的供电可靠性和电力系统的稳定性是当前电力系统发展的趋势，大型电力网络的互联形成了国家级甚至国际电力网络。直流输电由于其较好的可控性、互联异步电网的能力和快速的反应能力正逐渐成为区域电网互联的方案。在中国"西电东送"的总体需求牵引下，已经建成投运多条大容量远距离直流输电线路。尽管直流输电已经在电力系统中得到广泛应用，但与交流输电相比，比例还比较少，主要集中在长距离输电(如 500km 以上)和连接异步系统之间的输电系统。

　　超导输电与传统电缆或架空线输电相比，不但可以降低线损，还可以在较低的电压情况下提供更大容量的输电能力，从而简化换流设备和降低绝缘要求。由于趋肤效应，超导电缆应用于交流输电系统带来的效益大打折扣，而超导直流输电则不存在这种交流损耗[2]。与引入传统直流输电有类似的结论，只有在输电距离超过一定长度时，引入超导输电才能带来显著的效益。直流输电与交流输电相比，其效益不只是通过降低损耗带来的，还有输电走廊或路权的减小而带来的，采用超导输电后由于超导输电线尺寸进一步减小，势必进一步减小输电走廊。

　　超导直流输电方面的研究开展了几十年，但仍然未能走向实用，很大程度上是由于昂贵而复杂的冷却系统阻碍了其发展。随着高温超导技术的发展，可以采用价格较低廉的液氮来冷却，冷却方面的运行费用及系统复杂程度大大降低。因此，这一领域的研究又重新活跃起来，研究人员在高温超导电缆的设计和建立高温超导输电网络方面开展了大量的研究。超导直流输电是在不增加电力电压等级的情况下满足目前电力需求持续增长的解决方案。

　　超导输电最大的优点在于其输电线电阻的下降而降低输电损耗，这样甚至可以建造低压直流输电网络，而最大的不足在于其随着输电线电阻的下降而对系统的阻尼不足。本节将介绍一种基于电网标准的仿真实例，探讨高温超导输电系统的稳态和动态性能。

　　如图 5-9 所示，该高温超导直流输电系统采用 12 脉波换流系统，分别由三绕组变压器的星形和三角形绕组提供电流。其送电额定容量 1000MW（500kV，2kA），输送距离 1360km。两边交流系统简化为两个具有内电抗的机组系统。同时，交流侧配置了相应容量的滤波器，直流输电两端也配置了平波电抗器。与传统的高压直流输电系统相比，该系统将之前的架空线或电缆改为高温超导输电线。电缆的中心为绝缘材料形成的液氮通道，超导薄膜缠绕在该管道外面，外部由绝缘材料提供支撑和保持绝热的作用。冷却系统可以配置在换流站，液氮在电缆中只向一个方向流动，当一端液氮储存库超过一定容量时，液氮向反方向流动[2]。

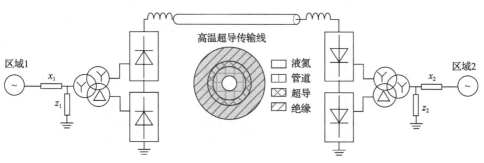

图 5-9　高温超导直流输电模型

这里利用 CIGRE 模型讨论高压直流电缆输电的情况。在此模型的配置中，采用单回线以大地作为回路或双回线方式，其单位长度电感和电容可按式(5-6)和式(5-7)来近似计算：

$$L = \frac{\mu_0}{4\pi} + \frac{\mu_0}{\pi} \ln \frac{D}{a} \tag{5-6}$$

$$C = \frac{\pi \varepsilon_0}{\ln \dfrac{D}{a}} \tag{5-7}$$

式中，a 为超导导体的半径；D 为超导导体与其回线之间的距离或单回架空线对地距离的 2 倍。对于为了比较目的进行的估算，可以考虑其与普通架空线类似，而超导导体直径按普通架空线的 1/2～1/4 计算，即 $\ln(D/a) = 0.693 \sim 1.386$。下面将在此模型的基础上讨论该系统的稳态性能和动态性能。

5.2.1 稳态性能分析

本节主要对高温超导输电系统的电阻和电压等级对输电性能的影响和频率特性进行仿真研究。

1. 输电线电阻对输电的影响

图 5-10 是基于 CIGRE 标准的模型在输送 1GW 电能时系统发送端和接收端的功率情况，前面部分对应斜坡电流启动控制。图中的数值是测量交流系统的有功功率得到的，因此包括变压器损耗。图 5-11 是高温超导直流输电和 CIGRE 模型

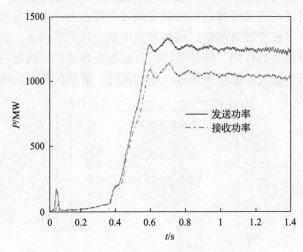

图 5-10　CIGRE 标准模型输送功率情况

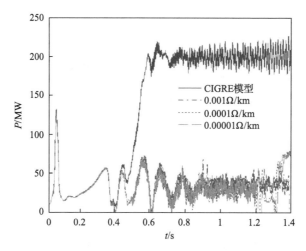

图 5-11　输电线电阻对功率损耗的影响

输电损耗的比较。高温超导电缆的电阻率受其载流的影响会产生偏差,平均可以达到 0.0001Ω/km。因此,本节分别采用 0.001Ω/km、0.0001Ω/km 和 0.00001Ω/km 进行仿真。可以看出,输电损耗大大降低,但由于阻尼的降低,功率的波动较大,需要设计一个合适的控制系统来稳定系统的性能。

2. 电压等级对输电性能的影响

本节计算的有功损耗包括变压器损耗,因此计算结果数值偏大。实际上,计算输电损耗可以采用如图 5-12 所示的简化电路来计算。采用该简化模型对不同电压等级下的输电损耗进行计算,结果如图 5-13 所示。这一结果对于建立低压直流输电网络的可行性研究非常重要。从图中可以看出,即使采用低压直流网络,高温超导输电带来的输电损耗也要比普通输电小得多。然而,随着电压的降低,损耗逐渐增大。同时,随着传输电流的增大,对换流设备的要求增高,超导电缆也需要相应增大。实际上,采用较高的电压和较小的电流可能得到更好的结果。因此,需要综合高温超导的增加造价、换流设备的增加造价、损耗的增加造价与高压绝缘的节省造价进行评估,得到最优的电压等级。

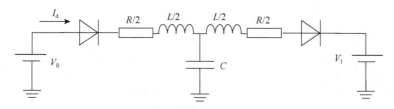

图 5-12　计算输电损耗简化模型

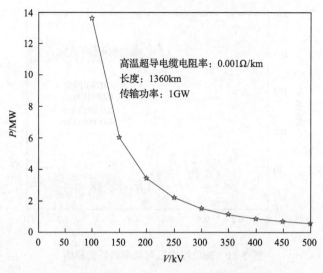

图 5-13　电压等级对高温超导直流输电性能的影响

3. 输电线电阻对频率特性的影响

系统频率特性是直流输电系统滤波器设计的基础，图 5-14 是不同输电线电阻情况下直流侧的频率特性比较。可以看出，输电线电阻对于频率特性没有太大的影响，主要原因是电阻相对于电感部分的阻抗比例不大，因此直流侧频率特性主要由输电线电感和电容决定，因而当电阻减小时谐振点的幅值甚至增大。

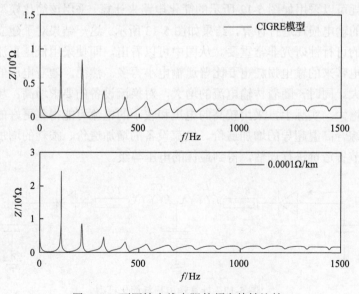

图 5-14　不同输电线电阻的频率特性比较

5.2.2　动态性能分析

本节主要通过建立直流输电的小信号模型来研究系统的阻尼和动态响应。

1. 系统小信号模型

这里采用如图 5-15 所示的小信号模型研究系统的动态性能。为了简化分析，将直流传输线采用 T 形等值电路来代替，而两端的交流系统分别采用两个等值机组来代替。因此，直流传输线的模型可以采用式(5-8)来表达：

$$
\begin{cases}
L_{dc}\dfrac{di_{dr}}{dt} = V_d - V_c - R_{dc}i_{dr} \\[2mm]
C\dfrac{dV_c}{dt} = i_{dr} - i_{di} \\[2mm]
L_{dc}\dfrac{di_{di}}{dt} = V_c - V_i - R_{dc}i_{di}
\end{cases}
\tag{5-8}
$$

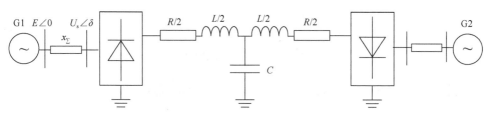

图 5-15　直流输电小信号模型

两端的机组可以采用简化的二阶模型，即

$$
\begin{cases}
M\dfrac{d^2\delta}{dt^2} = P_m - P_e - D\omega \\[2mm]
P_e = \dfrac{E_1 U_s}{x_\Sigma}\sin\delta
\end{cases}
\tag{5-9}
$$

通常情况下，对于换流器的动态模型，逆变侧采用定熄弧角控制，整流侧采用定电流控制，控制器通常采用 PI 控制策略，如图 5-16 所示。因此，整流侧动态模型为

$$
\begin{cases}
\dfrac{dx_r}{dt} = KI_r(I_{dref} - I_d) \\[2mm]
\alpha = \alpha_{ref} - KP_r[(I_{dref} - I_d) + x_r]
\end{cases}
\tag{5-10}
$$

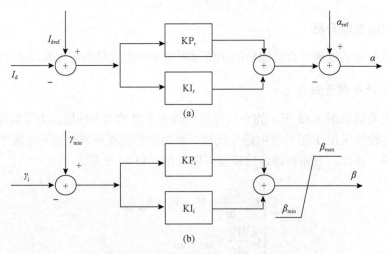

图 5-16　换流器动态模型

逆变侧动态模型为

$$\begin{cases} \dfrac{\mathrm{d}x_i}{\mathrm{d}t} = \mathrm{KI}_i(\gamma_{\min} - \gamma_i) \\ \beta_i = \mathrm{KP}_i(\gamma_{\min} - \gamma_i) + x_i \end{cases} \tag{5-11}$$

此外，还需要在换流器处加入整流器和逆变器的代数方程：

$$V_d = 2(V_{do}\cos\alpha - R_c i_{dr}) \tag{5-12}$$

$$V_i = 2(V_{do}\cos\beta + R_c i_{di}) \tag{5-13}$$

上述公式中，V_d、V_i 和 V_c 分别为整流器、逆变器和中间电容的电压；i_{dr} 和 i_{di} 分别为整流侧和逆变侧电流；$L_{dc} = L/2$，$R_{dc} = R/2$；P_m 和 P_e 分别为等值系统的机械功率和电磁功率；δ 和 ω 分别为等值系统的相角和频率；M 和 D 分别为等值系统的等值转动惯量和等值阻尼系数；I_{dref} 和 α_{ref} 为对应的电流和触发角的参考输入；KI_r、KP_r、KI_i、KP_i 分别对应整流侧和逆变侧的 PI 控制的积分系数和比例系数；x_r、x_i 为中间变量；$R_c = \dfrac{3}{\pi}x_\Sigma$ 为换流电阻。

2. 动态性能分析

根据图 5-16 所示的模型，整个系统的动态方程为

$$\dot{X} = \begin{bmatrix}
\dfrac{2\frac{\pi}{180}V_{dor}\sin\alpha KP_r - 2R_c - R_{dc}}{L_{dc}} & \dfrac{-1}{L_{dc}} & 0 & 0 & 0 & \dfrac{2V_{dor}\sin\alpha KP_r}{L_{dc}}\dfrac{\pi}{180} & 0 & 0 & 0 \\[2mm]
\dfrac{1}{C} & 0 & \dfrac{-1}{C} & 0 & 0 & 0 & 0 & 0 & 0 \\[2mm]
0 & \dfrac{1}{L_{dc}} & \dfrac{-2R_c - R_{dc}}{L_{dc}} & 0 & 0 & 0 & \dfrac{2V_{doi}\sin\beta}{L_{dc}(1+KP_i)}\dfrac{\pi}{180} & 0 & 0 \\[2mm]
0 & 0 & 0 & 0 & 1 & 0 & 0 & 0 & 0 \\[2mm]
0 & 0 & 0 & -\dfrac{E_{1r}U_{sr}}{M_r x_{\sum r}}\cos\delta_r & \dfrac{-D_r}{M_r} & 0 & 0 & 0 & 0 \\[2mm]
KI_r & 0 & 0 & 0 & 0 & 0 & 0 & 0 & 0 \\[2mm]
0 & 0 & 0 & 0 & 0 & 0 & \dfrac{-KI_i}{1+KP_i} & 0 & 0 \\[2mm]
0 & 0 & 0 & 0 & 0 & 0 & 0 & 0 & 1 \\[2mm]
0 & 0 & 0 & 0 & 0 & 0 & 0 & -\dfrac{E_{1i}U_{si}}{M_i x_{\sum i}}\cos\delta_i & \dfrac{-D_i}{M_i}
\end{bmatrix} X + \begin{bmatrix}
0 & 0 \\
0 & 0 \\
0 & 0 \\
0 & 0 \\
\dfrac{1}{M_r} & 0 \\
0 & 0 \\
0 & 0 \\
0 & 0 \\
0 & \dfrac{1}{M_i}
\end{bmatrix}\begin{bmatrix}\Delta P_{mr}\\\Delta P_{mi}\end{bmatrix}$$

(5-14)

式中，所有带 r 下标的表示整流侧参数；带 i 下标的表示逆变侧参数。

交流侧以变压器母线电压、容量 1000MW 为基准，直流侧以 500kV 和容量 1000MW 为基准，对系统的阻尼进行仿真分析。取 $x_{\sum}$=0.4（对应可控硅整流器的直流换流站短路比 SCR=2.5），两边系统 M=3.5pu，D=1.53pu，直流侧 KP_r=45°/pu，KI_r=4500°/(pu·s)，KP_i=1°/pu，KI_i=25°/(pu·s)。在这种情况下对比了系统特征值的变化情况，结果如图 5-17 所示。可以看出，当输电线电阻减小时，系统的特征根明显向右移动，甚至出现正特征根情况。从式 (5-14) 可以看出，如果采用简化二阶模型来研究系统的动态性能,对交流系统的控制将不会改变直流系统的阻尼,需要对直流系统的控制进行改进才能使阻尼得到改善。

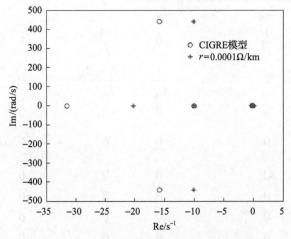

图 5-17   输电线电阻对系统特征值的影响

3. 数值仿真结果

对这里配置的模型在 MATLAB/Simulink 下进行仿真,图 5-18 为采用高温超导和 CIGRE 模型参数两种情况下系统对控制信号一阶跃输入的动态响应。可以看出,当输电线电阻下降后,系统出现低频振荡。

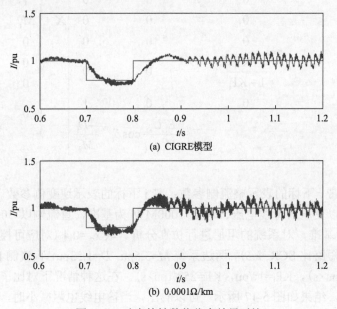

图 5-18   动态特性数值仿真结果对比

5.3　超导电缆的故障运行仿真

5.3.1　热分析模型

1) 电缆结构

典型的 110kV 冷绝缘超导电缆本体主要由骨架、导体层、电绝缘层、屏蔽层等部分组成。骨架由铜绞线组成，导体层和屏蔽层全部由 YBCO 带材绕制而成。表 5-1 给出了超导电缆的核心技术参数[3,4]。

表 5-1　超导电缆核心技术参数

参数	取值
电缆长度/km	1
铜骨架外半径/mm	13
正常运行温度/K	66～70
额定电压/kV	110
额定电流/A	3000
临界电流/A	3800
导体层层数	4
导体层各层外半径/mm	14.4, 14.8, 15.2, 15.6
屏蔽层层数	2
屏蔽层各层外半径/mm	29.7, 30.1
主绝缘外半径/mm	28.9

2) 故障电流的分流

故障电流下，为建立电缆温升与时间关系的计算模型，应当明确故障电流的分流情况。

正常运行时，电流主要流过高温超导带材的超导层。在故障电流下，超导层失超，电阻率迅速增大，故障电流分流到铜骨架和高温超导带材的铜稳定层及基层。失超后的电流分流电路模型如图 5-19 所示。

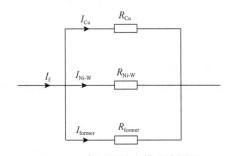

图 5-19　高温超导电缆分流图示

图 5-19 中，I_f 为故障电流；I_{former} 为流过铜骨架的电流；R_{former} 为铜骨架电阻；I_{Ni-W} 和 I_{Cu} 分别为流过带材镍钨基层和铜稳定层的电流；R_{Ni-W} 和 R_{Cu} 为带材镍钨基层和铜稳定层的电阻。

由图 5-19 中的电路模型可以计算出电流的分流比。表 5-2 给出了不同温度下超导带材的镍钨基层和铜稳定层中的电流之和与故障电流的比值 ($r = (I_{Ni-W} + I_{Cu}) / I_f$)。

表 5-2　不同温度下的比值

温度	66K	67K	68K	69K	70K
比值	0.0139	0.0138	0.0136	0.0134	0.0133

由表 5-2 中数据可知，故障电流下失超时，带材中流过的电流占故障电流的比值很小，可以认为故障电流主要流过铜骨架。

3) 模型的建立

故障电流下，超导电缆失超，主要热源是铜骨架，因此这里重点分析铜骨架的温升情况。为方便建模，做如下假设：①电缆失超时，故障电流全部流过铜骨架。②计算模型为绝热模型。由于短路电流持续时间一般较短，可以忽略液氮与铜骨架之间的热交换。绝热模型下计算出的温度值略高于实际值，这对电缆的保护是有利的。③铜骨架长度方向上各个位置处的初始温度为该位置处的液氮温度。液氮温度沿骨架长度方向线性变化，进口处温度为 66K，出口处温度为 70K。④不考虑骨架沿长度方向的热传导。骨架在 1km 长的距离上只有 4K 的温差，且故障电流持续时间较短，可以忽略骨架沿长度方向的热传导。

单位长度铜骨架在故障电流持续 dt 时间段内产生的焦耳热为

$$Q_J = \frac{\rho_{Cu} i^2}{A_f} dt \tag{5-15}$$

式中，ρ_{Cu} 为铜骨架的电阻率；A_f 为铜骨架的横截面面积；i 为故障电流。

单位长度铜骨架的温度升高 dT 需吸收的热量为

$$Q_{in} = d_{Cu} A_f c_{Cu} dT \tag{5-16}$$

式中，d_{Cu} 为铜的密度；c_{Cu} 为铜的比热容。

考虑到计算模型为绝热模型，铜骨架产生的焦耳热全部被其本身吸收，于是有

$$Q_J = Q_{in} \tag{5-17}$$

将式(5-15)和式(5-16)代入式(5-17)，可得到热平衡方程为

$$\frac{\mathrm{d}T}{\mathrm{d}t} = \frac{\rho_{\mathrm{Cu}}i^2}{A_{\mathrm{f}}(d_{\mathrm{Cu}}A_{\mathrm{f}}c_{\mathrm{Cu}})} \tag{5-18}$$

式(5-18)的初始条件为

$$T_{\mathrm{initial}} = 0.004x + 66 \tag{5-19}$$

式中，x 是电缆长度方向上的坐标，m。

5.3.2　性能仿真分析

Euler 两步格式相比于单步格式精度更高，这里取 Euler 两步格式对式(5-18)进行迭代求解。Euler 两步格式如式(5-20)所示：

$$T_{n+1} = T_{n-1} + 2hf(T_n) \tag{5-20}$$

式(5-18)中的部分参数见表 5-3。当故障电流分别为 15kA、25kA、35kA 和 40kA 时，通过式(5-20)中的迭代公式对式(5-18)求解，结果如图 5-20 所示。

表 5-3　仿真分析参数

参数	取值
d_{Cu}	8920kg/m³
ρ_{Cu}	$10^{-9} \times (0.0003T^2 + 0.0207T + 0.4142)\Omega \cdot \mathrm{m}$
c_{Cu}	$(-0.0250T^2 + 6.9928T - 195.9474)\mathrm{J}/(\mathrm{kg} \cdot \mathrm{K})$

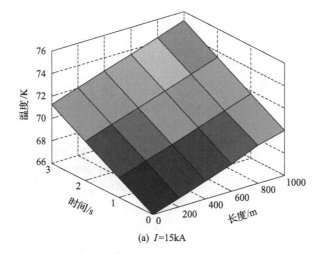

(a) I=15kA

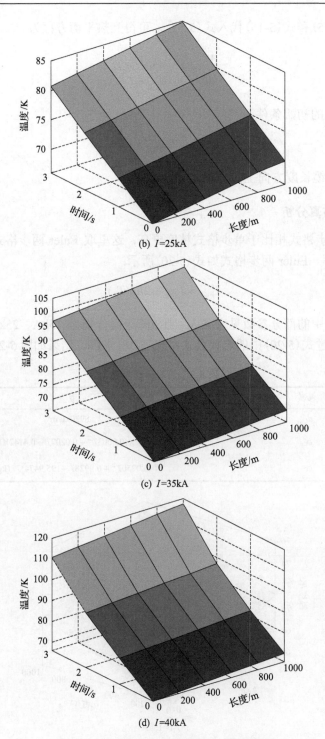

图 5-20　不同故障电流下温度与时间的关系

图 5-20 中，y 轴为时间，x 轴为电缆的长度，$x=0m$ 是液氮的入口处，$x=1000m$ 是液氮的出口处。由图可知，相同位置处，故障电流越大，电缆铜骨架的温升速度越快；相同时间内，越靠近液氮出口处，骨架温度越高。

在故障电流下运行时，温度越高，对超导电缆的威胁越大，所以应当重点关注电缆温升最高的位置，即液氮的出口处。表 5-4 给出了不同故障电流持续时间分别为 1s 和 3s 时，铜骨架在液氮出口处的温度值。

表 5-4　故障电流下的温度值

故障电流/kA	1s 后的温度值/K	3s 后的温度值/K
15	71.817	75.442
25	75.039	85.188
35	79.878	101.117
40	82.928	113.728

由表 5-4 中的数据可知，当故障电流为 15kA、持续时间为 3s 时，铜骨架在液氮出口处的温度从 70K 上升到 75.442K，这一温度值不会影响高温超导电缆的导体层，也不会造成液氮的挥发；当故障电流为 25kA、持续时间为 1s 时，铜骨架在液氮的出口处的温度从 70K 上升到 75.039K，这一温度值对电缆也是安全的。因此，该电缆可以在 1s 内承受 25kA 的故障电流[5]。

当 25kA 的故障电流持续 3s 时，铜骨架在液氮出口处的温度从 70K 上升到 85.188K；故障电流分别为 35kA 和 40kA 时，铜骨架在液氮出口处的温度会在 1s 之内超过 77K，分别达到 79.878K 和 82.928K。液氮超过 77K 后便开始挥发。由于故障电流一般持续时间较短，当铜骨架温度超过 77K 时，并不会造成液氮的大量挥发，但在温度较高的位置会产生气泡，影响电缆的绝缘性能。增大骨架的半径可以减小其产生的焦耳热，从而减小温度的上升速度。因此，为增大超导电缆对故障电流的承受能力，应适当增加铜骨架的半径。

由以上分析可知，不同等级的故障电流对电缆的影响程度不同。为进一步明确故障电流的大小对电缆温升的影响，可计算 20～40kA 的故障电流下电缆铜骨架在液氮出口位置处（始温度为 70K），温度上升到任意值需要的时间，其结果如图 5-21 所示。

由图 5-21 可知，故障电流越大，电缆铜骨架在液氮出口处的温度上升到某一值所需时间越短；相同故障电流下，上升温度越高，所需时间越长。表 5-5 给出了不同故障电流下电缆铜骨架在液氮出口位置处的温度值从 70K 上升到 77K 需要的时间。

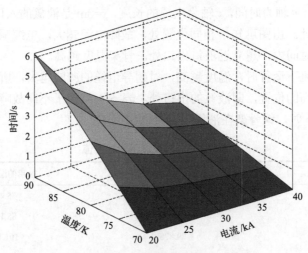

图 5-21　时间计算结果

表 5-5　温度上升到 77K 时所需时间

故障电流/kA	20	25	35	40
时间/s	2.171	1.389	0.709	0.543

　　超导电缆在不同故障电流下失超时的温升时间为进一步研究电缆的保护策略提供了参考数据。由表 5-5 中数据可知，故障电流为 20kA 时，电缆铜骨架在液氮出口位置处的温度值从 70K 上升到 77K 需要的时间为 2.171s；电流为 40kA 时，电缆铜骨架在液氮出口位置处的温度值从 70K 上升到 77K 只需要 0.543s 的时间。铜骨架温度超过 77K 时会影响到电缆的安全运行，而故障电流一般持续时间较短，如果铜骨架温度上升到 77K 之前，故障电流已经消失，则没必要切除电缆。可靠而合理的保护策略既要保证电缆的安全运行又要避免频繁地切除电缆。因此，对于较小的故障电流，应根据温度上升时间，延迟对电缆的保护动作。

　　通过以上仿真分析，可以得到如下结论：

　　(1)对 110kV 冷绝缘高温超导电缆在故障电流下的分流情况进行了分析与计算，结果表明，故障电流主要流过铜骨架，以此为依据，建立了故障电流下电缆铜骨架温升与时间关系的计算模型。

　　(2)对计算模型进行求解并分析计算结果，得出结论，该电缆可以在 1s 内承受 25kA 的短路电流。若要进一步增大超导电缆对故障电流的承受能力，可以适当增加铜骨架的半径。

　　(3)计算出不同故障电流下，电缆铜骨架在液氮出口处温度上升到任意值需要的时间，进一步明确了故障电流的大小对电缆温升的影响，为电缆保护策略的研究提供了参考数据。

5.4　自触发限流型超导电缆的故障运行仿真

5.4.1　超导限流电缆

基于超导特性，并从超导电力设备的多功能和系统协调的角度出发，出现了一种"高温超导故障限流电缆"（superconducting fault current limiting cable，SFCLC）技术方案[6,7]。在稳定状态下，SFCLC 作为超导电力电缆运行；在故障条件下，SFCLC 会起到故障限流器的作用。采用并联电抗器有助于故障清除后电缆尽快恢复到超导状态，由于 SFCLC 在实际使用时具有较长的长度，限流过程中可无须使用并联电抗器。

图 5-22 为一种将 SFCLC 应用到配电系统中的示例。在包含分布式发电机的未来配电系统中，更大的故障电流是不可避免的，因此 SFCLC 的故障电流限制功能显得非常重要和必要。高温超导电缆输电和高温超导电缆故障限流功能的多功能复合，有助于降低电力系统建设成本和提高电力系统的运行效率。故障清除后，SFCLC 具有自动恢复到超导状态的可能性。由于电缆的长度通常较长，可能导致低温系统温度上升。

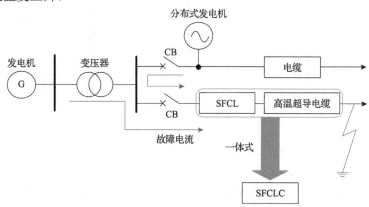

图 5-22　SFCLC 的配网应用原理示意图

SFCL 表示超导故障限流器

为了考虑 SFCLC 的技术可行性，必须弄清楚高温超导带材导线在磁通流动区域的 *E-I* 特性。将长度为 90mm 的 YBCO 带材浸入温度为 77.3K 的液氮中。考虑到断路器操作的时间余量，如图 5-23 所示，通过晶闸管开关的操作实验测试五个60Hz 周期，记录瞬态电流和端电压波形。

假设 YBCO 带材具有均匀性，将获得的电流 I 和电压 V 应用于电路和热平衡方程：

$$E = \left(V - L_t \frac{dI}{dt} \right) \Big/ l \tag{5-21}$$

$$c(T)\frac{\mathrm{d}T}{\mathrm{d}t} = El \cdot I - \alpha(\Delta T)P\Delta T \tag{5-22}$$

式中，E 是 YBCO 带材单位长度上产生的电压；T 是 YBCO 带材的瞬时温度；L_t 是在小电流条件下测量的 YBCO 带材的电感；l 是带材长度；$c(T)$ 是 YBCO 带材的热容量；$\alpha(\Delta T)$ 是液氮的热传递系数；P 是带材表面的面积；ΔT 是带材的上升温度[8]。根据实验数据，可以得到 YBCO 带材的电场、电流和温度(E-I-T)之间的关系。

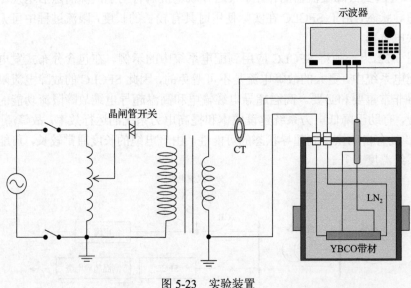

图 5-23　实验装置

图 5-24 给出了当预期电流 I_{PRO} 为 304A(峰值)($= I_c \times 1.2$)时 YBCO 带材的电流、电场强度和温度的曲线。由图可知，在第二周期产生电场，同时温度上升。由于 YBCO 带材产生的焦耳热和液氮的冷却功率之间的平衡，运行温度先上升后下降，但整体温度均处于 90K 以下。

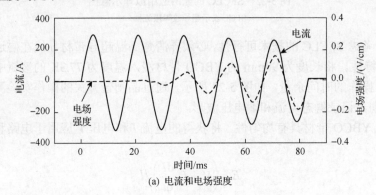

(a) 电流和电场强度

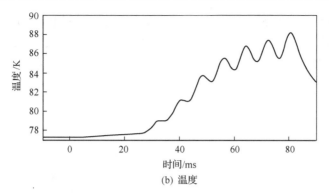

(b) 温度

图 5-24　有效长度为 90mm（I_{PRO}= 304A（峰值））下 YBCO 带材的电流、电场强度和温度

　　图 5-25 是通过分析不同电流、电场强度和温度波形得到的 YBCO 带材的 $E\text{-}I\text{-}T$ 特性。每个温度下的 $E\text{-}I$ 特性呈现出幂指数函数变化规律，在 0.01～1.0V/cm 的电场中幂指数值为 2～5。

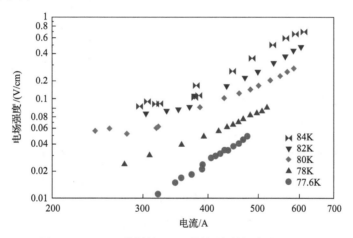

图 5-25　YBCO 带材的 $E\text{-}I\text{-}T$ 特性（有效长度为 90mm）

　　$E\text{-}I\text{-}T$ 特性可用于表征超导体电场 E 与其运行电流 I、运行温度 T 之间的函数关系，即式（5-22），可以建立一种数值模拟模型，其中 SFCLC 引入简化的 77kV/6.6kV 配电系统，如图 5-26（a）所示。假设 SFCLC 具有均匀性，使用以下电路和热平衡方程，得到图 5-26（a）的等效电路图 5-26（b）。

$$V = (L_s + L \cdot l)\frac{\mathrm{d}I}{\mathrm{d}t} + (R_s + R \cdot l)I \tag{5-23}$$

$$c(T)\frac{\mathrm{d}T}{\mathrm{d}t} = (R \cdot l)I^2 \tag{5-24}$$

式中，V 是系统电压；L_s 和 R_s 分别是变压器漏电阻的电感和电阻；L 和 R 分别为 SFCLC 每单位长度的电感和电阻；l 是电缆长度。R 满足获得的 E-I-T 特性。通过式(5-23)和式(5-24)计算在故障期间 SFCLC 五个循环的有限电流、温度升高和产生的电阻。

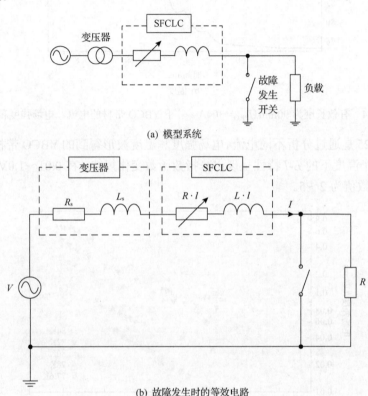

(a) 模型系统

(b) 故障发生时的等效电路

图 5-26　77kV/6.6kV 配电系统

　　该模拟中的 SFCLC 配置基于冷绝缘超导电缆[9]，SFCLC 的总热容量包括横截面面积为 325mm² 的圆柱形铜模型和 22 个超导带[10]，即 77K 时 SFCLC 的 I_c 为 254A×22=5588A。在超导带通过介电层冷却时，假设在短暂的故障持续时间内超导带保持绝热状态。

　　图 5-27 显示了在 I_{PRO}= 20kA(峰值)(=I_c×3.6)和 l=1000m 时 SFCLC 的电流、温度和电阻波形的仿真图。图 5-27(a)中的限制电流 I 在第一个半周期被限制到 7.1kA(峰值)(I_{PRO} 的 35%)。如图 5-27(b)所示，因为其电阻在具有非线性 E-I 特性的通量流动区域快速产生，所以 I_{limit} 的波形类似于方波。虽然 SFCLC 的总电阻值约 6Ω，但每单位长度的电阻很小。因此，即使在绝热条件下，温度上升也被抑制在 90K 以下。

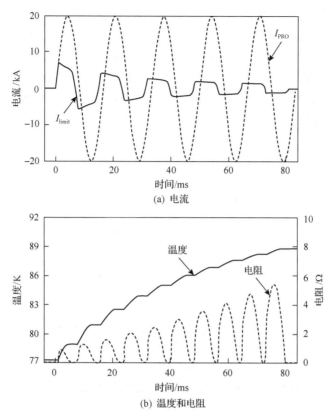

(a) 电流

(b) 温度和电阻

图 5-27　在 $I_{PRO}= 20kA_{(峰值)}$ 和 $l = 1000m$ 时 SFCLC 的限流特性

图 5-28 显示了限流率($-I_{limit}$ 的峰值除以 I_{PRO})和第一个半周期的峰值电阻对电缆长度的依赖性。当 $l = 100～1500m$ 时，限流率约为 40%，并且产生的峰值电阻约为 1Ω。

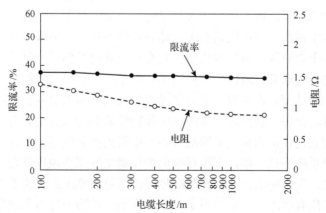

图 5-28　在第一个半周期的限流率和峰值电阻的电缆长度依赖关系

图 5-29 显示了五个周期后温度和峰值电阻与电缆长度的依赖性。当 $l<200\mathrm{m}$ 时，由于短的 SFCLC 热容量小，温度大幅上升。SFCLC 在五个周期后转移到正常电阻区域，此时产生的电阻随着电缆长度的增加而增加。当 $l>200\mathrm{m}$ 时，由于长 SFCLC 的热容量足够大，温度会降低。即使在五个周期之后，SFCLC 也可以保持在磁通流动区域，其中产生的电阻随着电缆长度的增加而趋于减小。因此，当电缆长度变长时，可以抑制 SFCLC 的瞬时温度，并且也可同时实现故障电流限制和恢复功能。

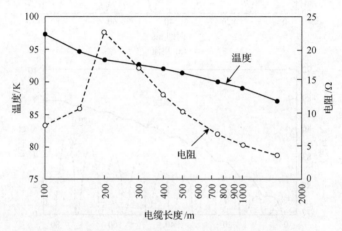

图 5-29　五个周期后温度和峰值电阻的电缆长度依赖关系

5.4.2　超导平波限流电抗器

具有电力系统功率补偿或限流功能的电抗器，在电力输配电系统及电力装置系统中具有广泛的应用。特别是具有非常高的允许工作电流密度和电阻率近似为零的超导材料的引入，由超导导线绕制而成的超导电抗器具有常规铜或铝电抗器无法实现的技术优点，如工作电流大、运行损耗低、体积小、重量轻等。目前，在高压交流输电系统中应用的具有无功功率补偿或短路故障限流功能的超导电抗器，以及在高压直流输电系统中应用的具有电压波动补偿或短路故障限流功能的超导电抗器的相关研究已取得一定的进展。但是，目前仍没有同时具备电力系统补偿和限流功能的超导电抗器，尤其是没有涉及电感与电阻复合型超导电抗器的实用技术方案。此外，利用超导导线的失超特性研制而成的具有可变电阻量的超导无感线圈装置也在电力系统短路故障限流中得到实际应用，但超导无感线圈装置不具备电力系统补偿功能。至于目前的变压器中性点接地电抗器，由于传统导线电阻的存在，无法解决有效接地和满足限流高阻抗要求之间的矛盾。

为了克服现有技术中存在的不足，本节介绍一种用于电力系统限流、功率补偿及中性点接地的具有固定电感值和可变电阻值的电感与电阻复合型超导电抗器。其核心部件主要包括超导电感线圈部分和超导无感线圈部分。超导电感线圈和超导无感线圈均完全浸泡在低温杜瓦部件内的低温制冷剂中。超导电感线圈通过超导过渡导线与超导无感线圈串联相连后，再与超导二元电流引线的下部相连，超导二元电流引线的上部还与位于低温杜瓦部件外部的交流或直流电网系统相连[11]。

超导电感线圈的绕线骨架和超导无感线圈的绕线骨架均为圆环形结构或跑道形结构。其中，圆环形结构骨架绕制的线圈具有良好的机械强度，电磁应力分布均匀，避免了因局部应力过大造成的线圈损伤或性能衰退问题；跑道形结构骨架绕制的线圈的绝大部分内部导线具有相互平行的位置关系，更利于调整超导无感线圈的绝大部分内部导线与超导电感线圈的中心轴线的相对角度，改变超导电感线圈产生的磁场对超导无感线圈的电阻大小的影响。

在超导线圈的结构设计方式上，超导电感线圈可以是具有长方形横截面的螺线管线圈。如图 5-30 所示，其端部还可以安装分磁器，以减小端部区域的垂直超导导线表面的磁场分量，进而增大螺线管线圈的临界电流，减小螺线管线圈的运

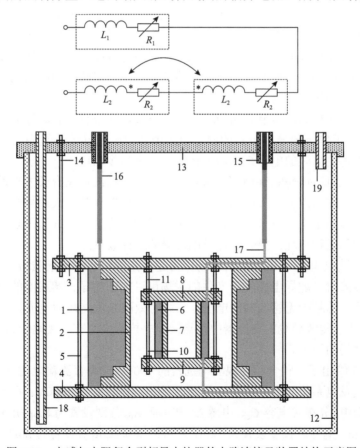

图 5-30　电感与电阻复合型超导电抗器的电路连接及装置结构示意图

行能量损耗。常见的分磁器是由硅钢片、矽钢片、非晶合金等高磁导率材料构成的圆盘薄片或圆环薄片。超导电感线圈也可以是具有阶梯形横截面的螺线管线圈，由若干个具有不同内径、相同外径的螺线管单元重叠构成。位于螺线管端部的螺线管单元的内径最大，并依次向螺线管中部递减。与具有长方形横截面的螺线管线圈相比，具有阶梯形横截面的螺线管端部区域的垂直磁场分量更小，进而增大线圈临界电流，减小运行能量损耗[12]。

超导无感线圈由两根超导导线并行绕制而成，其中一根超导导线正向绕制螺线管单元，另一根超导导线反向绕制螺线管单元，正向绕制的螺线管单元和反向绕制的螺线管单元的同名端相连。在限流过程中，无感线圈的电阻为正向绕制的螺线管单元的电阻和反向绕制的螺线管单元的电阻之和。

在超导无感线圈和超导电感线圈的安装方式上，超导无感线圈可以安装在超导电感线圈的外面，并利用具有圆盘薄片结构的分磁器屏蔽超导电感线圈产生的磁场对超导无感线圈电阻大小的影响，进而实现超导电感线圈和超导无感线圈相互独立的电感与电阻复合型超导电抗器。此外，超导无感线圈也可以安装在超导电感线圈内腔的中间位置，超导电感线圈产生的磁场作为超导无感线圈的背景磁场。调整超导无感线圈的安装方向，改变超导电感线圈产生的磁场对超导无感线圈电阻大小的影响，进而实现超导无感线圈受到超导电感线圈的磁场影响的电感与电阻复合型超导电抗器。

与现有技术相比，本节介绍的超导平波限流电抗器的性能优势主要包括：

(1)兼顾了单一超导电抗器的固定电感值和单一超导无感线圈的可变电阻值的特点，具备更高效的电力系统功率补偿、限流和接地功能。

(2)采用了具有阶梯形横截面的螺线管线圈结构，或在具有长方形横截面的螺线管线圈端部安装改变端部磁场方向的分磁器，可以有效增大超导电抗器的临界电流，进而提高了电力系统功率补偿应用中最大允许的输入或输出功率，降低了超导电抗器的运行损耗，提升了超导电抗器的运行效率。

(3)利用超导电感线圈产生的磁场作为超导无感线圈的背景磁场，当电力系统出现短路故障时，超导电感线圈产生的磁场可以加剧超导无感线圈的失超，从而获得急剧增大的超导无感线圈的电阻，最终有效限制短路故障电流。

(4)解决了传统导线的变压器中性点接地电抗器中的有效接地和满足限流、高阻抗要求之间的矛盾。

图 5-31 给出了一种含超导限流电抗器的 1000V/50A 直流输电仿真模型。用于模拟分布式发电系统的直流电源 $U(t)$ 额定输出电压设置为 1000V。在 π 形直流输电电缆模型中，分布式电容 C_{dc}、电感 L_{dc} 和电阻 R_{dc} 分别设置为 8.6pF/km、2mH/km 和 50mΩ/km，电缆总长度设置为 5km，电缆终端负载 R_{load} 设置为 20Ω。在电感与电阻型超导限流电抗器模型中，固定的电感 L_1 设置为 89.62mH，随瞬时电流变化

的电阻 $R_{hts}(t)$ 采用一个可控电压源来模拟[13]。

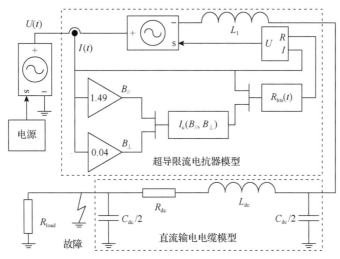

图 5-31 含超导限流电抗器的 1000V/50A 直流输电仿真模型

根据电场-电流密度(E-J)定理，无感线圈的限流电阻 $R_{hts}(t)$ 的计算表达式为

$$R_{hts}(t) = S \times E_c \times \frac{I^{n-1}(t)}{I_c^n(t)} \qquad (5-25)$$

式中，S 为超导带材的使用量，其值为 53.4m；E_c 为超导带材的临界电场判据，其值为 0.1mV/m；n 为超导带材的幂指数，其值为 35；$I(t)$ 为超导无感线圈的实时工作电流；I_c 为超导带材的临界电流，其计算表达式为

$$I_c(B_{//}, B_\perp) = I_{c0} \times \left(1 + \frac{\sqrt{\gamma^{-2}B_{//}^2 + B_\perp^2}}{B_1}\right)^{-\alpha} \qquad (5-26)$$

式中，I_{c0} 为超导带材在 77K、自场下的临界电流；$B_{//}$ 和 $B_\perp$ 分别是超导带材周围的平行磁场分量和垂直磁场分量；三个拟合参数分别为 B_1=20mT，γ=5，α = 0.65。

在具有空芯结构的电感线圈内部，$B_{//}$、$B_\perp$ 与工作电流 $I(t)$ 呈正比例的线性函数关系。通过电磁有限元仿真计算，当工作电流 $I(t)$ 为 50A 时，设置在电感线圈内部的无感线圈所在位置的平行磁场分量和垂直磁场分量分别为 74.37mT 和 2.02mT，于是磁场-电流比例因子分别为 1.49mT/A 和 0.04mT/A。

图 5-32 给出了无感线圈的临界线和负载线的关系。可以看出，随着工作电流 $I(t)$ 的增大，其临界电流 I_c 逐渐减小。当工作电流 $I(t)$ 超过约 62A 时，无感线圈将失超，进而产生较大的限流电阻，用于限制短路故障电流。

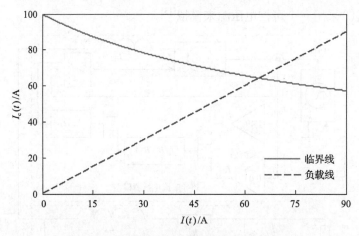

图 5-32　无感线圈的临界线和负载线的关系

图 5-33 和图 5-34 分别给出了有、无背景场情况下的无感线圈限流效果对比图和无感线圈限流电阻变化特性。可以看出,采用这种电感与电阻复合型超导电抗器,内置的无感线圈可以获得电感线圈产生的背景磁场,进而加速其失超过程。在 0.05s 线路发生短路故障后,无感线圈限流电阻迅速增大至约 11.9Ω,线路短路故障电流则相应地限制在约 83.4A。对比而言,若采用传统的电阻型超导故障电流器,其限流电阻启动时间和速度偏慢,而线路短路故障电流最终只能限制到约 91.1A。因此,可以预见,在大容量电力系统输配电线路限流应用中,具有背景场的电感与电阻复合型超导电抗器将更利于快速故障限流;同时,在故障恢复过程中,受益于不断减小的背景磁场,电感与电阻复合型超导电抗器也具有比电阻型超导故障电流器更快的恢复速度。

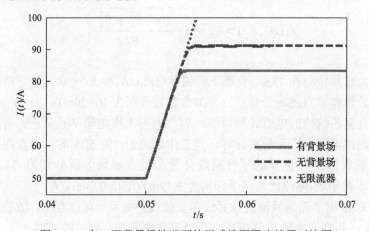

图 5-33　有、无背景场情况下的无感线圈限流效果对比图

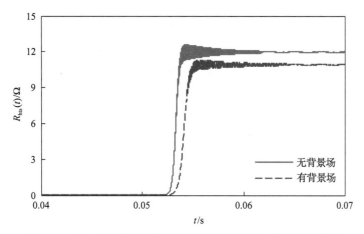

图 5-34　有、无背景场情况下的无感线圈限流电阻的变化特性

参 考 文 献

[1] Zhang J L, Jin J X. Analysis of DC power transmission using high T_c superconducting cables. Journal of Electronic Science and Technology of China, 2008, 2(6): 119-124.

[2] 黄琦, 金建勋, 张晋宾. 基于高温超导的远距离直流输电及其性能仿真研究. 中国电力, 2006, 39(3): 45-49.

[3] 杨晓乐, 李晓航, 张正臣, 等. Bi2223/Ag 和 YBCO 高温超导带材在交流过电流冲击下的失超及恢复特性研究. 低温与超导, 2009, 37(2): 25-31.

[4] 于涛, 魏斌, 方进, 等. 110kV 冷绝缘高温超导电缆在故障电流下的温度计算与分析. 低温与超导, 2013, 41(1): 23-26.

[5] Ichikawa M, Torii S, Takahashi T, et al. Quench properties of 500-m HTS power cable. IEEE Transactions on Applied Superconductivity, 2007, 17(2): 1668-1671.

[6] 金建勋. 高温超导电缆的限流输电方法及其构造: 中国, CN101004959B. 2010.

[7] Kojima H, Kato F, Hayakawa N, et al. Feasibility study on a high-temperature superconducting fault-current-limiting cable (SFCLC) using flux-flow resistance. IEEE Transactions on Applied Superconductivity, 2012, 22(2): 4800105.

[8] Merte H, Clark J A. Boiling heat-transfer data for liquid nitrogen at standard and near-zero gravity. Advances in Cryogenic Engineering, 1962, 7: 546-550.

[9] Wang X, Ueda H, Ishiyama A, et al. Thermal characteristics of 275kV/3kA class YBCO power cable. IEEE Transactions on Applied Superconductivity, 2010, 20(3): 1268-1271.

[10] Mukoyama S, Yagi M, Ichikawa M, et al. Experimental results of a 500m HTS power cable field test. IEEE Transactions on Applied Superconductivity, 2007, 17(2): 1680-1683.

[11] 金建勋. 电感与电阻复合型超导电抗器: 中国, 201410363880. 2014.

[12] 金建勋, 陈孝元, 汤长龙, 等. 超导与常导复合型平波限流电抗器及其控制方法: 中国, 2015102394750. 2015.

[13] Jin J X, Chen X Y, Xin Y. A superconducting air-core DC reactor for voltage smoothing and fault current limiting applications. IEEE Transactions on Applied Superconductivity, 2016, 26(3): 1-5.

第6章　超导电缆与液氢复合能源传输

6.1　超导复合能源传输系统简介

近年来，由于能源需求和环保压力急剧增加，氢气成为人们普遍看好的一种未来有可能普遍应用的清洁新能源。相比其他燃料，氢气可由水电解为氢气和氧气的方法来制备生产，而且燃烧相同质量的氢气和汽油，氢气放出的热量是汽油的 3 倍，并且其燃烧后的产物是水，不污染环境。同时，氢气和氧气还可以作为燃料电池的供用能源，通过化学能向电能的高效转换，实现大容量、高效率的清洁能源发电。

氢能在中国终端能源体系占比至少达 10%，即未来氢能将占终端能源消费的 10%。氢将与电力协同互补，共同成为中国终端能源体系的消费主体。氢是二次能源，作为能源载体具有显著优势。氢能具有零碳、高效、可作为能源互联媒介和可存储等多项特征，其广泛应用将促进能源转型升级。2018 年 2 月中国氢能联盟成立，氢能及燃料电池产业有组织、有计划、有方向的集群攻关开始逐步形成。2018 年也成为中国氢能源及燃料电池产业发展元年。中国氢能产业发展既拥有优势和机遇，也存在瓶颈和挑战。一方面，中国是第一产氢大国，具有丰富的氢源基础。另一方面，中国在氢能产业方面的政策、技术与装备、标准、法规等还不完善。此外，氢能储运技术亟待突破、燃料电池技术与国外相比尚有差距、基础设施匮乏等是中国发展氢能产业面临的挑战。中国应利用现有资源优势，迅速布局氢能与燃料电池产业，加大产业链薄弱环节关键技术投入，抢占战略制高点，具体包括推动国家级示范区建设、筹建国家氢能和燃料电池产业链相关技术标准等。

据《科技日报》北京 11 月 6 日电，中法两国 6 日在北京人民大会堂，由中国石化与法国液化空气集团双方代表签署合作备忘录，合建氢能公司，加强氢能领域合作。成立的氢能公司，致力于氢能技术研发以及基础设施网络建设，并引入国际领先的氢能企业作为战略投资者，联合打造氢能产业链和氢能经济生态圈。根据合作备忘录，法国液化空气集团将成为中国石化氢能公司的参股方之一，共同推动氢能和燃料电池汽车整体解决方案在中国的推广和应用。中国石化表示，氢能将成为其主动拥抱能源革命，积极布局战略新兴产业的重要方向。据悉，中国石化是上中下游一体化的能源化工公司，年产氢气超过 300 万 t，拥有超过 3 万座加油站，具有布局氢能产业的天然优势，2019 年 7 月在佛山建成国内首座油氢合建站。中国石化资本公司作为中国石化培育新动能，打造新引擎的战略投资平台，前不久已战略参股国内氢能企业上海重塑能源科技有限公司。法国液化空气集团是世界领先的工业气体生产和服务公司，在氢气(液氢)生产、加氢站基础设施建设运营方面拥有丰富的技术和经验，已在全球建设了近120座加氢站，直接拥有并运营加氢站近60座，是国际氢能理事会的创始企业和时任轮值主席。法国液化空气集团和中国石化目前已经合资成立了三家工业气体公司。此次合作，将发挥法国液化空气集团在氢气制、储、运、加全产业链的专业经验，为中国发展氢能和燃料电池提供有竞争力的氢气供应方案。

　　氢气通常采用管道运输或交通工具运输，以气态方式储运，无论是管道运输还是交通工具的运输，其运输效率都很低，无法满足日益增长的液氢能源需求。而以液态方式储运时，承载液氢储罐的汽车、火车、轮船等传统交通运输工具无法满足持续、快捷、灵活的液氢供用。虽然通过管道传输液氢可以实现大容量液氢供应，但液氢是一种低温(−253℃、1atm[①])的液体，尽管液氢传输管道具有低温、绝热的结构，仍不可避免会产生一定的热泄漏。管道传输液氢会存在漏热问题且在传输管道内部的液氢容易出现气化现象，进而引起传输管道气压过大而造成安全隐患，因此传统的液氢管道一般只适用于短距离输送。

　　受益于超导体的零电阻效应及高传导电流密度，超导电缆可望实现大容量、长距离、近似零损耗的电能传输。自发现高温超导材料以来，随着超导电力技术的不断发展，人们展望大规模超导输电前景的同时，开始对未来超导输电的具体模式提出各种设想，先后出现了超级电缆(super cable)、超级电网(super grid)、超级网络(super net)、超级城市(super city)的概念。在2001年提出了"美国大陆超级电网"(the continental super grid)的设想。超级电网概念的核心是通过超级电缆把液氢作为高温超导电缆的冷却剂，超级电网在大容量传输电力的同时，也把清洁能源——氢传送到用户。也就是说，超级电网传输的是双重能源，既能够大容量、低损耗地传输电能，又能够大容量地传输氢能，构成一个横跨美国大陆的能源输送大动脉[1-5]。

　　超级电网概念的积极倡导者、美国资深科学家保尔·格兰特于2004年10月在IEEE电力系统分会年会上以"The Supercable: Dual Delivery of Hydrogen and Electric Power"为题，进一步阐述了超级电网的概念，并且对构成超级电网主要组件之一的超级电缆做出了具体描绘。保尔·格兰特还进一步提出了与超级电网联系的超级城市的设想[6]。如图6-1所示，在其设想的超级城市中，电能和液氢通过超级电缆传送到居民区、学校、超市和工厂用户等。在这个示意图中，保尔·格兰特把超级电缆导体标记为高温超导材料(HTSC)或二硼化镁(MgB_2)[2]。高温超导电缆在液氢冷却时的临界电流要比在液氮冷却时的临界电流高出5倍左右，所

----

① 1atm=1.01×10^5Pa。

以在输电容量、传输损耗和几何尺寸方面具有更大的优势。图中标示的另一种超导材料 MgB_2 的超导临界转变温度为 39K，也远高于液氢的汽化温度，而且其力学性能和制造成本优于高温超导材料，所以也是液氢温度下超导电缆导体的候选材料。

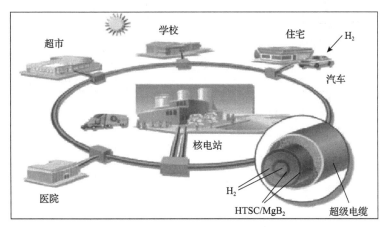

图 6-1　超级电网在城市社区的应用示意图

6.2　液氢-液氧-液氮-超导直流电缆复合能源传输系统

6.2.1　基本结构与工作原理

作为一个极具应用潜力的技术方案，液氢作为清洁能源输送的同时，还可以作为超导电缆的低温制冷剂，为超导电缆的实际运行提供低温环境。但是，系统故障运行时的超导电缆失超安全隐患及系统正常运行时的沿途漏热隐患，都需要在复合能源系统设计中加以防护。液氮作为一种绝缘、安全、无爆炸风险的低温制冷剂，可以用作液氢管道与室温环境之间的中间防护层，起到较好的低温隔离和安全防护作用。在长距离运输过程中，若使用管道内的液氢来冷却超导电缆，需要考虑管道沿途漏热带来的安全隐患。为了尽量避免沿途漏热造成的液氢温升，本节将介绍一种液氮保护型液氢-液氧-液氮-超导直流电缆复合能源传输系统，如图 6-2 所示[7]。

该复合能源传输系统主要包括复合能源产生子系统、复合能源传输子系统和复合能源接收子系统。其中，复合能源产生子系统将其产生的电能、液氢、液氧和液氮通过复合能源传输子系统输送至复合能源接收子系统。并且，经复合能源传输子系统输送的液氮，用于对复合能源传输子系统中传输液氢的液氢传输管道、传输液氧的液氧传输管道和传输复合能源产生子系统产生的电能的超导直流电缆制冷。与单一的液氢、液氧、液氮能源传输和超导直流电缆输电相比，该复合能源传输系统具有更高的能源传输容量和效率，能够有效降低液氢、液氧和液氮传输过程中的安全风险。

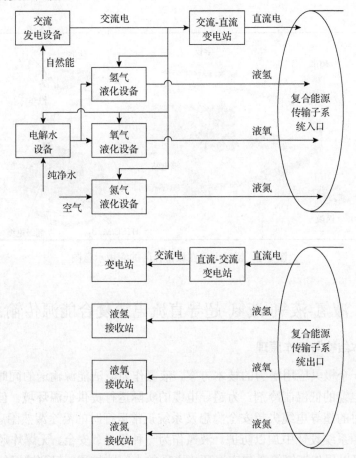

图 6-2　复合能源传输系统的整体结构示意图

　　复合能源产生子系统包括交流发电设备、电解水设备、氢气液化设备、氧气液化设备、氮气液化设备和交流-直流变电站。其中，交流发电设备利用自然能源产生电能，并将其产生的部分电能分别为电解水设备、氢气液化设备、氧气液化设备和氮气液化设备供电，其余电能经交流-直流变电站转化为直流电后，通过超导直流电缆输送至复合能源接收子系统。电解水设备将其产生的氢气和氧气分别通入氢气液化设备和氧气液化设备，氢气液化设备将其产生的液氢通入液氢传输管道，氧气液化设备将其产生的液氧通入液氧传输管道，氮气液化设备将其产生的液氮通入液氮传输管道，并且液氢传输管道、液氧传输管道和超导直流电缆均设置在液氮传输管道内。复合能源接收子系统包括：变电站，用于接收直流-交流变电站输出的交流电并提供给用户使用；液氢接收站，用于接收液氢传输管道中的液氢并提供给用户使用；液氧接收站，用于接收液氧传输管道中的液氧并提供给用户使用；液氮接收站，用于接收复合能源传输子系统传输的液氮并提供给用户使用。

　　超导直流电缆与液氢传输管道可以是同轴设置，也可以是轴平行设置。如图 6-3 所示，超导直流电缆同轴设置在液氢传输管道内部。在直径相同的液氢传输管道中，同轴安装方式下的超导直流电缆一方面增加了电缆本体的临界工作电流，另一方面提高了电缆与液氢之间的接触表面积和制冷功率。由于液氢温度(–253℃、1atm)远低于液氮温度(–196℃、1atm)，因此该方案具有更高的输电容量，适应于大容量电能传输应用。如图 6-4 所示，超导直流电缆与液氢传输管道轴平行设置。在这种轴平行安装方式下，超导直流电缆与液氢传输管道相互独立，便于实际安装和维护维修，具有较高的灵活性。

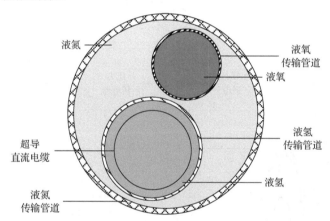

图 6-3　液氢传输管道与超导直流电缆同轴设置的结构示意图

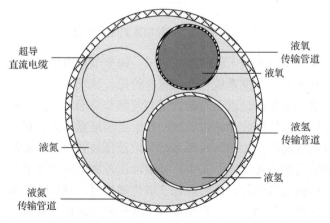

图 6-4　液氢传输管道与超导直流电缆轴平行设置的结构示意图

6.2.2　系统控制与性能分析

为了实现沿途液氮补给和液氢安全维护操作，长距离液氢传输管道上需设置若干节点通道，每个液氢节点通道对应连接一个液氢泄压控制系统，液氢泄压控制系统包括氢气回收站和泄压控制装置。其中，氢气回收站通过氢气回收管道与液氢节点通道连接，氢气回收管道上设置有氢气阀门。如图 6-5 所示，泄压控制装置包括泄压控制电路和氢气压力传感器；其中，泄压控制电路根据氢气压力传感器检测出液氢传输管道内氢气的压力，当压力高于氢气压力阈值时，开启氢气阀门，使液氢传输管道中的氢气进入氢气回收站，直至压力不高于氢气压力阈值。

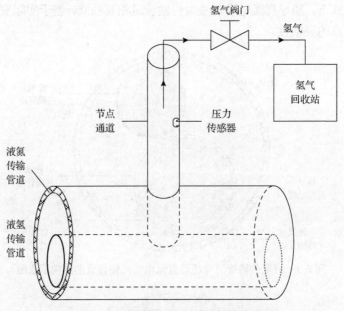

图 6-5　液氢泄压控制系统的结构图

液氮传输管道上设置若干液氮节点通道，每个节点通道对应连接一个补液泄压控制系统，补液泄压控制系统包括液氮补给站、氮气回收站、补液泄压控制装置。其中，液氮补给站通过液氮补给管道与液氮节点通道连接，液氮补给管道上设置有液氮阀门；氮气回收站通过氮气回收管道与液氮节点通道连接，氮气回收管道上设置有氮气阀门。如图 6-6 所示，补液泄压装置包括补液泄压控制电路、液位传感器和氮气压力传感器；其中，补液泄压控制电路根据液位传感器检测出液氮传输管道内液氮的液位，当液位低于液位阈值时，开启液氮阀门，使液氮补给站的液氮进入液氮传输管道，直至液位不低于液位阈值；补液泄压控制电路根据氮气压力传感器检测出液氮传输管道内氮气的压力，当压力高于氮气压力阈值时，开启氮气阀门，使液氮传输管道中的氮气进入氮气回收站，直至压力不高于氮气压力阈值。

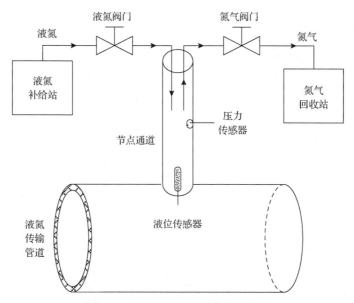

图 6-6　补液泄压控制系统的结构图

与现有技术相比，本节介绍的液氮保护型复合能源传输系统的技术优势主要如下：

(1)复合了液氢、液氧、液氮能源传输和超导直流电缆输电的技术优势，实现了液氢-液氧-液氮-超导直流电缆复合能源传输系统，与单一的液氢、液氧、液氮能源传输和超导直流电缆输电相比，具有更高的能源传输容量和效率。

(2)将液氢、液氧传输管道安装在液氮传输管道内部，利用低温、绝缘、环保、安全的液氮解决了现有的液氢、液氧传输管道的漏热问题，消除了因液氢、液氧出现气化现象而导致的传输管道气压过大的安全隐患，因此适用于远距离的液氢、液氧运输操作。

(3)采用大容量、近似零损耗、维护成本低的超导直流电缆来进行远距离电能传输，并将超导直流电缆安装在液氮传输管道或液氢传输管道内部，利用低温、绝缘、环保、安全的液氮或液氢来维持超导直流电缆的工作环境温度，节省了传统高压输电方式中高压架空输电线路的建设和维护成本问题。

(4)利用交流发电设备产生的交流电来维持电解水设备、氢气液化设备、氧气液化设备和氮气液化设备的供电，无须增加额外的供电设备，提高了电能利用效率。

6.3 多源复合型超导微电网系统及其能量管理方法

6.3.1 基本结构与工作原理

本节介绍一种多源复合型超导微电网系统及其能量管理方法。该多源复合型超导微电网系统主要包括公用电网子系统、可再生能源发电子系统、直流母线、液氢主管道、液氧主管道、电能存储与利用子系统、复合能源传输与利用子系统、能量状态监测器和能量管理控制器，如图 6-7 所示[8]。

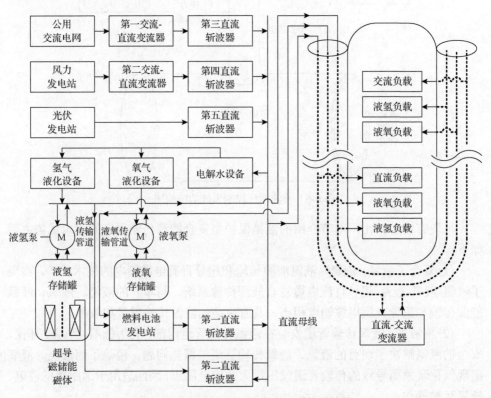

图 6-7 多源复合型超导微电网系统结构图

公用电网子系统包括公用交流电网、第一交流-直流变流器和第三直流斩波器；其中，公用交流电网传输的交流电能，经第一交流-直流变流器转化为直流电后，再通过第三直流斩波器输送至直流母线。可再生能源发电子系统包括风力发电站、第二交流-直流变流器、第四直流斩波器、光伏发电站和第五直流斩波器；其中，风力发电站利用风能产生交流电能，经第二交流-直流变流器转化为直流电后，再通过第四直流斩波器输送至直流母线；光伏发电站利用光能产生直流电能并通过第五直流斩波器输送至直流母线。公用电网子系统和可再生能源发电子系统分别将电能输入直流母线，能量状态监测器用于监测直流母线的电能状态信息以及电能存储与利用子系统的储能状态信息，并由能量管理控制器控制电能存储与利用子系统存储直流母线上过剩的电能、液氢主管道中过剩的液氢以及液氧主管道中过剩的液氧，或者补偿直流母线上不足的电能、液氢主管道中不足的液氢以及液氧主管道中不足的液氧。

电能存储与利用子系统包括电解水设备、氢气液化设备、氧气液化设备、液氢存储罐、液氧存储罐、燃料电池发电站、超导磁储能磁体、第一直流斩波器、第二直流斩波器、液氢泵、液氧泵；其中，电解水设备、氢气液化设备和氧气液化设备在能量管理控制器的控制下启动工作并且由直流母线供电，电解水设备将其产生的氢气和氧气分别通入氢气液化设备和氧气液化设备。

氢气液化设备产生的液氢经液氢主管道的分流，将一部分液氢输入复合能源传输与利用子系统，其余部分输入燃料电池发电站；氧气液化设备产生的液氧经液氧主管道的分流，将一部分液氧输入复合能源传输与利用子系统，其余部分输入燃料电池发电站；液氢存储罐通过液氢泵与液氢主管道连接，液氢泵在能量管理控制器的控制下，将液氢主管道中过剩的液氢存储至液氢存储罐中或将液氢存储罐中存储的液氢用来补偿液氢主管道中不足的液氢，或者液氢存储罐维持当前的液氢存储量不变；液氧存储罐通过液氧泵与液氧主管道连接，液氧泵在能量管理控制器的控制下，将液氧主管道中过剩的液氧存储至液氧存储罐中或将液氧存储罐中存储的液氧用来补偿液氧主管道中不足的液氧，或者液氧存储罐维持当前的液氧存储量不变。

燃料电池发电站利用液氢、液氧产生的直流电能通过第一直流斩波器后输送至直流母线，用于补偿直流母线上不足的电能；超导磁储能磁体设置在液氢存储罐内部并通过第二直流斩波器与直流母线电连接，液氢存储罐内的液氢为超导磁储能磁体提供低温工作环境，超导磁储能磁体在能量管理控制器的控制下，将直流母线上过剩的电能转换为磁能存储或将其存储的磁能转换为电能来补偿直流母线上不足的电能，或者超导磁储能磁体维持当前的磁能存储量不变。

复合能源传输与利用子系统包括液氧传输管道、液氢传输管道、超导直流电缆、超导交流电缆、液氢杜瓦容器、直流-交流变流器、连接在超导直流电缆上的直流负载、连接在超导交流电缆上的交流负载、与液氢传输管道接通的液氢负载和与液氧传输管道接通的液氧负载；其中，超导直流电缆与直流母线电连接，用于传输直流母线上的直流电能；液氧传输管道与液氧主管道接通，用于传输液氧并提供给液氧负载使用；液氢传输管道与液氢主管道接通，用于传输液氢并提供给液氢负载使用；并且，液氢传输管道、超导直流电缆和超导交流电缆均设置在液氧传输管道内，超导直流电缆和超导交流电缆均与液氢传输管道同轴设置，并且超导直流电缆和超导交流电缆位于液氢传输管道的内部。

如图 6-8 所示，直流-交流变流器设置在液氢杜瓦容器内部，并且液氢杜瓦容器分别通过前端节点通道和后端节点通道与液氢传输管道接通，超导直流电缆通过前端节点通道与直流-交流变流器电连接，超导交流电缆通过后端节点通道与直流-交流变流器电连接，使超导直流电缆传输的直流电能转换为由超导交流电缆传输的交流电能。液氢杜瓦容器连接有液氢泄压控制系统，液氢泄压控制系统包括氢气回收站、泄压控制电路和氢气压力传感器；其中，氢气回收站通过氢气回收管道与液氢杜瓦容器连接，氢气回收管道上设置有氢气阀门；泄压控制电路根据氢气压力传感器检测出液氢杜瓦容器内氢气的压力，当压力高于氢气压力阈值时，开启氢气阀门，使液氢杜瓦容器中的氢气进入氢气回收站，直至压力不高于氢气压力阈值。

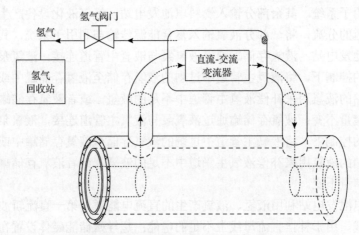

图 6-8 直流-交流变流器及液氢泄压控制系统的结构图

6.3.2 能量管理与性能分析

多源复合型超导微电网系统的能量管理方法具体如下：

(1) 由能量状态监测器监测直流母线上的母线电压 U_{dc}、液氢主管道中的液氢流速 S_h 和液氧主管道中的液氧流速 S_o。

(2) 由能量管理控制器根据母线电压 U_{dc}，控制超导磁储能磁体工作为电能-磁能状态，用于及时存储直流母线上过剩的电能，以及控制电解水设备、氢气液化设备和氧气液化设备启动工作，用于持续吸收直流母线上过剩的电能；或者控制超导磁储能磁体工作为磁能-电能状态，用于及时补偿直流母线上不足的电能，以及控制燃料电池发电站启动工作，用于持续补偿直流母线上不足的电能；或者控制超导磁储能磁体工作为磁能存储状态，以及控制电解水设备、氢气液化设备和氧气液化设备启动工作，用于维持超导磁储能磁体的磁能存储量不变，并维持直流母线上的母线电压在预设的上、下阈值之间。

（3）由能量管理控制器根据液氢主管道中的液氢流速 S_h 及液氧主管道中的液氧流速 S_o，控制液氢泵、液氧泵工作为正向转动状态，用于持续吸收液氢主管道中过剩的液氢和液氧主管道中过剩的液氧，并将它们存储至液氢存储罐、液氧存储罐中；或者控制液氢泵、液氧泵工作为反向转动状态，用于将液氢存储罐、液氧存储罐中的液氢、液氧传输至液氢主管道、液氧主管道，用于持续补偿液氢主管道、液氧主管道上不足的液氢、液氧；或者控制液氢泵、液氧泵工作为停止转动状态，用于维持液氢存储罐、液氧存储罐中的液氢、液氧存储量不变，并维持液氢主管道、液氧主管道中的液氢、液氧流速在预设的上、下阈值之间。

能量管理控制器的控制模式主要包括以下 10 种：

模式 1，当母线电压 U_{dc} 大于或等于电压上限阈值 U_{max} 时，能量管理控制器控制电解水设备、氢气液化设备和氧气液化设备启动工作，控制燃料电池发电站停止工作，并且控制超导磁储能磁体工作为电能-磁能转换状态。

模式 2，当母线电压 U_{dc} 处于电压上限阈值 U_{max} 和电压下限阈值 U_{min} 之间时，能量管理控制器控制电解水设备、氢气液化设备和氧气液化设备启动工作，控制燃料电池发电站停止工作，并且控制超导磁储能磁体工作为磁能存储状态。

模式 3，当母线电压 U_{dc} 小于或等于电压下限阈值 U_{min}，并且欠压持续时间 T_{dc} 小于燃料电池发电站的启动时间 T_s 时，能量管理控制器控制电解水设备、氢气液化设备和氧气液化设备停止工作，控制燃料电池发电站停止工作，并且控制超导磁储能磁体工作为磁能-电能转换状态。

模式 4，当母线电压 U_{dc} 小于等于电压下限阈值 U_{min}，并且欠压持续时间 T_{dc} 大于或等于燃料电池发电站的启动时间 T_s 时，能量管理控制器控制电解水设备、氢气液化设备和氧气液化设备停止工作，控制燃料电池发电站启动工作，并且控制超导磁储能磁体工作为磁能-电能转换状态。

模式 5，当液氢流速 S_h 大于或等于液氢流速上限阈值 S_{max1} 时，能量管理控制器控制液氢泵工作为正向转动状态。

模式 6，当液氢流速 S_h 处于液氢流速上限阈值 S_{max1} 和液氢流速下限阈值 S_{min1} 之间时，能量管理控制器控制液氢泵工作为停止转动状态。

模式 7，当液氢流速 S_h 小于或等于液氢流速下限阈值 S_{min1} 时，能量管理控制器控制液氢泵工作为反向转动状态。

模式 8，当液氧流速 S_o 大于或等于液氧流速上限阈值 S_{max2} 时，能量管理控制器控制液氧泵工作为正向转动状态。

模式 9，当液氧流速 S_o 处于液氧流速上限阈值 S_{max2} 和液氧流速下限阈值 S_{min2} 之间时，能量管理控制器控制液氧泵工作为停止转动状态。

模式 10，当液氧流速 S_o 小于或等于液氧流速下限阈值 S_{min2} 时，能量管理控制器控制液氧泵工作为反向转动状态。

与现有技术相比，本节介绍的多源复合型微网系统的技术优势主要如下：

(1) 复合了液氢、液氧能源传输和超导直流、交流电缆输电的技术优势，采用近似零损耗的超导直流、交流电缆来进行大容量电能传输，并利用低温、绝缘、环保、安全的液氢来维持安装在液氢传输管道内部的超导直流、交流电缆的工作环境温度，实现了液氢-液氧-超导直流电缆-超导交流电缆多源复合型超导微电网系统，与单一的液氢、液氧能源传输和超导直流、交流电缆输电相比，具有更高的能源传输容量和效率。

(2) 将用于实现从超导直流电缆至超导交流电缆的电能变换的直流-交流变流器设置在与液氢传输管道连通的液氢杜瓦容器中，利用低温、绝缘、环保、安全的液氢来冷却超导直流、交流电缆的超导引出线和直流-交流变流器内部的功率电子器件，一方面解决了超导直流、交流电缆从液氢传输管道内部引出至室温环境的漏热问题，另一方面提高了直流-交流变流器的电能变换效率，从而实现了将液氢、液氧、超导直流电缆、超导交流电缆复合在同一个复合能源传输管道内部的目的，可以为液氢负载、液氧负载、直流负载、交流负载提供安全、持续、可靠的能源供应。

(3) 复合了燃料电池和超导磁储能磁体的技术优势，实现了化学能-电能复合能源存储和利用技术方案，与单一的液氢、液氧化学能存储和电能存储相比，具有更高的能源存储容量和能源利用效率；同时，利用超导磁储能磁体的动态响应速度快、输入/输出功率大的特征，弥补了燃料电池启动速度较慢、最大输入/输出功率不足的技术问题，从而有效解决了可再生能源发电的间歇性、不稳定性问题，为电力用户终端提供高品质电能供应。

6.4　液氢冷却的高温超导电缆设计与性能评估

6.4.1　超级电缆概念原理

图 6-9 定义的"超级电缆"，包含了化学能和电能及其绝对量和相对量。例如，配置一个"超级电缆"，通过超导体提供 1000MW 电能功率和通过氢气提供 1000MW 热能功率为 20 万个家庭提供服务，这是一个典型的美国天然气和电力负荷情景。图 6-9 同时给出了"超级电缆"基本电路的基本物理特性和横截面。在图 6-9 中，D_o 是高压绝缘护套的电缆直径，D_i 是承载液氢的内部低温恒温管的直

径。每根"电缆"通道提供总氢能的一半。理论计算表明：使用目前的商用高温超导体，$D_i = 15\text{cm}$（流速为 3.5m/s 左右的液氢传输内管）和 $D_o=20\text{cm}$ 的"超级电缆"就可以完成上述功率要求的电能和化学能的输送[6]。

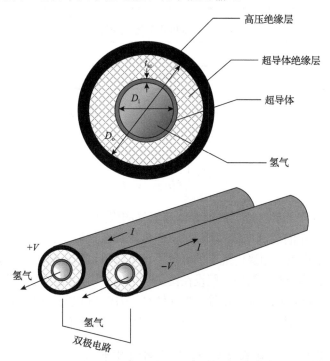

图 6-9 超级电缆的截面示意图

在给定几何形状的情况下，相应的电力和氢气动力流动方程如下：

$$P_{sc} = |V| J\pi D_i t_{sc} \tag{6-1}$$

$$P_H = \frac{Q\rho v\pi D_i^2}{2} \tag{6-2}$$

式中，超导体厚度 t_{sc} 远小于 D_i；P_{sc} 是通过围绕 D_o 的超导传输电能功率；V 是极对地电势；J 是超导体的临界电流密度；Q 为液氢的吉布斯氧化电位（2.46eV/mol 或 1.18×10^5kJ/kg）；ρ 为液氢的质量密度（70.8kg/m³）；v 为液氢的流动速度。

表 6-1 给出了 1000MW 超级电缆管道的结构参数和电气参数。表 6-2 为超导电流密度和环壁厚度能够实现 1000MW 的电气参数。考虑氢能和电能的相对输出能力问题，使用液氢流速 3.39m/s 和输电电压 ±5000V 作为校准，来比较两种材料介质的相对"电流密度"。表 6-1 给出了"氢能的临界电流"的等效电流密度值 283A/cm²。显然，超导电缆主导着超级电缆的能量输送。

表 6-1　1000MW 超级电缆管道的结构参数和电气参数

功率(氢能)	低温恒温管直径	氢气流量	等效电流密度
1000MW	15cm	3.39m/s	283A/cm^2

表 6-2　1000MW 电气参数

功率(电能)	电压	电流	储能量	环形壁厚
1000MW	±5000V	100000A	25000J	0.085cm

此外，表 6-1 和表 6-2 表明，确定电力和氢气动力的相对运输的超级电缆无量纲且与几何无关的比例因子可定义如下：

$$R = \left(\frac{J}{Q\rho}\right)\left(\frac{|V|}{v}\right) \tag{6-3}$$

式中，第一项括号表示由给定的超导体和氢气的固有材料参数确定的"电荷"；第二项括号包含外在的超级电缆"压力"，即电压和氢气流量。

最后，应该指出，超级电缆中的氢气不仅可以用作制冷剂和能量输送剂，还可以用作存储电能的介质。例如，假设在图 6-9 的电路中，液氢通过两个"极点"循环流动，一条 500km 的"超级电缆"将存储约 32GW·h 电能，相当于美国最大的抽水电站，且占地面积相当小，但是可逆燃料电池的能源变换效率还有待提高和优化。

6.4.2　吉瓦级液氢-超导电缆复合能源管道概念设计

本节将介绍一种吉瓦(GW)级氢能-电能复合能源传输系统。其设计概念如下：①每 10km 配置一个氢气制冷站；②直流电源线的额定电流和额定电压分别为 10kA 和 100kV(1GW)；③液氢的输送能力为每天 100t。表 6-3 总结了复合能源传输系统的设计参数。在这里，选择 100km 长的复合能源传输线来评估其工程应用潜力[7]。

表 6-3　复合能源传输系统的设计参数

项目	目标值
目标距离最终用户的总长度	100km
冷却站之间的长度	10km
单位混合能源传输线长度	500m
电力传输工作对地电压	±50kV
线路之间的工作电压	100kV
最大工作电流	10kA DC
每条生产线的运输能力(氢气)	50t/d
运行温度	16～24K
液氢压力	0.4～0.6MPa

与传统的电网和天然气管道相比，复合能源传输系统要求更高的可靠性和安全性。超导电缆在有限的横截面上可以有较大的工作电流容量。超导材料应满足以下基本要求：①能够降低制造成本以适应大规模工业化应用；②能够在保持液氢温度下运行；③有可靠成熟的大规模工业化制造技术。

尽管 BSCCO 或 YBCO 带材在液氢温度下具有优异的超导电性能，但价格昂贵。与之相对，MgB_2 超导导线在液氢温度下 J_c 超过 $1000A/mm^2$，所以 MgB_2 线材是 10kA 等级电缆的候选材料之一。复合能源传输线的 10kA 级别超导电缆以直径为 1.3mm 的 MgB_2 线为基础设计。液氢温度下的 MgB_2 导线的工作电流为 20A，即超导芯的 $J_c = 100A/mm^2$。

复合能源传输线的结构如图 6-10 所示[9]，主要包括两种典型结构，即绞合型（A 型）导体和中空型（B 型）导体。A 型导体的应用简化了组装工作且增大了液氢的传输容量；B 型导体的应用则减小了电缆中的磁场且增加了电缆与液态氢之间的传热。两种类型的超导电缆结构都可用于复合能源传输线的低温管道方案。表 6-4 列出了 A 型和 B 型电缆的参数。

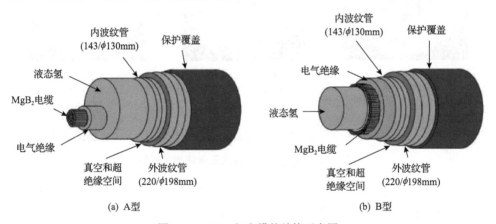

(a) A型　　　　　　　　　　　　　(b) B型

图 6-10　1GW 级电缆的结构示意图

表 6-4　A 型和 B 型电缆的参数

参数	A 型	B 型
超导电缆的直径	34.5mm	103mm/105mm
电绝缘的厚度	13mm	12mm
股数	507	500
每股的电流	19.7A	20A
超导电缆中的最大磁场强度	0.12T	0.04T
冷却方法	浸泡	中空
液氢截面积	$103cm^2$	$79cm^2$
液氢流速	1.1m/s	1.4m/s

　　MgB$_2$ 导线的力学性能对于复合能源传输线设计也同样重要。为了抑制弯曲应变引起的 I_c 退化,可以考虑采用多丝状结构的 MgB$_2$ 导线。例如,在实验中对制备的 19 根丝状芯的 MgB$_2$ 导线与单芯 MgB$_2$ 导线进行了测试,比较其弯曲性能。MgB$_2$ 导线的横截面图和弯曲测试的样品如图 6-11 所示。根据 MgB$_2$ 单芯线和多丝线的标准化 I_c 和弯曲应变之间的关系,弯曲应变 ε 定义为

$$\varepsilon = d/D \times 100\% \tag{6-4}$$

式中,d 是电线的直径;D 是弯曲的直径。通过观察两根导线的 I_c 下降,发现即使弯曲应变超过 2%,仍有约 50% 的 I_{c0} 仍留在多丝状 MgB$_2$ 导线中。这表明,可能是由于大的弯曲应力使外部的细丝受损,所以内部细丝保持了约一半的 I_{c0}。

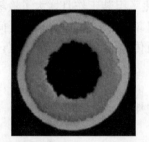 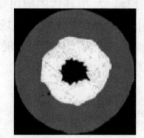 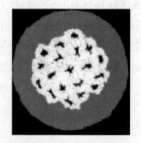

MgB$_2$:21.2%　　　　　　MgB$_2$:4.57%　　　　　　MgB$_2$:5.08%

Ta阻隔层:45.9%　　　　　Ta阻隔层:27.33%　　　　　Ta阻隔层:37.47%

Cu:29.4%　　　　　　　　Cu:68.10%　　　　　　　　Cu:57.45%

$D=1.30$mm　　　　　　　　$D=1.04$mm　　　　　　　　$D=1.04$mm

(a) MgB$_2$导线横截面　　(b) 用于弯曲测试的单芯MgB$_2$导线　　(c) 多芯MgB$_2$导线

图 6-11　MgB$_2$ 导线横截面及弯曲测试样品

　　MgB$_2$ 电缆应坚固耐用,以便重复弯曲、拉伸,以及进行热处理,然后进行转移,扭曲和捆绑,由电缆卷筒运输并进行现场安装。如图 6-12(a) 所示,由于钢丝绳直径受到了地面运输的限制,其直径确定为 3m。如图 6-12(b) 所示,当电缆受到电缆的撞击时,弯曲的外部和内部会产生拉应力和压应力。而同轴绞合电缆的结构适用于缓解大孔径电缆的弯曲应力。其中,紧密绞合电缆的弯曲应变可以用式(6-4)计算求出。在松弛的绞合电缆中,因为在股线之间的轴向滑动产生的内部压应力将补偿外部拉伸应力,所以弯曲应变将减小。在同轴柔性绞合电缆中,绞合线总数 N 和电缆直径 D 的关系可以表示为

$$N = 3n(1+n) + m(1+n) \tag{6-5}$$

$$D = (k+2n)d \tag{6-6}$$

式中,n 是层数;m 是核心股线的数量;k 是常数并且与 m 有关。

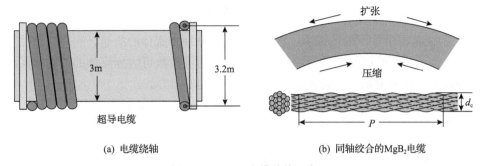

(a) 电缆绕轴　　　　　　　　　　　　(b) 同轴绞合的MgB$_2$电缆

图 6-12　MgB$_2$ 电缆结构示意

当 m 是 3 时，$k=2.155$。在 A 型电缆设计中，m 和 n 的参数分别选为 3 和 12，钢绞线的直径为 1.3mm。为了减小弯曲应变，确定捻度比，即一个节距长度/电缆直径（扭曲比）为 30。A 型的 10kA MgB$_2$ 电缆的主要参数详见表 6-5。

表 6-5　A 型 10kA MgB$_2$ 电缆的主要参数

参数	目标值
运行温度	17～24K
超导导线材料	MgB$_2$
超导芯的直径（MgB$_2$芯）	1.3mm
绞线工作电流（芯 J_c）	19.7A
超导线的数量	507
超导电缆与 MgB$_2$ 导线的直径之比	26.5：1
扭曲比	30

当 500m 长的复合能源传输线冷却时，内部超导电缆和内部波纹管沿轴向收缩约 1.7m。这种热收缩应该被吸收在复合能源传输线的结构中，可采用以下方法进行有效改进：

(1) 内部超导电缆和内部波纹管比外部波纹管长，如图 6-13(a) 所示；

(2) 外部波纹管具有较大的直径，其中内部超导电缆和内波纹管可以自由移动。

由于超导电缆的两端没有固定在波纹管上，如图 6-13(b) 所示，在电缆卷筒对复合能源传输线的卷绕过程中，超导电缆被淹没在波纹管中。这个绘制的长度对于缓解热收缩是非常重要的。考虑到这个问题，可以更加方便地确定外部波纹管和内部波纹管之间的间隙。

假设入口温度为 17K，每个通道的流量为 50t/d(0.58kg/s)，A 型液氢面积为 103cm^2（直径 114mm），B 型为 79cm^2（直径 100mm），则大流量状态下的摩擦系数 λ 可表示为

$$\lambda = 0.032 + 0.021Re^{-0.237} \tag{6-7}$$

式中，Re 是雷诺数，$Re=\rho v d/\mu$，其中 v、ρ、μ 分别为流体的流速、密度与黏性系数，d 为一特征长度，如管道的当量直径。利用雷诺数可区分流体的流动是层流还是湍流，也可用来确定物体在流体中流动受到的阻力。

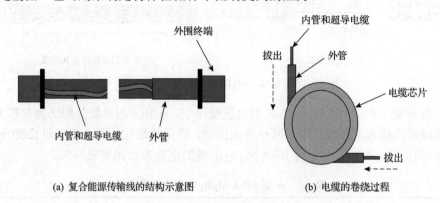

(a) 复合能源传输线的结构示意图　　　　　(b) 电缆的卷绕过程

图 6-13　混合能量传输线的结构

沿途的压力损失 ΔP 的计算表达式为

$$\Delta P = 4\lambda \rho \frac{v^2}{2} \frac{L}{D} \tag{6-8}$$

式中，ρ 是流体的密度；v 是速度。当液体氢气的压力增加时，沸腾变高。液态氢的密度为 0.071g/cm^3，比液态氮的密度小一个数量级。液氢的加压可以扩大 MgB_2 电缆的工作温度范围，并吸收安装路径的水头损失。为了使 MgB_2 电缆的工作温度从 17K 上升到 25K，液氢的压力应从 0.4MPa 上升到 0.6MPa。

降低进入内部波纹管的热负荷是实现高效能量传输的重要课题。以下是减少漏热的有效方法：

(1)防止由于对流造成的高度真空度漏热；

(2)增加超绝缘片材的数量以防止由于辐射引起的漏热；

(3)减小由于热直接传导引起的漏热。

在抽空之前用清洁干燥的气体吹扫从而获得长低温管的高真空度也是重要的。运用上述方法，可以实现 1.0W/m 的热负荷。

将 10km 运输后液态氢的温升作为热负荷的函数。其中，液氢的横截面和流量分别为每个管 79cm^2(直径 100mm)和 50t/d。计算结果总结在表 6-6 中。当热负荷为 1W/m 时，温升为 2K。即使热负荷为 2W/m，入口温度小于 20K 时，低温稳定状态依然可以维持。

表 6-6　典型热负荷情况下出口温度的计算结果　　（单位：K）

入口温度/K	热负荷工况			
	0.5W/m	1.0W/m	1.5W/m	2.0W/m
16.0	18.1	19.1	20.0	20.9
18.0	19.0	20.0	20.9	21.7
19.0	19.9	20.8	21.7	22.5
20.0	20.9	21.8	22.6	23.4
21.0	21.9	22.7	23.4	24.2

6.4.3　兆瓦级液氢-超导电缆复合能源管道示范装置

俄罗斯科学院开发了世界上第一个电能和液氢联合能量输送的实验样机。该实验样机使用由 MgB_2 导线制成的超导电力电缆，且液氢既用作化学能源，又用作冷却剂。超导电力电缆和液氢管道组合成长度为 10m 的混合能量线。实验表明，通过测量超导电力电缆在 2.5kA 电流负载下的温度和质量流量，可以确定液态氢的热流量约为 10 ± 2W/m，通过真空超级绝缘（VSI）的热流量计算值为 $1.2\sim1.6$W/m。基本上所有低温恒温器中的热流都是由氢气通道和真空夹套之间的间隔件等结构元件以及传感器的安装元件（温度、压力等）形成的热桥造成的。尽管这种程度的漏热对于液氢来说是可以接受的，但在实际应用上，有必要寻找尽可能减少热量流动的方法。对于非常长的混合传输线来说，这一点尤为重要[10]。

这项工作的目的是开发和测试一个液氢和 MgB_2 超导电力电缆制成的 30m 新型柔性混合能量传输线。减少流入液氢通道的热量，是研究的一个主要目标，并且在液氢中进行了超导电缆的高压测试。在单一低温管线中使用三种不同的绝热方法进行比较，并从中找出最佳的方法，以使从室温到主通道传递的热量最小化。

新的 30m 柔性混合动力能量的低温传输线由三个 10m 段串联连接组成。第一节是使用真空超绝缘制造的。除了真空超绝缘之外，其余两节中的每一节都包含一个同轴屏蔽层。屏蔽层分别通过液氮流动或在减压下蒸发的液态氢冷却，其中后者被称为主动蒸发冷冻（AEC）系统。AEC 系统利用液态氢蒸发热量，蒸发热量的最高值（446kJ/kg）是液氮的 2 倍多。

研究工作要点包括低温恒温器的低温设计和电流导线设计，以及各种降低低温恒温器热流量方法的对比实验，以选择最佳的设计和技术解决方案来设计和制造超导氢传输线，使其以极高的速率传输化学能和电能。此外，还有液态氢超导 MgB_2 电力电缆首次高压测试。实验使用了俄罗斯 Khimavtomatika 设计局的低温复合系统，并在液氢流动下对复合能源传输线原型进行了全面测试。

图 6-14 和图 6-15 中给出了 30m 原型复合动力输送线的布局。它包含以下基本元素：

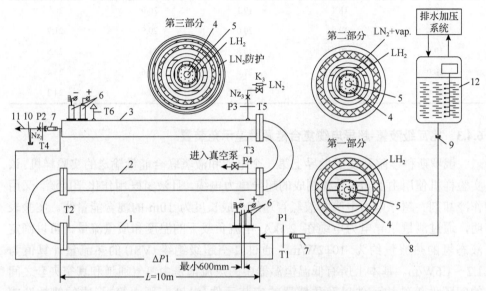

图 6-14　柔性复合动力能量转换线的原型总体方案

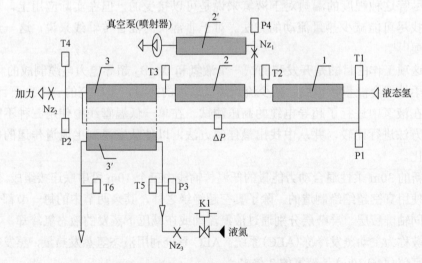

图 6-15　柔性低温恒温器的气动和液压方案

（1）三个独立的低温恒温器（1、2、3）串联连接，总长度为 30m，分别使用三种类型的绝热材料。图 6-15 中的 2′ 和 3′ 分别表示液氢出液管道和液氮进液管道。

（2）长 30m（4）、外径 28mm 的超导电力电缆。

(3)两个低温恒温器中的四个电流导线(6)，作为传输线的流动通道的输入和输出。电流引线提供超导电缆的低温区域与电流和高压电源的电连接。

(4)长 12m、内径为 32mm 的柔性低温管道(8)，用于通过连接件(9)和卡口连接件(7)，将设备供氢罐(12)中的液态氢输送到输送管道中。

(5)直径为 32mm 的 4m 长柔性管道(11)用于将氢气倾倒到通过卡口连接件(7)连接的试验设备的加力燃烧室。

(6)一个喷嘴 Nz_2(10)，用于在供给罐(12)中以预设压力控制输送管线(5)主通道中的质量流量。

(7)压力传感器 P1~P4 用来测量压力和压力差，温度传感器 T1~T6 用来测量输送和输出各段输送液氢的温度。

管道的绝热设计如下：

(1)使用 50 层真空超级绝热的被动式绝热。

(2)使用 AEC 系统，通过在低压(0.1~0.2bar)的辅助通道 5 中蒸发氢气，减少大部分的热流。为此，液氢从主通道 5 通过喷嘴 Nz_1 被引导到喷射泵提供的低压的通道。这个喷嘴在超临界压力下工作。

(3)含有液氮的环形通道使得输入的主热流减少。液氮在 4bar 的压力下从存储容器传输到通道。喷嘴 Nz_3 提供的液氮质量流量应为 70~90g/s。

首先，(1)中的液态氢被进入的热流加热，然后通过(2)的 AEC 冷却。在(3)中，通过氮气屏蔽来降低氢的加热。输送管线中的液态氢的质量流量由加力燃烧室喷嘴 Nz_2 和供应罐(13)中的压力控制。

在输送线的出口处，有一个阀门来增加输送管线的流量，可以通过安装在供应罐中的离散水准仪进行体积流量的测量。如图 6-16 所示 30m 灵活混合输送线原型的三维视图，输送线由三个主要部分组成。

第一部分(图 6-16 中的 3)是一个总长度为 10m 的带有 VSI 的绝缘低温恒温器"管中管"。在截面上，安装了波纹管密封膨胀节和真空泵系统阀门。

第二部分(图 6-16 中的 4)是一个柔性低温恒温器，由带有钢筋的波纹管制成，它包含 AEC 系统。

第三部分(图 6-16 中的 5)也是由带有加强件的波纹管制成的柔性低温恒温器，它包含用于绝缘的液体硝基屏蔽层。输送线的输入和输出点安装有真空超绝缘装置(图 6-16 中的 2)。超导电力电缆通过电流引线(图 6-16 中的 1)供电。所有的柔性输送管路元件都安装在一个 11m 长的承载框架(图 6-16 中的 6)上，该承载框架由钢结构焊接而成，并为所有设计元素提供固定连接，允许由普通卡车承载和运输。

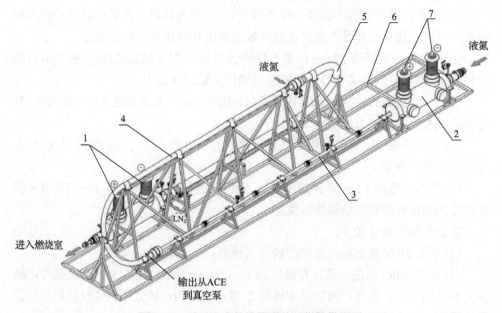

图 6-16　灵活混合能量输送线的样机模型图

1,7-电流引线；2-电流引线的低温恒温器；3-第一节（VSI）；4-第二节（AEC）；5-第三节（液氮屏蔽）；6-承载框架

电流引线用于将低温区域的超导电力电缆与室温下的电力电网电连接，主要设计要求是构造良好的密闭性，以及确保载流元件中的焦耳热和通过支撑元件的传导产生的热流最小。需要重视电流引线的电绝缘，它们预定在 20～25kV 电压下工作，且需要通过在工作电压的 2 倍电压下的测试。

图 6-17 给出了电流引线的结构，它由一个柔性电流导体的载流元件组成，其电气接头用于与外部电网连接，绝缘子则用于防止在电流引线的相和框架之间形成泄漏电流。

流向低温区域的主要热量是来自通过载流元件的导体和连接到室温的结构材料，以及在电流引线电阻部分产生的焦耳热。额外的热量流经当前引线框体的聚酰亚胺电流绝缘体。除了通过电流引线元件的导热，由于在电绝缘体的内表面电流引线上部凸起，载流元件表面之间封闭的环形空腔中的气态氢形成了对流或者液化，因此电流引线使用安装在环形腔中的横向隔板来抑制对流。它是基于三维建模和热力、水力计算的结果开发的。分离器通过将环形腔分成较小体积来减小三维瞬态涡的尺度。氢气中形成的涡旋结构的尺寸与隔板之间的距离成正比。

在电流引线加热的模拟结果中，引线由外径为 28mm、长度为 1.2m 的一束铜线组成。在计算过程中，考虑了热传导对温度以及对流冷却过程的影响。在上部，考虑了气体的折射，下部考虑了氢的液化。图 6-18 显示了沿不同电流方向的电流引线的温度曲线。随着电流上升，温度曲线从直线形变为抛物线形，温度曲线的

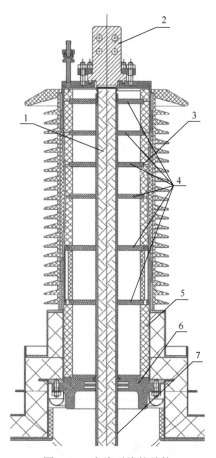

图 6-17　电流引线的结构

1-电流通路（电流引线的通电元件）；2-电气接头；3-电流绝缘子；4-介质分区；5-绝缘子；6-导套；7-不锈钢管

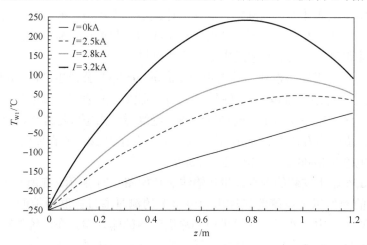

图 6-18　在不同电流下沿着电流引线的长度方向计算的温度曲线

改变取决于电流的大小。当电流达到 2.5kA 时，电流引线的最高温度达到 50℃。当电流达到 3.2kA 时，电流引线的最高温度达到 240℃。

主流液氢通道对电流的热流量如图 6-19 所示。在 2.5kA 的热流量为 160W，没有电流的总热流量为 75W。当前负载电流达到 3kA 时，流量增加到 260W。由于载流元件的部分是 170W，所以对流是 90W。用分隔器分隔空间将明显减少沿着电流路径的涡流气流的不规则性，同时可以降低热流的速度。因此，流入低温区的热量减少了 50%。导向衬套安装在下部，该套管用来防止其上方的液氢水平移动至第一个横向分离器，即有助于在没有真空绝热的绝缘体区域中形成稳定的气体腔。

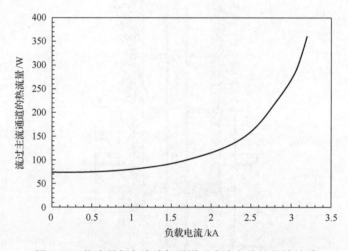

图 6-19　热流量与主流液氢通道对电流负载的依赖关系

载流元件由直径为 0.74mm 的特殊绞合线的柔性导体电缆制成。载流元件的横截面积由实验和计算结果确定。这种设计减小了电流路径的有效纵向热导率，减少了电气损耗，并且其灵活性使得电流引线的安装更加容易。选择最佳长度和最佳横截面积可以有效减少通过电流路径的热量。

超导电缆采用同轴设计，并采用由 Columbus SpA 公司生产的 MgB_2 导线。图 6-20 为超导电缆三维模型及其照片。与第一次实验中测试的 MgB_2 电缆的主要区别在于，这一电缆使用了层间高压绝缘，绝缘材料由电缆绝缘绉纸制成，厚度为 3.7mm。总电缆直径为 28mm，长度为 30m。设计的 20K 的临界电流为 3500A，直流工作电流为 3000A，工作电压为 20kV。

在测试设施上安装的混合能量传输线照片如图 6-21 所示。在所有测试中，低温恒温器的操作以及系统的热液压和电参数的测量通过互联网控制电路远程执行。在实验过程中，液氢由储罐供应到输送管道的输入端。在系统的输出端，氢气被转移到排水系统和加力燃烧室。通过喷嘴 Nz_2 或通过旁通阀进行排水。喷嘴保持氢气流量不变，排水方向的切换通过气动液压阀远程执行。

图 6-20　超导电缆三维模型及其照片

图 6-21　在实验台上安装液氢和 MgB_2 超导电缆的复合能源传输系统原型

　　超导 MgB_2 电缆的临界电流是在温度为 20～26K、压力为 0.15～0.5MPa、氢气流量为 18～450g/s、电缆温度变化不超过 1K 的条件下测定的。电缆在 25K、22K、20K 时的临界电流分别为 2700A、3300A、3500A。在接近临界电流的工作过程中，没有观察到液氢的热变化。因此，该超导电缆的工作电流范围为 2500～3000A。

参 考 文 献

[1] Grant P M. The energy SuperGrid. Power Engineering Society General Meeting, 2004, 2: 2275.

[2] Grant P M. Will MgB_2 work? The Industrial Physicist, 2001, 7(5): 5332270.

[3] Grant P M. Energy for the city of the future. The Industrial Physicist, 2002: 22.

[4] Starr C. National energy planning for the future: The continental SuperGrid. Nuclear News, 2002: 31.

[5] University of Illinois. National Energy SuperGrid Workshop. Palo Alto: University of Illinois, Urbana-Champaign, 2004.

[6] Grant P M. The SuperCable: Dual delivery of chemical and electric power. IEEE Transactions on Applied Superconductivity, 2005, 15(2): 1810-1813.

[7] 陈孝元.一种液氢-液氧-液氮-超导直流电缆复合能源传输系统：中国，2015106342755. 2015.

[8] 陈孝元.一种多源复合型超导微电网系统及其能量管理方法：中国，201510632303X. 2015.

[9] Yamada S, Hishinuma Y, Uede T, et al. Conceptual design of 1GW class hybrid energy transfer line of hydrogen and electricity. Journal of Physics: Conference Series, 2010, 234(3): 032064.

[10] Vysotsky V S, Antyukhov I V, Firsov V P, et al. Cryogenic tests of 30m flexible hybrid energy transfer line with liquid hydrogen and superconducting MgB$_2$ cable. Physics Procedia, 2015, 67: 189-194.

第7章 超导电缆与液化天然气的复合能源传输

7.1 液化天然气-高温超导电缆复合能源传输简介

页岩气(shale gas)是指赋存于富有机质泥页岩及其夹层中,以吸附和游离状态为主要存在方式的非常规天然气,成分以甲烷为主,是一种清洁、高效的能源资源和化工原料。与传统的石油、煤炭、人工煤气等相比,页岩气具有绿色环保、经济实惠、安全可靠等应用优势,因此在全球能源化工行业中兴起了页岩气开发和利用浪潮。中国石油经济技术研究院发布的《国外石油科技发展报告(2012)》显示,全球总的页岩气可采资源量为 187 万亿 m^3,其中中国为 360825 亿 m^3,约占总量的 20%,排名世界第一。

国家能源局发布的《页岩气发展规划(2016—2020年)》,将宜宾长宁勘探开发区、昭通勘探开发区列入五个重点建产区,宜宾是这两个勘探开发区的主要区域。按照国家统计局中国经济景气监测中心的计算方法,长宁-威远国家级页岩气示范区 2016 年 1~11 月累计生产 20.09 亿 m^3 页岩气,作为清洁能源,相当于替代原煤约 377.28 万 t,减少二氧化碳排放约 281.86 万 t,减少二氧化硫排放约 4.41 万 t。

通常页岩气开采地区与集中用气的大中城市区域相距较远,往往需要利用高压将页岩气体积缩小至约原体积的 1/250 进行远距离运输,并且这种压缩页岩气的管道运输方式存在高压引发的安全隐患、输送容量低和效率低等问题。而通过应用低温制冷技术使页岩气转换为液态的液化页岩气,可以将页岩气体积缩小至约原体积的 1/600 进行远距离运输。相比于前者,低温制冷技术具有更高的输送容量和效率、更强的安全可靠性能。2014 年,在四川省宜宾市筠连县沐爱镇建设了中国首座页岩气液化工厂,它的成功运营标志着中国页岩气的商业化进入了新的发展阶段。

为了缓解日趋严重的能源危机和环保压力,除压缩页岩气(compressed shale gas)和液化页岩气(liquefied shale gas)的远距离运输方式以外,页岩气也可直接用来发电,即在页岩气开采当地直接建设大容量页岩气发电站,再通过传统的高压输电线路将所发电能输送至远距离电力用户。2015 年,在四川省宜宾市筠连县乐义乡建设了第一座页岩气发电厂,这也标志着筠连县页岩气发电全面进入正式运行阶段。但是,由于页岩气开采地区往往与集中用电的大中城市相距较远,传统的高压输电方式将不可避免地带来高压架空输电线路建设和维护的成本问题。

与此同时，具有大容量、近似零损耗的高温超导直流电缆近年来发展日趋成熟。中国高温超导直流电缆与输电系统研究始于 2005 年[1]，并建立了高温超导输电与液氢能源复合的理论和技术基础[2,3]，目前世界范围内已出现了利用液氮冷却的高温超导直流电缆验证系统并逐渐实现示范性应用，如中国科学院与河南豫联能源集团有限责任公司的 360m/10kA/1.3kV 高温超导直流电缆输电应用示范工程、韩国电力公司的 100m/3kA/80kV 高温超导直流电缆系统、日本石狩超导直流输电系统技术研究联盟的 500m/5kA/20kV 高温超导直流电缆等。

在中国，科学技术部以重点专项为技术引导和支持，开展了液化天然气-高温超导电缆复合能源管道技术研究和示范装置研制工作，将有望融合应用超导学科(超导直流电缆)、低温制冷学科(低温工质制冷)、电气工程学科(能源互联网、智能电网、直流输电、电力装置、高压低温绝缘)等多学科领域，从而有望在未来智能电网和能源互联网建设中，有机融合气网、冷(热)网、电网，共同构建高效、节能、灵活的化学能-冷能-电能复合能源互联网系统。

科学技术部发布的 2018 年国家重点研发计划——"智能电网技术与装备"重点专项中，提出了"超导直流能源管道的基础研究(基础研究类)"的科学研究与工程应用需求。为了推动超导技术在输电和能源输送领域应用的发展，开展基于天然气等燃料的混合工质温度的输电/输送燃料一体化超导能源管道的应用基础研究和样机的研发，具体包括：基于天然气的混合工质的研制及其传热与绝缘特性；超导材料在混合工质温度的电磁特性及其变化规律；输电/输送燃料一体化超导能源管道的原理和结构、热损耗变化规律及液体燃料输送速率对能源管道温度分布的影响规律；输电/输送燃料一体化超导能源管道及其高压电流终端的设计和制造关键技术、低温高电压绝缘技术；输电/输送燃料一体化超导能源管道燃料输送的运行控制技术及试验规范等。项目的研究目标是研制一套基于天然气的混合工质温区(87～90K)的输电/输送燃料一体化超导能源管道原理样机，能源管道长度为 30m、运行电压不小于 ±100kV、运行电流不低于 1000A、输送液体燃料速度大于 100L/min，完成满功率运行等系统实验，验证输电/输送燃料一体化超导能源管道应用的可行性及优越性。

7.2 液化天然气/深冷混合工质-高温超导电缆复合能源传输系统架构

液化天然气/深冷混合工质-高温超导电缆复合能源传输系统的概念架构如图 7-1 所示。

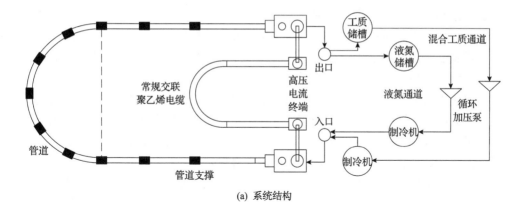

(a) 系统结构

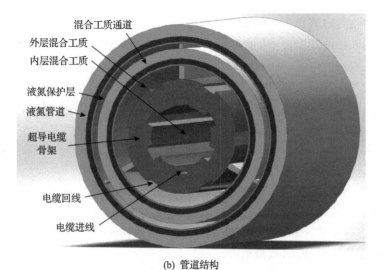

(b) 管道结构

图 7-1　液化天然气/深冷混合工质-高温超导电缆复合能源传输系统的概念架构

从基本复合方式上看，液化天然气-高温超导电缆复合能源传输系统的核心管道系统架构可分成以下 8 种模式：

(1) 液化天然气冷却(单极电缆)；

(2) 液化天然气冷却(双极电缆)；

(3) 液化天然气冷却(单极电缆)+外层液氮保护；

(4) 液化天然气冷却(双极电缆)+外层液氮保护；

(5) 液化天然气运输+外层液氮冷却(单极电缆)及保护；

(6) 液化天然气运输+外层液氮冷却(双极电缆)及保护；

(7) 液化天然气运输及保护+内层液氮冷却(单极电缆)；

(8) 液化天然气运输及保护+内层液氮冷却(双极电缆)。

图 7-2(a)[4,5]给出了液化天然气-高温超导电缆复合能源传输系统 8 种构架模

式的示意图。其中，模式 1 如图 7-2(a)中的①所示，液化天然气和超导电缆同轴传输，超导电缆为单极性电缆，冷却工质为液化天然气，温度为 110~120K。

模式 2 如图 7-2(a)中的②所示，与模式 1 管道结构不同的是，超导电缆为双极性电缆，采用冷绝缘方式传输，电能传输容量比模式 1 更大。

模式 3 如图 7-2(a)中的③所示，液化天然气、高温超导电缆和液氮同轴传输，在模式 1 的基础上增加液氮层在外面，对液化天然气管道长距离传输起到保护作用。

模式 4 如图 7-2(a)中的④所示，在模式 2 的基础上增加液氮层在外面，结合了模式 3 的安全性，同时也提高了电能传送容量。

模式 5 如图 7-2(a)中的⑤所示，传输管道结构与模式 3 和模式 4 相同，但是高温超导电缆的冷却工质为液氮，温度为 67~75K，根据超导电缆的特性，低温下电缆的临界电流更高，传输电能容量更大。

模式 6 如图 7-2(a)中的⑥所示，与模式 5 能源管道结构一致，超导电缆由单极性换成双极性电缆，同时电缆冷却工质保持在液氮层。

模式 7 如图 7-2(a)中的⑦所示，传输介质与模式 3~模式 6 一致，与模式 5 不同的是液氮层在液化天然气的内层，使得管道温差更小、漏热更小，经济成本与模式 5 相比更低。

模式 8 如图 7-2(a)中的⑧所示，与模式 7 能源管道结构一致，超导电缆为双极性，其他都相同。

同理，深冷混合工质-高温超导电缆复合能源传输系统也可以分成以下 8 种架构模式：

(1) 混合工质冷却(单极电缆)；

(2) 混合工质冷却(双极电缆)；

(3) 混合工质冷却(单极电缆)+外层液氮保护；

(4) 混合工质冷却(双极电缆)+外层液氮保护；

(5) 混合工质运输+外层液氮冷却(单极电缆)及保护；

(6) 混合工质运输+外层液氮冷却(双极电缆)及保护；

(7) 混合工质运输及保护+内层液氮冷却(单极电缆)；

(8) 混合工质运输及保护+内层液氮冷却(双极电缆)。

图 7-2(b)给出了深冷混合工质-高温超导电缆复合能源传输系统 8 种构架模式的示意图。与图 7-2(a)相比，复合能源管道的传输结构一致，传输介质由液化天然气换成深冷混合工质。与传输液化天然气相比，深冷混合工质温度为 80~90K，比液化天然气温度更低。

图 7-2 中给出了复合能源管道每层结构示意图，其中，1 表示单极性(双极性)超导电缆层；2 表示传输液化天然气流通层/深冷混合工质流通层；3 表示液化天然气/深冷混合工质内壁层；4 表示液化天然气/深冷混合工质绝热层；5 表示液化

天然气/深冷混合工质外壁层；6 表示液氮流通内(外)层；7 表示液氮内壁层；8
表示液氮绝热层；9 表示液氮外壁层。

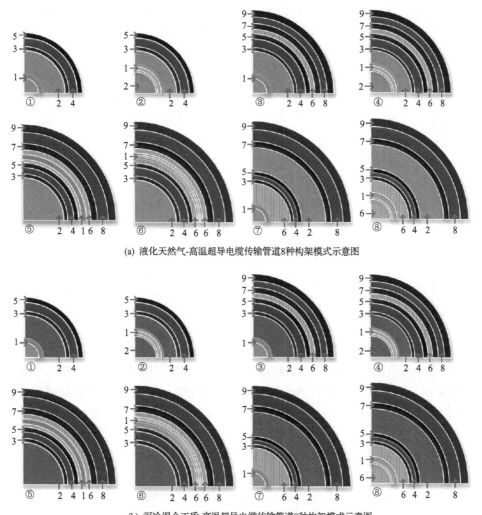

(a) 液化天然气-高温超导电缆传输管道8种构架模式示意图

(b) 深冷混合工质-高温超导电缆传输管道8种构架模式示意图

图 7-2　高温超导电缆的复合能源管道截面示意图

7.3　基本型液化天然气-高温超导电缆复合
能源传输系统概念设计

7.3.1　基本结构与工作原理

作为例子，这里介绍一种液化天然气和高温超导电缆联合输送系统。在该系统中，液化天然气在管道内传输，同时可以为高温超导电缆提供低温环境，使电缆处于超导状态并输送电能，从而大幅度减少输电损耗。该方案实现天然气液态输送和高温超导电能输送的有机结合，是天然气和大容量电能联合远程输送的新方法。本方法主要应用于长距离大容量输送天然气和电能的工程，可以实现气网和电网的二网合一，减少运行能耗。

其工作流程如图 7-3 所示。液化天然气经过液化天然气泵分成两股，其中一股直接进入液化天然气输送外管道，另一股通过高温超导电缆(HTSPC)终端之后进入液化天然气输送内管道。交流电(AC)经过换流站后转换为直流电(DC)，然后通过高温超导电缆终端进入液化天然气输送管道内的高温超导电缆进行输送。冷泵站为液化天然气提供冷量和输送动力。在终点站，外管道的液化天然气与通过高温超导电缆终端后的内管道液化天然气汇合并输出，直流电通过高温超导电缆终端后输出。至此，系统形成一种天然气与电能联合输送的模式[6]。

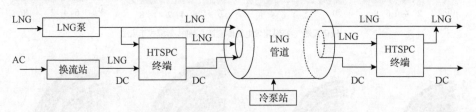

图 7-3　天然气与电能联合输送系统原理

方案中高温超导线材采用 Hg 系 1223 薄膜材料[7]，T_c=133K，在工作温度 T=131K 时，该高温超导材料的电阻变为 0。经测算，该材料在 120K 和零磁场条件下的临界电流密度 J_c=2.6×10^{5}A/cm^2。高温超导电缆的设计参数为直流电压 ±250kV、电流 40kA、输电容量 20GW，分正负两极双线铺设[8]。图 7-4 为采用高温超导电缆的天然气与电能联合输送能源管道的结构示意图。

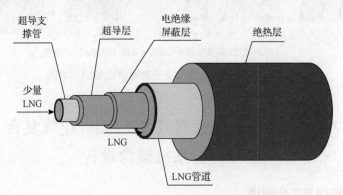

图 7-4　天然气与电能联合输送能源管道的结构示意图

7.3.2　概念设计与性能评估

根据高温超导材料零电阻转变的临界温度,设定液化天然气最高温度为120K。为保证此时液化天然气过冷度不小于10K,对应压力应为0.4MPa。因此,冷泵站液化天然气的进口状态为 120K、0.4MPa;冷泵站液化天然气的出口状态为 110K、1.85MPa。

参照某液化天然气长输管线实例[9],液化天然气输送管径为 0.5m,管材为不锈钢,液化天然气流速为1m/s。管道具体设计参数如表 7-1 所示。

表 7-1　天然气与电能联合输送能源管道系统的设计参数

项目	参数	取值
额定参数	输电容量/GW	20
	直流电压/kV	±250
	电流/kA	40
	工作温度/K	110~120
	单线总长度/km	3900
冷却与动力系统	流速/(m/s)	1
	液化天然气输送管径/m	0.5
	液化天然气总流量/(m/(kg·s))	161
	最大冷泵站间距/km	200
	冷泵站数量	20
绝热层	绝热材料	气凝胶粉末(aerogel bead)
	厚度/m	0.5
	热导率/(W/(m·K))	0.011

液化天然气输送管分为外管和内管,外管是绝热材料支撑管与超导支撑管组成的同心圆环,内管是超导支撑管。如果忽略液化天然气动能及位置势能变化,则相邻冷泵站间输送管道的能量方程为

$$m(h_2 - h_1) = Q_{\max} + mv(p_1 - p_2) \tag{7-1}$$

式中,h_1、h_2 分别为冷泵站出口、进口液化天然气的比焓;$Q_{\max}$ 为相邻冷泵站间液化天然气双线管道漏热量的最大允许值;v 为液化天然气的平均比热容;p_1、p_2 分别为冷泵站出口、进口液化天然气的压力。由式(7-1)可得 $Q_{\max}$ 为 4737kW,即单位长度漏热量最大允许值为 11.84W/m。

对于绝热层,管内侧对流热阻和钢管导热热阻可以忽略,于是绝热层内表面温度近似等于液化天然气的温度,因此管道单位长度冷损计算公式为

$$q = (T_{\mathrm{a}} - T_{\mathrm{i}}) \left/ \left[\frac{1}{2\pi\lambda} \ln\left(1 + \frac{2\delta}{d}\right) + \frac{1}{\pi\alpha(d + 2\delta)} \right] \right. \tag{7-2}$$

式中，q 为管道的单位长度冷损；T_a 为环境温度；T_i 为绝热层内表面温度；d 为绝热层内径；α 为绝热层外表面换热系数。

根据表 7-1 提供的绝热层参数[10]，绝热材料平均热导率为 0.011W/(m·K)，绝热层外表面换热系数[11]为 8.14W/(m²·K)。T_i 取液化天然气进出口温度的平均值 115K。当环境温度为 298K 时，由式(7-2)得出管道单位长度漏热量为 11.494W/m，小于最大允许值 11.84W/m，绝热结构符合要求。

此时，相邻冷泵站间液化天然气双线管道的漏热量为 4598kW，全线总漏热量为 89.65MW。相邻冷泵站间管道的压力损失由伯努利方程计算，得出最大冷泵站间距为 201.5km，实际取值在允许范围内。

冷泵站提供冷量用于平衡管道漏热、低温泵压缩热和流动摩擦热，其中低温泵压缩热及流动摩擦热与泵轴功率相等。联合输送系统包括输电系统和液化天然气输送系统，其功耗也由两系统构成。输电系统功耗主要有交-直流变换损耗、电缆终端损耗、电阻损耗、电介质绝缘损耗和限流器损耗等。由实际工程测定，交-直流变换损耗约为额定输送功率的 1.4%[12]。液化天然气输送系统功耗主要包括低温泵轴功率、制冷机轴功率。高温超导输电系统直流部分主要损耗为低温工质的漏热损失。因此，联合输送系统主要损耗为交-直流变换损耗、低温泵轴功率和制冷机轴功率。其中，低温泵轴功率为

$$W_s = \frac{m(p_1 - p_2)}{\rho \eta_p} \tag{7-3}$$

式中，W_s 为冷泵站低温泵的轴功率；ρ 为液化天然气的密度；η_p 为泵效率，取值为 0.8[13]。由式(7-3)得到单个冷泵站低温泵轴功率 W_s 为 698kW，全线低温泵总轴功率为 13.6MW。

冷泵站制冷机操作温度为 100K，制冷机效率取 0.3[14]。根据制冷机效率与制冷性能系数(COP)之间的关系得制冷机的制冷性能系数为 1/7.6。由式(7-2)考虑到单个冷泵站的制冷热负荷为 5296kW，全线制冷热负荷为 103.25MW，则冷泵站制冷机轴功率为 34.95MW，全线制冷机总轴功率为 681.5MW。综上所述可以得出，单个冷泵站总功耗为 37.65MW，联合输送系统全线总功耗为 697.1MW。在对应液化天然气流量下，联合输送系统平均功耗为 1107J/(kg·km)。联合输送系统的损耗特性如表 7-2 所示。

在联合输送系统中，两种不同形式的能源(天然气和电力)可以"同路"传输，但各自输送容量相对独立。输送比 β 表征系统中输送电能(电量)与天然气容量(发电当量)之间的关系，即

$$\beta = P / (m q_{LHV} \eta_{NG}) \tag{7-4}$$

式中，m 为质量，kg；$q_{LHV}=50MJ/kg$ 为甲烷热值；$\eta_{NG}=0.56$ 为天然气发电效率[15]。

根据表 7-1 相关参数，$\beta=4.4$。

表 7-2　联合输送系统的损耗特性

项目	参数	取值
冷泵站	单位长度漏热量/(W/m)	11.494
	相邻冷泵站间管道漏热量/kW	4598
	低温泵轴功率/kW	698
	制冷热负荷/kW	5296
	制冷机轴功率/MW	34.95
	单个冷泵站总功耗/MW	37.65
全线系统	全线总漏热量/MW	89.65
	全线低温泵总轴功率/MW	13.6
	全线制冷热负荷/MW	103.25
	全线制冷机总轴功率/MW	681.5
	全线总功耗/MW	697.1

对于不同的能源输送模式，定义该模式下输送损耗率 ζ 为系统输送损耗 W_{loss} 与系统输送容量 W_{total} 之比(式(7-5))，则输送效率 η 见式(7-6)：

$$\zeta = W_{loss} / W_{total} \tag{7-5}$$

$$\eta = 1 - \zeta \tag{7-6}$$

不同输送模式的天然气和电能输送损耗率及效率如表 7-3 所示，表中同时给出了 W_{loss} 和 W_{total} 相对应的物理意义。

表 7-3　不同输送模式的天然气和电能输送损耗率和效率

输送方式	系统输送损耗 W_{loss}	系统输送容量 W_{total}	输送损耗率 ζ /%	输送效率 η /%
常规电缆输电	输电损耗	输电容量	13.5	86.5
压缩天然气	压缩机损耗	总输气量的发电当量	5.7	94.3
液化天然气	制冷机与低温泵的功耗之和	总输气量的发电当量	15.4	84.6
液化天然气与电能联合	输电损耗、制冷机与低温泵的功耗之和	输电容量与总输气量的发电当量之和	4	96

注：常规电缆输电长度按照 3900km 计算。

常规输电工程中，输电系统实际损耗由线路损耗和站点损耗即变电站或换流站损耗组成。以 ±660kV 宁东-山东直流输电工程为例[16]，其损耗率为

$$\zeta = 0.0000308L + 0.015 \tag{7-7}$$

式中，L 为输电距离，km。

　　关于天然气，本节将"西气东输"中处于基本负荷运行的"西一线"作为计算参考对象。压缩机轴功率计算所依据的温度、压力、输气量和压气站间距等数据可参考文献[17]。压缩机的轴功率采用等温压缩公式计算，并取压缩机的等温效率为 0.75，得到压缩天然气（CNG）输送平均功耗为 408.24J/(kg·m)。当输送距离为 3900km 时，天然气的输送损耗率为 5.7%。

　　前面计算的液化天然气平均输送功耗为 1107J/(kg·m)，是压缩天然气输送功耗的 2.7 倍。在 β=4.4 的条件下，以常规电缆输电和天然气输送相结合的综合损耗率为 12.1%，然而联合输送系统的损耗率为 4.0%，仅是传统能源输送系统的 1/3。

　　联合输送系统的损耗率与系统输送比有密切的关系。由式(7-5)和式(7-6)联立得到联合输送系统的损耗率 ζ_{con} 与 β 的关系式为

$$\zeta_{con} = \frac{\zeta_{LNG} - \zeta_E}{1 + \beta} + \zeta_E \qquad (7\text{-}8)$$

式中，ζ_{LNG} 为液化天然气输送系统的损耗率；ζ_E 为电力输送系统的损耗率。

　　联合输送系统损耗率与输送比成反比，如图 7-5 所示，输送比越大，系统损耗率越小。如果按照表 7-3 中 ζ_{LNG}=15.4% 考虑，当 β<4 时，ζ_{con} 随着 β 的变化较大；而当 β>4 时，ζ_{con} 随着 β 的变化平缓。这表明 β>4 时，增加输电容量带来的损耗下降效果不显著。由于增大输电容量会增加输电方面的技术难题，联合输送系统的 β 设计值在 4 附近比较合理。

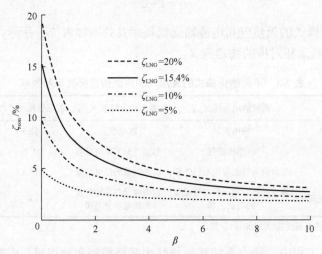

图 7-5　联合输送系统的损耗率与输送比的变化关系

　　由图 7-5 可知，影响联合输送系统损耗率的另一个重要因素是 ζ_{LNG}。方案中由管线漏热引入的功耗占冷泵站总功耗的 85.1%，可见输送液化天然气的能量损

失主要为管线的漏热。因此，提高低温绝热材料的绝热特性、改进管路的绝热结构，将显著减小液化天然气的输送功耗，进而降低联合输送系统的损耗率。

7.3.3　实际应用与节能潜力

"西电东输"工程与"西气东输"工程是中国远程输能的两个重大规划，对国计民生意义巨大。能否将电和气进行复合，实现一种新概念高效能源传输实用方法呢？这里对提出的新型复合能源管道进行分析，探讨其实用的意义[18]。其详细参数如表 7-4 所示，其总长度与"西气东输"工程的第一条管道长度相同。

表 7-4　复合能源管道关键参数

项目	参数	取值
电力输送系统	容量/GW	20
	电压/kV	±250
	电流/kA	40
低温制冷与动力系统	流速/(m/s)	1
	管道直径/m	0.5
	总质量流速/(kg/s)	158.4
	CRPS 数量	21
	CRPS 容许间距/km	197
	制冷机运行温度/K	100
	制冷机效率	0.3
	液化天然气泵效率	0.8
	COP	1/6.6
混合传输系统	运行温度/K	110～120
	单线总长度/m	3900
	CRPS 平均间距/km	186
	传输容量的比例	4.5
热绝缘	类型	气凝胶珠
	厚度/m	0.5
	热导率/(W/(m·K))	0.011

环境温度为 298K，管外表面的对流换热系数为 8.14W/(m²·K)。绝热层内表面温度为 115K，这是管道入口和出口液化天然气温度的算术平均值。参照液化天然气运输的实例，液化天然气管道直径为 0.5m，因此通过式(7-3)可以计算出单位长度漏热量为 11.49W/m，保温厚度为 0.5m。不锈钢管内径和外径分别为 0.06m 和 0.1m。

基于以上条件，可以得到漏热量 $Q_{leak,max}$、低温制冷和泵站（CRPS）间距 $L_{i,max}$ 以及液化天然气运输系统的损耗率。可以看出，漏热量随液化天然气的流速增大而增加，而低温制冷和泵站间距随液化天然气流速增加而降低。液化天然气输送系统的损耗率首先经历一个递减过程，然后随着流速的不断增大而增加。流速约为 1.4m/s 时是一个转折点，损耗率达到最小值。此外，ς_{LNG} 下降的梯度大于 ς_{LNG} 增加的梯度。考虑到高效率和实际的可行性，天然气流速定为 1m/s，如表 7-4 所示。因此，液化天然气的平均运输损耗为 1.124J/(kg·m)，液化天然气和复合能源管道的损耗率分别为 17.66% 和 4%。液化天然气运输系统的损耗特性如表 7-5 所示。

表 7-5　液化天然气输送系统的损耗特性

项目	参数	取值
低温制冷和泵站	单位长度漏热量/(W/m)	11.494
	泵轴功率损耗/(W/m)	1.737
	漏热量比例/%	85.2
	相邻 CRPS 之间的双液化天然气管线的漏热量/kW	4269
全管线系统	液化天然气泵轴功率/kW	647.1
	低温制冷热负荷/kW	4914
	低温制冷器轴功率/MW	32.43
	单个 CRPS 的总能量消耗/MW	33.08
	双液化天然气管道总漏热量/MW	89.65
	液化天然气泵总轴功率/MW	13.55
	低温制冷总热负荷/MW	103.2
	低温制冷器的总轴功率/MW	681.1
	总浪费能量/MW	694.7
	液化天然气平均运输损耗/(J/(kg·m))	1.124

为了阐明本书提出的系统在传输效率方面的优点，可以将复合能源传输系统的损耗率与传统能源传输系统的损耗率进行比较，结果如表 7-6 所示。传统压缩天然气管道系统的压缩机状态参数、压缩机站区间、能量损耗等可由文献获得[17]。可以推测，天然气运输系统的平均损耗为 0.442J/(kg·m)，输送损耗率为 6.2%。此外，对传统的动力传动系统结合压缩天然气运输系统也可如此分析，计算可知损耗率为 7.9%，输电容量比（RTC）为 4.5。然而，复合能源传输系统损耗率为 4%，仅为传统能源传输系统损耗率的 58%。

在西部大开发与中国能源战略的框架下，中国"西电东送"的能力及西部天然气的产量显著增加,如表 7-7 所示。如果传统能源传输系统被 RTC 为 4.5 的复合能源传输系统取代,那么将节省 42%的传输损耗。根据表 7-7 的数据可知,在采用该系统的前提下,2015 年可节省 3.48×10^{10} kW·h 电损耗,若按满负荷运行时间限制在每年 6480h,这相当于 5.4 个容量为 10^6 kW 的发电厂生产的电力。表 7-7 所示节能潜力,以电力和标准煤形式折算,即煤炭消费为 307g/(kW·h)。

表 7-6 不同系统的损耗率和效率

传输系统	系统输送损耗 W_{loss}	系统输送容量 W_{total}	输送损耗率 ζ /%	效率 η /%
传统能源传输系统	输电损耗	总电力传输	7.1	92.9
天然气运输系统	压缩机轴功率	由总天然气产生的等效电能	6.2	93.8
液化天然气运输系统	低温制冷器和泵的轴功率	由总天然气产生的等效电能	15.66	84.34
复合能源传输系统	低温制冷器和泵的动力传动损耗和轴功率	总用电量和总天然气产生的等效电能之和	4	96

表 7-7 采用复合能源传输系统的节能潜力

年份	电力传输容量/GW	天然气传输容量/(10^9m²/a)	能量节省潜力	
			标准煤/(10^6t/a)	电力/(10^9kW·h/a)
2004	20.6	26.7	1.6	5.2
2006	34.0	40.3	2.6	8.6
2008	63.0	59.5	4.9	15.9
2010	84.0	76.4	6.5	21.2

7.4 液氮保护型液化页岩气-高温超导电缆复合能源传输系统概念设计

7.4.1 基本结构与工作原理

7.3 节介绍的基本型液化天然气-高温超导电缆复合能源传输技术,仅使用液化天然气来冷却超导电缆,而实际应用还有很多重要的具体问题,如 7.3 节没有考虑的管道沿途漏热带来的安全隐患问题。为了尽量避免因沿途漏热造成的液化天然气温度升高,本节介绍一种液氮保护型液化页岩气-高温超导电缆复合能源传输系统,如图 7-6 所示[4]。

该复合能源传输系统主要包括复合能源产生子系统、复合能源传输子系统和复合能源接收子系统。其中,复合能源产生子系统包括页岩气发电设备、交流-直流变流站、页岩气液化设备和氮气液化设备。复合能源产生子系统在通入气态页岩气后,利用其中一部分气态页岩气产生电能,并将其余部分的气态页岩气转

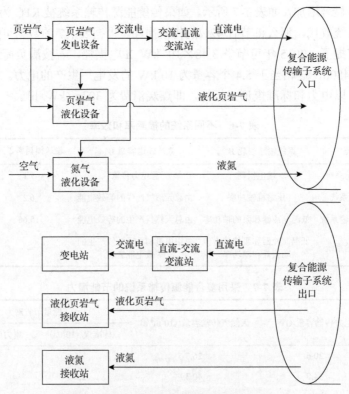

图 7-6　复合能源传输系统的整体结构示意图

换为液化页岩气，同时将通入复合能源产生子系统的空气中的氮气转化为液氮。页岩气发电设备利用气态页岩气产生电能，并将其产生的部分电能为页岩气液化设备和氮气液化设备供电，其余部分电能经交流-直流变流站转化为直流电后，通过高温超导直流电缆输送至复合能源接收子系统。复合能源接收子系统主要包括：直流-交流变流站，用于将高温超导直流电缆中的直流电转换为交流电；变电站，用于接收直流-交流变流站输出的交流电并提供给用户使用；液化页岩气接收站，用于接收液化页岩气传输管道中的液化页岩气并提供给用户使用；液氮接收站，用于接收复合能源传输子系统传输的液氮并提供给用户使用。

　　页岩气液化设备产生的液化页岩气通入液化页岩气传输管道中，氮气液化设备产生的液氮通入液氮传输管道中，并且液化页岩气传输管道和高温超导直流电缆均设置在液氮传输管道内。高温超导直流电缆与液化页岩气传输管道可以是同轴设置，或轴平行设置，并且高温超导直流电缆位于液化页岩气传输管道的外部。如图 7-7 所示，高温超导直流电缆同轴设置在液化页岩气传输管道的外部。在直径相同的液氮传输管道中，同轴安装方式下的高温超导直流电缆，其一方面增加了电缆本体的临界工作电流，另一方面还提高了电缆与液氮之间的接触表面积和制冷功率，因而具有更高的输电容量，适应于大容量电能传输应用。如图 7-8 所示，高温超导直流电缆与液化页岩气传输管道轴平行设置。在这种轴平行安装方式下，高温超导直流电缆与液化页岩气传输管道相互独立，便于实际安装和维护维修，具有较高的灵活性。

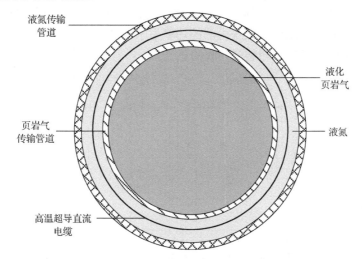

图 7-7　高温超导直流电缆与液化页岩气传输管道同轴设置的结构示意图

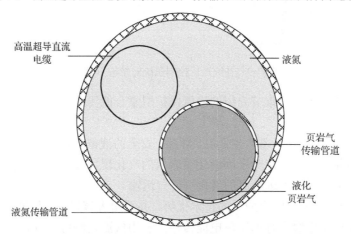

图 7-8　高温超导直流电缆与液化页岩气传输管道轴平行设置的结构示意图

为了实现沿途液氮补给和安全维护操作，长距离液氮传输管道上需设置若干节点通道，每个节点通道对应连接一个补液泄压控制系统。典型的补液泄压控制系统包括液氮补给站、氮气回收站、补液泄压控制装置，如图 7-9 所示。其中，液氮补给站通过液氮补给管道与节点通道连接，液氮补给管道上设置有液氮阀门；氮气回收站通过氮气回收管道与节点管道连接，氮气回收管道上设置有氮气阀门；补液泄压装置包括控制电路、液位传感器和压力传感器。其中，控制电路根据液位传感器检测出液氮传输管道内液氮的液位，当液位低于液位阈值时，开启液氮阀门，使液氮补给站的液氮进入液氮传输管道，直至液位不低于液位阈值；补液泄压装置根据压力传感器检测出液氮传输管道内氮气的压力，当压力高于压力阈值时，开启氮气阀门，使液氮传输管道中的氮气进入氮气回收站，直至压力不高于压力阈值。液氮传输管道通过冷却装置将液氮用于冷却液化页岩气-液氮-高温超导直流电缆复合能源传输系统内部的功率电子器件，并且氮气回收站与冷却装置连通，用于接收通过冷却装置回收的氮气。

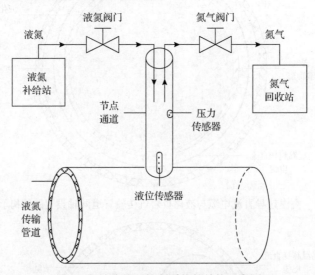

图 7-9　补液泄压控制系统的结构示意图

　　与现有技术相比，本节介绍的液氮保护型复合能源传输系统的技术优势主要如下：

　　(1)利用氮气液化设备产生低温、环保、安全的液氮解决了现有的液化页岩气传输管道的漏热问题，消除了因液化页岩气的气化现象而导致的传输管道气压过大的安全隐患，适用于远距离的液化页岩气运输。

　　(2)复合了页岩气发电应用的技术优势，并采用大容量、近似零损耗、维护成本低的超导直流电缆进行远距离电能传输，利用低温、绝缘、环保、安全的液氮来维持超导直流电缆的工作环境温度，不仅提高了电能的传输效率，也节省了高压架空输电线路的建设和维护成本。

　　(3)利用页岩气发电设备产生的交流电来维持页岩气液化设备和氮气液化设备的持续供电，无须增加额外的供电设备，提高了页岩气利用效率。

7.4.2　大容量复合能源传输管道结构设计方法

　　图 7-10 给出了一种大容量液化页岩气-液氮-高温超导直流电缆复合能源传输

管道截面图[5]。其中，液化页岩气传输管道与液氮传输管道同轴设置，且液氮传输管道设置在液化页岩气传输管道的外部；高温超导直流电缆设置在液氮传输管道内的液氮内部；液化页岩气传输管道包括内层不锈钢管、外层不锈钢管和设置在内层不锈钢管、外层不锈钢管之间的高真空夹层及设置在高真空夹层内部的绝热材料；液氮传输管道包括内层不锈钢管、外层不锈钢管和设置在内层不锈钢管、外层不锈钢管之间的高真空夹层及设置在高真空夹层内部的绝热材料；高温超导直流电缆包括金属铜骨架和绕制在金属铜骨架上的超导导线；液化页岩气传输管道的外层不锈钢管通过若干个不锈钢支撑架与液氮传输管道的内层不锈钢管相连；同时通过若干个非金属支撑架与高温超导直流电缆的金属铜骨架相连。

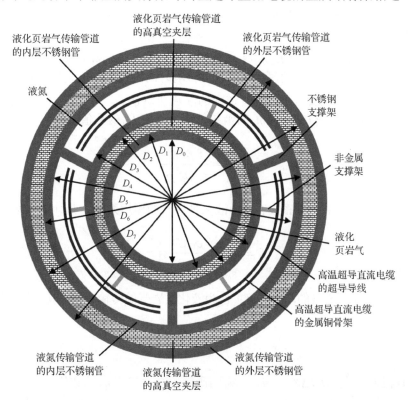

图 7-10　大容量液化页岩气-液氮-高温超导直流电缆复合能源传输管道的典型结构

这种大容量复合能源管道设计方法的基本设计步骤如下。

(1)确定大容量液化页岩气-液氮-高温超导直流电缆复合能源传输管道的预设性能参数和允许工作条件：设置单位传输时间内液化页岩气的流量质量为 $\dot{m}_1$，液化页岩气的初始压强为 P_1，单位传输长度内液化页岩气的最大允许压降为 $\Delta P_1/\Delta X_1$，液化页岩气的初始温度为 T_1，单位传输长度内液化页岩气的最大允许温差为 $\Delta T_1/\Delta X_1$，单位运行时间内液化页岩气传输管道的最大允许真空度变化率

为 $\Delta G_1/\Delta t_1$；液氮的初始压强为 P_2，单位传输长度内液氮的最大允许压降为 $\Delta P_2/\Delta X_2$，液氮的初始温度为 T_2，单位传输长度内液氮的最大允许温差为 $\Delta T_2/\Delta X_2$，单位运行时间内液氮传输管道的最大允许真空度变化率为 $\Delta G_2/\Delta t_2$；复合能源传输管道外的大气压强为 P_3，复合能源传输管道外的大气温度为 T_3，从液氮传输管道泄漏到外界大气中的漏热功率为 q_1，超导直流电缆的损耗功率为 q_2。

(2) 确定大容量液化页岩气-液氮-高温超导直流电缆复合能源传输管道的设计参数需求：液化页岩气传输管道的内层不锈钢管的内径 D_0、外径 D_1 和厚度 S_1，液化页岩气传输管道的外层不锈钢管的内径 D_2、外径 D_3 和厚度 S_2，液化页岩气传输管道的高真空夹层的厚度 δ_1，液化页岩气传输管道的绝热材料的厚度 δ_2；液氮传输管道的内层不锈钢管的内径 D_4、外径 D_5 和厚度 S_3，液氮传输管道的外层不锈钢管的内径 D_6、外径 D_7 和厚度 S_4，液氮传输管道的高真空夹层的厚度 δ_3，液氮传输管道的绝热材料的厚度 δ_4，单位传输时间内液氮的流量质量 $\dot{m}_2$，从液氮传输管道泄漏到液化页岩气传输管道中的漏热功率 q_3。

(3) 根据 D_0 与 $\Delta P_1/\Delta X_1$、$\dot{m}_1$ 的函数关系，确定 D_0 的数值：

$$\frac{\Delta P_1}{\Delta X_1} = \frac{8 f_1 \dot{m}_1^2}{\pi^2 D_0^5 \rho_1} \tag{7-9}$$

式中，ρ_1 为液化页岩气的密度；f_1 为液化页岩气的摩擦系数，其计算表达式为

$$f_1 = 0.451 \left(\frac{\rho_1 v_1 D_0}{\mu_1} \right)^{-0.2} \tag{7-10}$$

式中，μ_1 为液化页岩气的动力黏度；v_1 为液化页岩气的传输速度，其计算表达式为

$$v_1 = \frac{\pi D_0^2 \rho_1}{4 \dot{m}_1} \tag{7-11}$$

(4) 根据 q_3 与 $\Delta T_1/\Delta X_1$、$\dot{m}_1$、D_0 的函数关系，确定 q_3 的数值：

$$\frac{\Delta T_1}{\Delta X_1} = \frac{8 f_1 \dot{m}_1^2}{\pi^2 D_0^5 \rho_1^2 c_1} - \frac{q_3}{c_1 \dot{m}_1} \tag{7-12}$$

式中，c_1 为液化页岩气的比热容。

(5) 根据 S_1 与 P_1、D_0 的函数关系，确定 S_1 的数值：

$$S_1 = \frac{P_1 D_0}{2\sigma\varphi - P_1} \tag{7-13}$$

式中，σ 为不锈钢材料的许应应力；φ 为不锈钢材料的焊缝系数；此时液化页岩气传输管道的内层不锈钢管的外径 D_1 等于 D_0+2S_1。

(6) 根据 δ_1 与 T_1、T_2、q_3、D_1 的函数关系，确定 δ_1 的数值：

$$q_3 = \frac{2\pi\lambda(T_1 - T_2)}{\ln\left(\dfrac{D_1 + 2\delta_1}{D_1}\right)} \tag{7-14}$$

式中，λ 为绝热材料的热导率。

(7) 根据 δ_2 与 $\Delta G_1/\Delta t_1$、δ_1、D_1 的函数关系，确定 δ_2 的数值：

$$\frac{\Delta G_1}{\Delta t_1} = \frac{4g_1(D_1 + 2\delta_1) + 4g_2(2D_1 + 2\delta_2)}{(D_1 + 2\delta_2)^2 - D_1^2} \tag{7-15}$$

式中，g_1 为绝热材料的放气率；g_2 为不锈钢管的放气率。

(8) 比较第 (6) 步计算获得的 δ_1 数值大小与第 (7) 步计算获得的 δ_2 数值大小：当 $\delta_1 \leqslant \delta_2$ 时，绝热材料的实际厚度设置为 δ_1，且高真空夹层的实际厚度设置为 δ_2，此时液化页岩气传输管道的外层不锈钢管的内径 D_2 等于 $D_1+2\delta_2$；当 $\delta_1 > \delta_2$ 时，绝热材料的实际厚度设置为 δ_1，且高真空夹层的实际厚度也设置为 δ_1，此时液化页岩气传输管道的外层不锈钢管的内径 D_2 等于 $D_1+2\delta_1$。

(9) 根据 S_2 与 P_2、D_2 的函数关系，确定 S_2 的数值：

$$S_2 = D_2^{0.6}\left(\frac{mP_2L}{2.59E}\right)^{0.4} \tag{7-16}$$

式中，m 为不锈钢材料的稳定系数；E 为不锈钢材料的弹性模量；L 为不锈钢管的长度；此时液化页岩气传输管道的外层不锈钢管的外径 D_3 等于 D_2+2S_2。

(10) 根据 D_4 与 $\Delta P_2/\Delta X_2$、$\dot{m}_2$、D_3 的函数关系，确定 D_4 与 $\dot{m}_2$ 的第一个数值关系方程：

$$\frac{\Delta P_2}{\Delta X_2} = \frac{8f_2\dot{m}_2^2}{\pi^2\rho_2(D_4 - D_3)(D_4^2 - D_3^2)^2} \tag{7-17}$$

式中，ρ_2 为液氮的密度；f_2 为液氮的摩擦系数，其计算表达式为

$$f_2 = 0.451\left[\frac{\rho_2 v_2(D_4 - D_3)}{\mu_2}\right]^{-0.2} \tag{7-18}$$

式中，μ_2 为液氮的动力黏度；v_2 为液氮的传输速度，其计算表达式为

$$v_2 = \frac{\pi(D_4^2 - D_3^2)\rho_2}{4\dot{m}_2} \tag{7-19}$$

(11)根据 $\dot{m}_2$ 与 $\Delta T_2/\Delta X_2$、q_1、q_2、D_3、D_4 的函数关系，确定 D_4 与 $\dot{m}_2$ 的第二个数值关系方程：

$$\frac{\Delta T_2}{\Delta X_2} = \frac{8 f_2 \dot{m}_2^2}{\pi^2 \rho_2^2 c_2 (D_4 - D_3)(D_4^2 - D_3^2)^2} + \frac{q_1 + q_2 + q_3}{c_2 \dot{m}_2} \tag{7-20}$$

式中，c_2 为液氮的比热容。

(12)联立第(10)步与第(11)步计算获得的 D_3 与 $\dot{m}_2$ 的两个数值关系方程，求解出 D_4 与 $\dot{m}_2$ 的数值大小。

(13)根据 S_3 与 P_2、D_4 的函数关系，确定 S_3 的数值：

$$S_3 = \frac{P_2 D_4}{2\sigma\varphi - P_2} \tag{7-21}$$

此时液氮传输管道的内层不锈钢管的外径 D_5 等于 D_4+2S_3。

(14)根据 δ_3 与 T_2、T_3、q_1、D_5 的函数关系，确定 δ_3 的数值：

$$q_1 = \frac{2\pi\lambda(T_3 - T_2)}{\ln\left(\dfrac{D_5 + 2\delta_3}{D_5}\right)} \tag{7-22}$$

(15)根据 δ_4 与 $\Delta G_2/\Delta t_2$、δ_3、D_5 的函数关系，确定 δ_4 的数值：

$$\frac{\Delta G_2}{\Delta t_2} = \frac{4g_1(D_5 + 2\delta_3) + 4g_2(2D_5 + 2\delta_4)}{(D_5 + 2\delta_4)^2 - D_5^2} \tag{7-23}$$

(16)比较第(14)步计算获得的 δ_3 数值大小与第(15)步计算获得的 δ_4 数值大小：当 $\delta_3 \leqslant \delta_4$ 时，绝热材料的实际厚度设置为 δ_3，且高真空夹层的实际厚度设置为 δ_4，此时液氮传输管道的外层不锈钢管的内径 D_6 等于 $D_5+2\delta_4$；当 $\delta_3 > \delta_4$ 时，绝热材料的实际厚度设置为 δ_3，且高真空夹层的实际厚度也设置为 δ_3，此时液氮传输管道的外层不锈钢管的内径 D_6 等于 $D_5+2\delta_3$。

(17)根据 S_4 与 P_3、D_6 的函数关系，确定 S_4 的数值：

$$S_4 = D_6^{0.6}\left(\frac{mP_3 L}{2.59E}\right)^{0.4} \tag{7-24}$$

此时液氮传输管道的外层不锈钢管的外径 D_7 等于 D_6+2S_4。

7.4.3 低成本复合能源传输管道结构设计方法

图 7-11 给出了一种低成本液化页岩气-液氮-高温超导直流电缆复合能源传输管道截面图。其中，液化页岩气传输管道与液氮传输管道同轴设置，且液化页岩气传输管道设置在液氮传输管道的外部；高温超导直流电缆设置在液氮传输管道内的液氮内部；液化页岩气传输管道包括内层不锈钢管、外层不锈钢管和设置在内层不锈钢管、外层不锈钢管之间的高真空夹层及设置在高真空夹层内部的绝热材料；液氮传输管道包括内层不锈钢管、外层不锈钢管和设置在内层不锈钢管、外层不锈钢管之间的高真空夹层及设置在高真空夹层内部的绝热材料；高温超导直流电缆包括金属铜骨架和绕制在金属铜骨架上的超导导线；液氮传输管道的外层不锈钢管通过若干个不锈钢支撑架与液化页岩气传输管道的内层不锈钢管相连，同时通过若干个非金属支撑架与高温超导直流电缆的金属铜骨架相连。

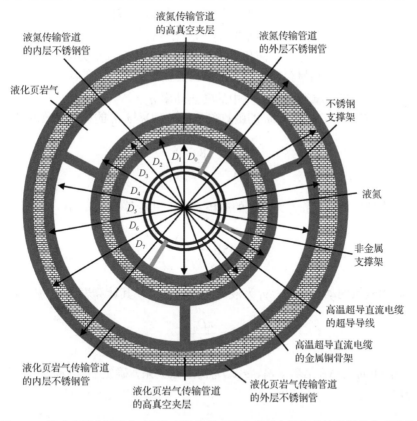

图 7-11　低成本液化页岩气-液氮-高温超导直流电缆复合能源传输管道的典型结构

这种低成本复合能源传输管道设计方法的基本设计步骤如下。

(1)确定低成本液化页岩气-液氮-高温超导直流电缆复合能源传输管道的预

设性能参数和允许工作条件：设置液氮的初始压强为 P_1，单位传输长度内液氮的最大允许压降为 $\Delta P_1/\Delta X_1$，液氮的初始温度为 T_1，单位传输长度内液氮的最大允许温差为 $\Delta T_1/\Delta X_1$，单位运行时间内液氮传输管道的最大允许真空度变化率为 $\Delta G_1/\Delta t_1$，单位传输时间内液化页岩气的流量质量为 $\dot{m}_2$；液化页岩气的初始压强为 P_2，单位传输长度内液化页岩气的最大允许压降为 $\Delta P_2/\Delta X_2$，液化页岩气的初始温度为 T_2，单位传输长度内液化页岩气的最大允许温差为 $\Delta T_2/\Delta X_2$，单位运行时间内液化页岩气传输管道的最大允许真空度变化率为 $\Delta G_2/\Delta t_2$；复合能源传输管道外的大气压强为 P_3，复合能源传输管道外的大气温度为 T_3，超导直流电缆的损耗功率为 q_1，从液氮传输管道泄漏到液化页岩气传输管道中的漏热功率为 q_2。

(2) 确定低成本液化页岩气-液氮-高温超导直流电缆复合能源传输管道的设计参数需求：液氮传输管道的内层不锈钢管的内径 D_0、外径 D_1 和厚度 S_1，液氮传输管道的外层不锈钢管的内径 D_2、外径 D_3 和厚度 S_2，液氮传输管道的高真空夹层的厚度 δ_1，液氮传输管道的绝热材料的厚度 δ_2；液化页岩气传输管道的内层不锈钢管的内径 D_4、外径 D_5 和厚度 S_3，液化页岩气传输管道的外层不锈钢管的内径 D_6、外径 D_7 和厚度 S_4，液化页岩气传输管道的高真空夹层的厚度 δ_3，液化页岩气传输管道的绝热材料的厚度 δ_4；单位传输时间内液氮的流量质量 $\dot{m}_1$，从液化页岩气传输管道泄漏到外界大气中的漏热功率 q_3。

(3) 根据 D_0 与 $\Delta P_1/\Delta X_1$、$\dot{m}_1$ 的函数关系，确定 D_0 与 $\dot{m}_1$ 的第一个数值关系方程：

$$\frac{\Delta P_1}{\Delta X_1} = \frac{8 f_1 \dot{m}_1^2}{\pi^2 D_0^5 \rho_1} \tag{7-25}$$

式中，ρ_1 为液氮的密度；f_1 为液氮的摩擦系数，其计算表达式为

$$f_1 = 0.451 \left(\frac{\rho_1 v_1 D_0}{\mu_1} \right)^{-0.2} \tag{7-26}$$

式中，μ_1 为液氮的动力黏度；v_1 为液氮的传输速度，其计算表达式为

$$v_1 = \frac{\pi D_0^2 \rho_1}{4 \dot{m}_1} \tag{7-27}$$

(4) 根据 $\dot{m}_1$ 与 $\Delta T_1/\Delta X_1$、q_1、q_2、D_0 的函数关系，确定 D_0 与 $\dot{m}_1$ 的第二个数值关系方程：

$$\frac{\Delta T_1}{\Delta X_1} = \frac{8 f_1 \dot{m}_1^2}{\pi^2 D_0^5 \rho_1^2 c_1} + \frac{q_1 + q_2}{c_1 \dot{m}_1} \tag{7-28}$$

式中，c_1 为液氮的比热容。

(5)联立第(3)步与第(4)步计算获得的 D_0 与 $\dot{m}_1$ 的两个数值关系方程，求解出 D_0 与 $\dot{m}_1$ 的数值大小。

(6)根据 S_1 与 P_1、D_0 的函数关系，确定 S_1 的数值：

$$S_1 = \frac{P_1 D_0}{2\sigma\varphi - P_1} \tag{7-29}$$

式中，σ 为不锈钢材料的许应应力；φ 为不锈钢材料的焊缝系数；此时液氮传输管道的内层不锈钢管的外径 D_1 等于 $D_0 + 2S_1$。

(7)根据 δ_1 与 T_1、T_2、q_2、D_1 的函数关系，确定 δ_1 的数值：

$$q_2 = \frac{2\pi\lambda(T_1 - T_2)}{\ln\left(\dfrac{D_1 + 2\delta_1}{D_1}\right)} \tag{7-30}$$

式中，λ 为绝热材料的热导率。

(8)根据 δ_2 与 $\Delta G_1 / \Delta t_1$、δ_1、D_1 的函数关系，确定 δ_2 的数值：

$$\frac{\Delta G_1}{\Delta t_1} = \frac{4g_1(D_1 + 2\delta_1) + 4g_2(2D_1 + 2\delta_2)}{(D_1 + 2\delta_2)^2 - D_1^2} \tag{7-31}$$

式中，g_1 为绝热材料的放气率；g_2 为不锈钢管的放气率。

(9)比较第(7)步计算获得的 δ_1 数值大小与第(8)步计算获得的 δ_2 数值大小：当 $\delta_1 \leqslant \delta_2$ 时，绝热材料的实际厚度设置为 δ_1，且高真空夹层的实际厚度设置为 δ_2，此时液氮传输管道的外层不锈钢管的内径 D_2 等于 $D_1 + 2\delta_2$；当 $\delta_1 > \delta_2$ 时，绝热材料的实际厚度设置为 δ_1，且高真空夹层的实际厚度也设置为 δ_1，此时液氮传输管道的外层不锈钢管的内径 D_2 等于 $D_1 + 2\delta_1$。

(10)根据 S_2 与 P_2、D_2 的函数关系，确定 S_2 的数值：

$$S_2 = D_2^{0.6}\left(\frac{mP_2 L}{2.59E}\right)^{0.4} \tag{7-32}$$

式中，m 为不锈钢材料的稳定系数；E 为不锈钢材料的弹性模量；L 为不锈钢管的长度；此时液氮传输管道的外层不锈钢管的外径 D_3 等于 $D_2 + 2S_2$。

(11)根据 D_4 与 $\Delta P_2 / \Delta X_2$、$\dot{m}_2$、D_3 的函数关系，确定 D_4 的数值：

$$\frac{\Delta P_2}{\Delta X_2} = \frac{8f_2 \dot{m}_2^2}{\pi^2 \rho_2 (D_4 - D_3)(D_4^2 - D_3^2)^2} \tag{7-33}$$

式中，ρ_2 为液化页岩气的密度；f_2 为液化页岩气的摩擦系数，其计算表达式为

$$f_2 = 0.451 \left[\frac{\rho_2 v_2 (D_4 - D_3)}{\mu_2} \right]^{-0.2} \tag{7-34}$$

式中，μ_2 为液化页岩气的动力黏度；v_2 为液化页岩气的传输速度，其计算表达式为

$$v_2 = \frac{\pi (D_4^2 - D_3^2) \rho_2}{4 \dot{m}_2} \tag{7-35}$$

(12) 根据 q_3 与 $\Delta T_2 / \Delta X_2$、$\dot{m}_2$、q_2、D_3、D_4 的函数关系，确定 q_3 的数值：

$$\frac{\Delta T_2}{\Delta X_2} = \frac{8 f_2 \dot{m}_2^2}{\pi^2 \rho_2^2 c_2 (D_4 - D_3)(D_4^2 - D_3^2)^2} + \frac{q_3 - q_2}{c_2 \dot{m}_2} \tag{7-36}$$

式中，c_2 为液化页岩气的比热容。

(13) 根据 S_3 与 P_2、D_4 的函数关系，确定 S_3 的数值：

$$S_3 = \frac{P_2 D_4}{2 \sigma \varphi - P_2} \tag{7-37}$$

此时液化页岩气传输管道的内层不锈钢管的外径 D_5 等于 $D_4 + 2S_3$。

(14) 根据 δ_3 与 T_2、T_3、q_3、D_5 的函数关系，确定 δ_3 的数值：

$$q_3 = \frac{2 \pi \lambda (T_3 - T_2)}{\ln \left(\dfrac{D_5 + 2\delta_3}{D_5} \right)} \tag{7-38}$$

(15) 根据 δ_4 与 $\Delta G_2 / \Delta t_2$、δ_3、D_5 的函数关系，确定 δ_4 的数值：

$$\frac{\Delta G_2}{\Delta t_2} = \frac{4 g_1 (D_5 + 2\delta_3) + 4 g_2 (2 D_5 + 2\delta_4)}{(D_5 + 2\delta_4)^2 - D_5^2} \tag{7-39}$$

(16) 比较第 (14) 步计算获得的 δ_3 数值与第 (15) 步计算获得的 δ_4 数值的大小：当 $\delta_3 \leqslant \delta_4$ 时，绝热材料的实际厚度设置为 δ_3，且高真空夹层的实际厚度设置为 δ_4，此时液化页岩气传输管道的外层不锈钢管的内径 D_6 等于 $D_5 + 2\delta_4$；当 $\delta_3 > \delta_4$ 时，绝热材料的实际厚度设置为 δ_3，且高真空夹层的实际厚度也设置为 δ_3，此时液化页岩气传输管道的外层不锈钢管的内径 D_6 等于 $D_5 + 2\delta_3$。

(17) 根据 S_4 与 P_3、D_6 的函数关系，确定 S_4 的数值：

$$S_4 = D_6^{0.6} \left(\frac{m P_3 L}{2.59 E} \right)^{0.4} \tag{7-40}$$

此时液化页岩气传输管道的外层不锈钢管的外径 D_7 等于 $D_6 + 2S_4$。

参 考 文 献

[1] Jin J X. High efficient DC power transmission using high-temperature superconductors. Physica C: Superconductivity and its Applications, 2007, 460-462: 1443-1444.

[2] 金建勋. 高温超导电缆的限流输电方法及其构造: 中国, CN101004959B. 2010.

[3] Jin J X, Chen X Y, Qu R H, et al. An integrated low-voltage rated HTS DC power system with multifunctions to suit smart grids. Physica C: Superconductivity and its Applications, 2015, 510: 48-53.

[4] 陈孝元. 一种液化页岩气-液氮-超导直流电缆复合能源传输系统: 中国, CN105179823A. 2017.

[5] 陈孝元, 陈宇. 液化页岩气-液氮-超导电缆复合能源管道设计方法: 中国, CN107631105A. 2018.

[6] 张杨, 厉彦忠, 谭宏博, 等. 天然气与电力长距离联合高效输送的可行性研究. 西安交通大学学报, 2013, 47(9): 1-7.

[7] Kang W N, Lees S T, Chu C W. Oxygen annealing and superconductivity of $HgBa_2Ca_2Cu_3O_{8+y}$ thin films. Physica C: Superconductivity and its Applications, 1999, 315(3): 223-226.

[8] Ishigohka T. A feasibility study on a world-wide scale superconducting power transmission system. IEEE Transactions on Applied Superconductivity, 1995, 5(2): 949-952.

[9] 杨筱蘅, 张国忠. 输油管道设计与管理. 东营: 中国石油大学出版社, 1996.

[10] Fesmire J E, Augustynowicz S D, Rouanet S. Aerogel beads as cryogenic thermal insulation system. Proceedings of the Cryogenic Engineering Conference, New York, 2002.

[11] 尹少慰, 杨洋, 曾从滔. LNG 管输保冷层厚度优化设计. 管道技术与设备, 2011, (1): 12-13, 57.

[12] Breuer W, Retzmann D, Uecker K. Highly efficient solutions for smart and bulk power transmission of Green Energy. http://www.energy.siemens.com[2019-08-12].

[13] Deng S M, Jin H G, Cai R X, et al. Novel cogeneration power system with liquefied natural gas (LNG) cryogenic exergy utilization. Energy, 2004, 29(4): 497-512.

[14] Seeber B. Handbook of Applied Superconductivity. Bristol: Institute of Physics Publishing, 1998.

[15] National Petroleum Council. Electrical generation efficiency: Working document of the NPC global oil&gas study. http://www.npc.org[2019-08-12].

[16] 梁涵卿, 邬雄, 梁旭明. 特高压交流和高压直流输电系统运行损耗及经济性分析. 高电压技术, 2013, 39(3): 630-635.

[17] 林泊成, 周学深. 西气东输管道增输压气站设置. 石油工程建设, 2007, 33(6): 16-20.

[18] Zhang Y, Tan H, Li Y, et al. Feasibility analysis and application design of a novel long-distance natural gas and electricity combined transmission system. Energy, 2014, 77: 710-719.

第 8 章　超导输电-限流-储能的复合应用

8.1　超导多功能复合输电技术与应用

高温超导电缆具有低损耗、高电流密度和高容量等显著特征,进而可用于构建节能高效的超导输电系统。基于高温超导体具有的一系列特性,除了利用其制备电缆,还可在此基础上有机复合其超导特性,构建具有自我和自动限流保护功能,甚至具有能量储存和调控功能的多功能高效复合输电系统。

高温超导电缆因其低损耗、大容量的特点不但在长距离输电中备受关注,而且在配电网中也受到关注。例如,在现有的低压直流微电网系统中引入高温超导直流电缆,并和高温超导磁储能技术结合,构成大容量低压直流微电网系统,具有非常高的电能传输容量和效率、近似为零的电能损耗及非常高的供电品质。因此,在未来分布式发电系统及微电网系统的发展过程中,高温超导直流电缆-高温超导磁储能复合系统有望成为一种新型的微电网方案,进而实现集中发电侧和分散用电侧之间的高效电能传输。

此外,根据可再生能源的分布式发电系统均具有间歇性、波动性和不稳定性的缺陷,要实现持续、稳定的电能供应,必须要配置一定的电力储能装置。对比其他常规电力储能装置如蓄电池,高温超导磁储能系统独特的快速响应特性、高功率密度特性使其更具应用优势。

多个分布式发电系统、高温超导直流电缆及配套的高温超导磁储能系统即构成了一个大容量低压直流微电网系统。为了解决超导系统的制冷问题,考虑引入低温液氢传输方案,在实现远距离氢能传输的同时,还可以作为高温超导直流电缆及高温超导磁储能系统的制冷剂。高温超导微电网、高温超导智能电网及高温超导能源互联网的概念和雏形,也将由此构建和发展[1-4]。

8.2　复合应用系统构架及原理

8.2.1　基本结构与工作原理

图 8-1 给出了含有高温超导储能装置和高温超导输电-限流电缆的复合应用能源传输系统结构示意图(为叙述简洁,本章的"高温超导"后面简称为"超导")。该低压直流微电网示例的核心思想是构建一套电能-氢能复合能源传输系统,其核

心因素包括公用电网、水电解器及配套的氢气液化装置、低温液氢管道、风力发电机、水力发电机、光伏电池、燃料电池、高温超导直流电缆、高温超导磁储能装置、交流负载、直流负载、电动汽车充电站、燃料电池汽车加氢站以及上述核心装置配套的交、直流电能变换系统[5-8]。

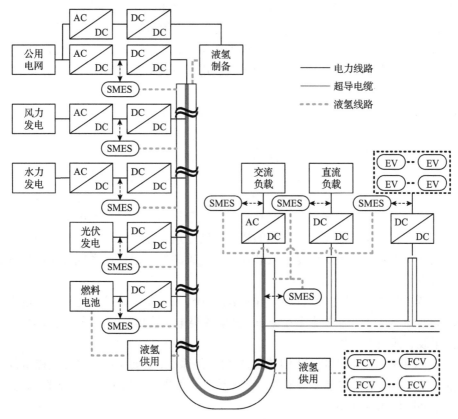

图 8-1　含有高温超导储能装置和高温超导输电-限流电缆的复合应用能源传输系统结构示意图

从功能上划分，上述系统的核心可分为六个部分，即电源部分、氢源部分、电缆部分、储能部分、电能负载部分和氢能负载部分。其中，电源部分包括外来的公用电网及本地的各种分布式发电系统如风力发电机、水力发电机、光伏电池、燃料电池等。氢源部分包括水电解器、氢气液化装置、低温液氢管道。电缆部分包括一条超导直流电缆母线和若干条超导直流电缆支路线。储能部分包括安装在电源部分附近的超导磁储能系统、安装在电能负载部分附近的超导磁储能系统、安装在超导直流电缆母线和若干条超导直流电缆支路线连接处附近的超导磁储能系统。电能负载部分包括交流负载、直流负载、电动汽车充电站等。氢能负载部分包括燃料电池汽车加氢站、燃料电池[5-7]。

含超导磁储能系统和超导直流电缆的低压直流微电网的工作原理如下：

(1) 公用电网电能通过交流变压器调压后，再进行 AC-DC 电能变换，接入超导直流电缆母线。

(2) 本地的各种分布式发电系统如风力发电机、水力发电机、光伏电池、燃料电池等，通过 AC-DC 或 DC-DC 电能变换后，接入超导直流电缆母线。

(3) 公用电网及各种分布式发电系统联合产生的直流电能通过超导直流电缆母线进行长距离电能传输后，再分配至若干条邻近电能负载的超导直流电缆分支线，分配后的直流电能通过每一条超导直流电缆分支线配送至处于不同地理位置的电能负载。

(4) 超导直流电缆分支线终端的直流电能通过 DC-AC 或 DC-DC 电能变换后，最终为相应的电能负载提供持续、稳定的电能供用。

(5) 公用电网电能通过交流变压器调压后，再进行 AC-DC 电能变换，为水电解器及配套的氢气液化装置提供电能，从而产生持续的低温液氢。

(6) 低温液氢一方面通过低温液氢管道实现长距离氢能传输，为各类氢能负载提供氢能供用；另一方面又为安装在低温液氢管道内的超导直流电缆母线和支路线，以及安装在低温液氢管道外部的超导磁储能系统提供低温制冷剂。

此外，需要特别说明的是，安装在不同位置的超导磁储能系统将在低压直流微电网中起到不同的作用：

(1) 安装在电源部分附近的超导磁储能系统，主要是用来抑制电源输出电压和功率的波动，通过实时电能交互操作，辅助各类电源输出持续、平稳的直流电能，起到平波、滤波的作用。

(2) 安装在电能负载部分附近的超导磁储能系统，主要是用来平衡电能负载容量的波动，通过实时电能交互操作，为各类电能负载提供持续、平稳的直流电能，起到不间断电源的作用。

(3) 安装在超导直流电缆母线和若干条超导直流电缆支路线连接处附近的超导磁储能系统，一方面可以在电源或负载出现波动情况下，通过实时补偿超导直流电缆母线和支路线上的瞬时电压和功率波动，以维持母线及支路线的线路电压和传输功率；另一方面还可以在超导直流电缆支路线出现短路接地故障情况下，通过实时补偿超导直流电缆支路线上的瞬时电压和功率波动，以维持支路线的线路电压和传输功率，最终有效保障其他相邻的非故障支路线上电能负载的持续电能供用。

8.2.2 系统能量交互策略

一般而言，低压直流微电网中的电源部分、电缆部分和电能负载部分的运行过程均可分为三种工作状态：①功率过剩状态；②额定功率状态；③功率凹陷状态。假设电源部分、电缆部分和电能负载部分的额定电压分别为 U_{rated}、U_{rated1} 和 U_{rated2}，最大允许电压波动分别为 ΔU_1、ΔU_2 和 ΔU_3，实际电压分别为 U_{grid}、U_{bus} 和 U_{load}。那么，以上三种工作状态可以分别描述如下：

(1) 当 $U_{grid} \geqslant U_{rated} + \Delta U_1$、$U_{bus} \geqslant U_{rated1} + \Delta U_2$ 或 $U_{load} \geqslant U_{rated2} + \Delta U_3$ 时，电源部分、电缆部分和电能负载部分处于功率过剩状态。

(2) 当 $U_{rated} - \Delta U_1 \leqslant U_{grid} \leqslant U_{rated} + \Delta U_1$、$U_{rated1} - \Delta U_2 \leqslant U_{bus} \leqslant U_{rated1} + \Delta U_2$ 或 $U_{rated2} - \Delta U_3 \leqslant U_{load} \leqslant U_{rated2} + \Delta U_3$ 时，电源部分、电缆部分和电能负载部分处于额定功率状态。

(3) 当 $U_{grid} \leqslant U_{rated} + \Delta U_1$、$U_{bus} \leqslant U_{rated1} + \Delta U_2$ 或 $U_{load} \leqslant U_{rated2} + \Delta U_3$ 时，电源部分、电缆部分和电能负载部分处于功率凹陷状态。

相应地，8.2.1 节描述的三类超导磁储能系统将分别调节电源部分、电缆部分和电能负载部分的工作状态，进行实时能量交互操作，以达到高效、快速电网能量交互。鉴于三类超导磁储能系统的能量交互操作过程基本一致，下面以电源部分为例，对以上三个工作状态中的能量交互基本原理作简单阐述：

(1) 功率过剩状态。当电源部分处于功率过剩状态时，电源部分产生的实时电能功率 P_{grid} 将分为两个部分。一部分输入超导直流电缆母线，再传输到超导直流电缆支路线，最终用于电能负载供电；另一部分则输入第一类超导磁储能系统中，超导磁体将以充电功率 P_{ch} 进行充电操作。此时，超导直流电缆母线获得的电能功率为 $P_{main} = P_{grid} - P_{ch}$。

(2) 额定功率状态。当电源部分处于额定功率状态时，电源部分产生的实时电能功率 P_{grid} 将全部输入超导直流电缆母线，再传输到超导直流电缆支路线，最终用于电能负载供电。第一类超导磁储能系统中的超导磁体进行储能操作，不与外界进行能量交互操作。此时，超导直流电缆母线获得的电能功率为 $P_{main} = P_{grid}$。

(3) 功率凹陷状态。当电源部分处于功率凹陷状态时，电源部分产生的实时电能功率 P_{grid} 将全部输入超导直流电缆母线，再传输到超导直流电缆支路线，最终用于电能负载供电。第一类超导磁储能系统中的超导磁体以放电功率 P_{dis} 进行放电操作。此时，超导直流电缆母线获得的电能功率为 $P_{main} = P_{grid} + P_{dis}$。

图 8-2 给出了三类超导磁储能系统的能量交互策略示意图。其中，图 8-2(a)、(d)、(g)，图 8-2(b)、(e)、(h) 和图 8-2(c)、(f)、(i) 分别属于第一类、第二类和第三类超导磁储能系统的能量交互策略；图 8-2(a)、(b) 和(c) 为功率过剩状态，图 8-2(d)、(e) 和(f) 为额定功率状态，图 8-2(g)、(h) 和(i) 为功率凹陷状态。需要说明的是，以上三类超导磁储能系统的充放电操作都是由桥式直流斩波器来控制的。当超导磁储能系统充电时，桥式直流斩波器工作在充电-储能模式，以达到受控充电的目的；当超导磁储能系统放电时，桥式直流斩波器工作在放电-储能模

式，以达到受控放电的目的。

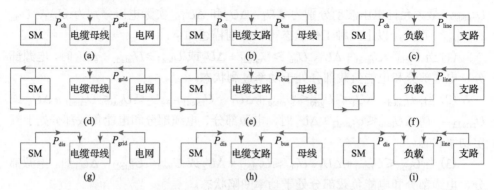

图 8-2　三类超导磁储能系统的能量交互策略示意图

SM: 超导磁体

为了评估复合应用系统，设计了一套大容量低压直流微电网系统，用以分析其能量交互性能，如图 8-3 所示。其电源部分由一个可控电压源代替，额定输出电压为 200V；电缆部分包括一条 200V/100kA/20MW 超导直流电缆母线和五条 200V/20kA/4MW 超导直流电缆支路线；储能部分为包括四套 0.06H/15.5kA/7.2MJ 超导磁储能系统；电能负载部分包括四套 200V/20kA/4MW 纯阻性负载和三套 200V/10kA/2MW 纯阻性负载。

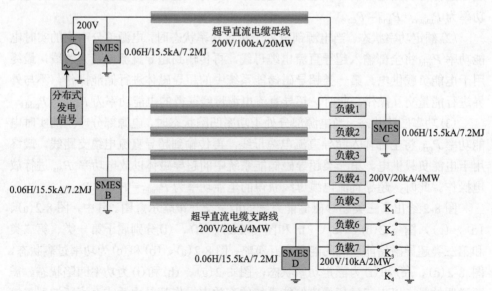

图 8-3　大容量低压直流微电网系统的结构示意图

需要说明的是，四套 0.06H/15.5kA/7.2MJ 超导磁储能系统分别为接入可控电压源输出处的 SMES A、接入超导直流电缆母线和支路线连接处的 SMES B、接入

第一条支路线终端的纯阻性负载前端处的 SMES C、接入第五条支路线终端的纯阻性负载前端处的 SMES D；四套 200V/20kA/4MW 纯阻性负载分别接入前四条支路线终端，三套并联安装的 200V/10kA/2MW 纯阻性负载位于第五条支路线终端，并由与之串联的三个理想开关 $K_1 \sim K_3$ 控制其接入或断开状态；位于第五条支路线终端的第四个理想开关 K_4 用于造成或消除支路线的短路接地故障。

8.3　复合应用系统的能量交互建模

8.3.1　超导直流电缆建模

超导直流电缆建模采用了 PI 型等值电路模型，其包括一个线路分布电感 L 和两个线路分布电容 $C/2$，如图 8-4 所示。其中，每千米电缆的电感量和电容量分别设定为 2mH 和 8.6pF。

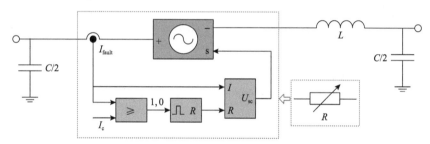

图 8-4　超导直流电缆的 PI 型等值电路模型及失超电阻等效计算模型

除了具备非常大的传输电流容量、近似为零传输电能损耗的应用优势之外，超导直流电缆还具有独特的自动限流特性。当输电线路出现短路接地故障时，通过超导直流电缆的故障电流 I_{fault} 将超过其临界电流 I_c。这将导致超导直流电缆中的超导体出现失超现象，呈现出非线性变化的电阻特性，进而在超导直流电缆两端产生一定的电压降 U_{sc}，最终达到有效限制故障电流的目的。

上述失超过程中的非线性电阻特性与电阻型超导限流器非常接近，其非线性变化过程描述如下：

（1）当超导直流电缆处于正常工作状态时，其传输电流低于其临界电流，此时超导直流电缆处于超导状态 S（superconducting state），其损耗电阻 $R(t)$ 为零；

（2）某时刻，线路出现短路接地故障，故障电流迅速上升，当故障电流上升至高于超导直流电缆的临界电流后，超导直流电缆将处于失超状态 Q（quenching state），其损耗电阻 $R(t)$ 按照指数形式上升，直至其最大值 R_m；

（3）某时刻，线路的短路接地故障消除，线路电流迅速下降，当线路电流下降至低于超导直流电缆的临界电流后，超导直流电缆将处于失超恢复状态 R（recovering state)，其损耗电阻 $R(t)$ 按照指数形式下降，直至近似为零；

（4）当线路电流趋于稳定后，超导直流电缆将重新回到超导状态，其损耗电阻 $R(t)$ 为零。

以上过程描述的非线性变化电阻的函数关系式可表示为

$$R(t) = \begin{cases} 0, & t < t_0 \\ R_m \left[1 - \exp(-t / \tau_1)\right], & t_0 \leqslant t \leqslant t_1 \\ R_m, & t_1 < t < t_2 \\ R_m \exp(-t / \tau_2), & t_2 \leqslant t \leqslant t_3 \\ 0, & t > t_3 \end{cases} \tag{8-1}$$

式中，τ_1 和 τ_2 为超导直流电缆在失超过程和失超恢复过程中的时间常数，可用于表征超导直流电缆的失超速度和失超恢复速度。图 8-5 给出了与式 (8-1) 相对应的超导直流电缆电阻变化曲线示意图。其中，$0 \sim t_0$ 区间为超导状态；$t_0 \sim t_1$ 区间为失超状态；$t_1 \sim t_2$ 区间为失超状态；$t_2 \sim t_3$ 区间为失超恢复状态；$t_3 \sim \infty$ 区间为超导状态。

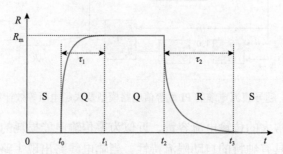

图 8-5　超导直流电缆电阻变化曲线示意图

8.3.2　超导磁储能系统建模

以实际工作为例简要说明，其中 0.06H/15.5kA/7.2MJ 超导磁储能系统是由 20 个 1.2H/335A/360kJ 超导螺线管线圈单元并联构成的组合型超导磁体。每个超导螺线管线圈单元均安装在独立的低温杜瓦内，并由来自低温液氢管道内的低温液氢完全浸泡制冷。相应地，每个超导螺线管线圈单元需配置一个桥式直流斩波器单元。20 个超导螺线管线圈单元分别通过各自的桥式直流斩波器单元接入微电网系统中，如图 8-6 所示。

以实际实验为例，每个桥式直流斩波器单元中有四个金属-氧化物半导体场效应晶体管 (MOSFET)，这里均采用英飞凌科技公司生产的 C3 系列产品 IPW65R019C3，其室温条件下的导通电阻为 13mΩ，在 50～100K 低温条件下的导通电阻为 2.55mΩ。

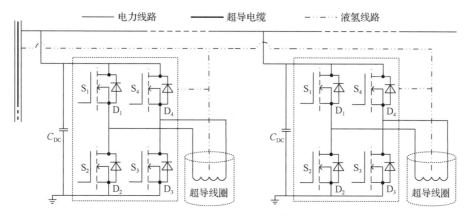

图 8-6 超导磁储能系统的电路模型及连接方式

鉴于低温 MOSFET 的低导通电阻和低损耗功率，20 个桥式直流斩波器单元均采用低温氢气来制冷，以维持其工作温度范围为 50～100K。同时，受单个功率电子开关的载流容量限制，每个桥式直流斩波器单元中的 MOSFET 均由 12 个 IPW65R019C3 并联构成，以获得 900A 的额定载流容量。

定义 MOSFET 的导通或关断状态为"1"或"0"，桥式直流斩波器的五个工作状态就可以用数字状态"$S_1S_2S_3S_4$"来表示。当系统外部出现功率凹陷时，桥式直流斩波器工作在放电-储能模式中，即"0101"→"0100"→"0110"→"0100"→"0101"，以释放外部所需的电能功率；当系统外部出现功率过剩时，桥式直流斩波器工作在充电-储能模式中，即"1010"→"0010"→"0110"→"0010"→"1010"，以吸收外部所剩的电能功率。

8.3.3 超导磁储能-超导直流电缆复合系统建模

图 8-7 和图 8-8 给出了功率波动情况下的超导磁储能-超导直流电缆复合系统建模框图。在设计的大容量低压直流微电网系统中，功率波动情况可分为以下两种：①电源输出功率波动；②负载需求功率波动。其中，引入两个辅助电压源 U_{swell} 和 U_{sag}，并由两个理想开关 K_5 和 K_6 控制电源分别进入电源功率过剩状态、电源额定功率状态和电源功率凹陷状态；引入三个辅助纯阻性负载 R_1、R_2 和 R_3，并由三个理想开关 K_1、K_2 和 K_3 来控制负载分别进入负载功率过剩状态、负载额定功率状态和负载功率凹陷状态[6-8]。

安装在可控电压源输出处的超导磁储能系统 SMES A、安装在超导直流电缆母线和支路线连接处的 SMES B、安装在第一条支路线终端的纯阻性负载前端处的 SMES C 和安装在第五条支路线终端的纯阻性负载前端处的 SMES D 可分别等效为电流源 I_A、I_B、I_C 和 I_D，并由四个理想开关 K_A、K_B、K_C 和 K_D 来控制相应的超导磁储能系统接入微电网系统。其中，四个理想开关 K_A、K_B、K_C 和 K_D 的导通

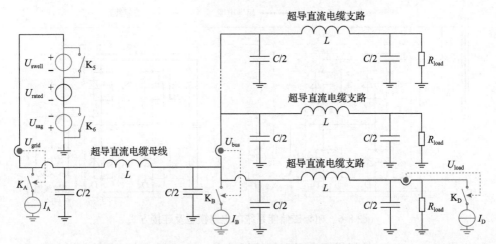

图 8-7　电源输出功率波动情况下的超导磁储能-超导直流电缆复合系统建模框图

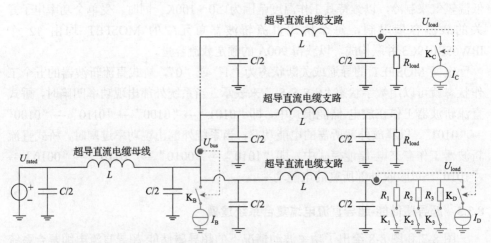

图 8-8　负载需求功率波动情况下的超导磁储能-超导直流电缆复合系统建模框图

或关断要受到电源输出电压 U_{grid}、超导直流电缆母线和支路线连接处电压 U_{bus}、第一条支路线终端电压 U_{load1} 和第五条支路线终端电压 U_{load5} 的控制。需要说明的是，以上四个等效电流源不是直接接入电网系统，而是先通过 8.3.2 节中描述的桥式直流斩波器变换成电压源后，再接入电网系统。

　　一般来说，当系统出现电源输出功率波动时，SMES A 最先起到快速功率补偿的作用，其次是 SMES B，最后是 SMES C 和 SMES D；当系统在第五条支路线上出现负载需求功率波动时，SMES D 最先起到快速功率补偿的作用，其次是SMES B，最后是 SMES A，而 SMES C 将无法起到功率补偿作用。关于功率波动情况下的能量交互问题，后续将在 8.4 节具体阐述。

图 8-9 给出了短路故障情况下的超导磁储能-超导直流电缆复合系统建模框图。在设计的大容量低压直流微电网系统中，在第五条支路线上引入一个理想开关 K_4 控制该支路线产生或消除短路接地故障。由 8.3.1 节中描述的超导直流电缆模型可知，第五条支路线将会出现失超现象，进而产生一个电压降 U_{sc}，以达到有效限制故障电流的目的。由于电压降 U_{sc} 的存在，将在一定程度上维持其他四条相邻并联支路线上的线路电压。但是，由于电压降 U_{sc} 是从零逐渐上升至其最大值，其他四条相邻并联支路线不可避免地会产生一定的电压降。SMES B 最先起到维持线路电压的作用，其次是 SMES C，最后是 SMES A，而 SMES D 将无法起到维持线路电压的作用。关于短路故障情况下的能量交互问题，后续将在 8.5 节具体阐述。

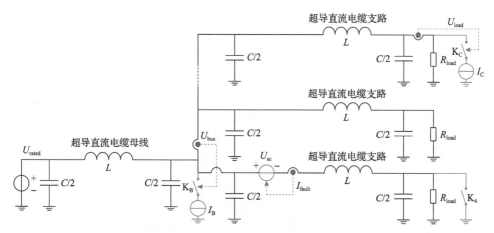

图 8-9 短路故障情况下的超导磁储能-超导直流电缆复合系统建模框图

8.4 微电网功率波动情况下的能量交互仿真分析

8.4.1 电源功率波动时的能量交互效果分析

图 8-10 给出了电源功率波动状态下的微电网系统的 MATLAB/Simulink 模型。为了模拟电源输出电压及功率的波动，引入一个与可控电压源(controllable voltage source，CVS)串联的等效电源内阻 R_{eq}。由于微电网系统的负载总电阻为 2mΩ，等效电源内阻 R_{eq} 设定为 1mΩ。这样，当可控电压源输出过电压 350V、额定电压 300V、欠电压 250V 时，即可等效地实现微电网系统中的电源功率波动状态，即电源功率过剩状态、电源额定功率状态和电源功率凹陷状态。

超导直流电缆部分包括一条 200V/100kA/20MW 超导直流电缆母线和五条 200V/20kA/4MW 超导直流电缆支路线。超导直流电缆母线和支路线的长度分别为

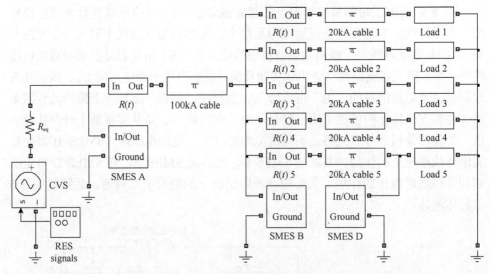

图 8-10　电源功率波动状态下的微电网系统的 MATLAB/Simulink 模型

10km 和 1km，且每千米电缆的电感量和电容量分别设定为 2mH 和 8.6pF。超导磁储能系统包括三套 0.06H/15.5kA/7.2MJ 超导磁储能系统，分别为安装在可控电压源输出处的 SMES A、安装在超导直流电缆母线和支路线连接处的 SMES B、安装在第五条支路线终端的纯阻性负载前端处的 SMES D。由于安装在第一条支路线终端的纯阻性负载前端处的 SMES C 与 SMES D 在系统中起到完全一致的能量补偿效果，故只考虑了 SMES A、SMES B、SMES D 的联合能量交互操作。电能负载部分包括五套 200V/20kA/4MW 纯阻性负载，分别安装在对应的五条支路线终端。在仿真分析过程中，作以下设定：从第一条支路线至第五条支路线终端的负载电压依次设定为 $U_{load1}(t)$、$U_{load2}(t)$、$U_{load3}(t)$、$U_{load4}(t)$、$U_{load5}(t)$；SMES A、SMES B、SMES D 的磁体电流依次设定为 $I_A(t)$、$I_B(t)$、$I_D(t)$。

　　为了探讨超导磁储能系统在电源功率波动状态下的能量补偿特性，在图 8-10 给出的 MATLAB/Simulink 模型中接入了安装在超导直流电缆母线和支路线连接处的 SMES B。当系统处于电源功率凹陷状态时，磁体初始工作电流设定为 15.5kA；当系统处于电源功率过剩状态时，磁体初始工作电流设定为 10kA。在仿真过程中，自 t=0.5s 时刻开始，可控电压源输出欠电压 250V 或过电压 350V，系统从额定功率状态切换至电源功率凹陷状态或电源功率过剩状态；自 t=3s 时刻开始，可控电压源输出额定电压 300V，系统逐渐恢复至额定功率状态。

　　图 8-11 和图 8-12 分别给出了电源功率过剩和功率凹陷状态下的第一条支路线负载电压 $U_{load1}(t)$ 的能量补偿曲线。图 8-13 给出了相应的 SMES B 磁体电流变化曲线。

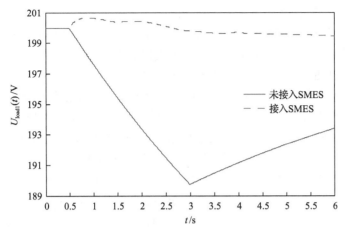

图 8-11 电源功率过剩状态下的第一条支路线负载电压 $U_{load1}(t)$ 的能量补偿曲线

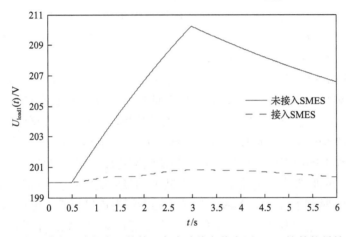

图 8-12 电源功率凹陷状态下的第一条支路线负载电压 $U_{load1}(t)$ 的能量补偿曲线

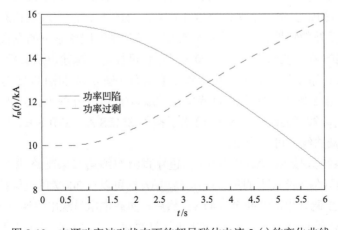

图 8-13 电源功率波动状态下的超导磁体电流 $I_B(t)$ 的变化曲线

从图 8-11 的能量补偿曲线可以看出：

(1) 当 SMES B 没有接入时，负载电压呈现出快速下降趋势，3s 时刻下降至189.8V；自 t=3s 开始，负载电压呈现出较为缓慢的上升趋势，6s 时刻上升至198.4V。

(2) 当 SMES B 接入时，超导磁体通过低温桥式直流斩波器的放电-储能模式，对线路上不足的负载电能功率进行实时补偿操作，从而使负载电压基本保持在200V 左右。负载电压呈现出先上升后下降的变化趋势，0.9s 时刻上升至 200.6V，然后逐渐缓慢下降。当 t=3s 时，负载电压下降至 199.8V，SMES B 的磁体电流下降至 18.3kA。自 t=3s 开始，由于电源安装位置距离超导直流电缆支路线上的电能负载较远，功率补偿响应速度较慢，SMES B 仍继续向系统补偿电能，6s 时刻磁体电流下降至 9.05kA；且线路负载电压仍呈现出较为缓慢的下降趋势，6s 时刻下降至 199.4V，后续将逐渐缓慢恢复至额定电压 200V。

从图 8-12 的能量补偿曲线可以看出：

(1) 当 SMES B 没有接入时，负载电压呈现出快速上升趋势，3s 时刻上升至210.3V；自 t=3s 开始，负载电压呈现出较为缓慢的下降趋势，6s 时刻下降至206.5V，后续将逐渐缓慢下降至额定电压 200V。

(2) 当 SMES B 接入时，超导磁体通过低温桥式直流斩波器的充电-储能模式，对线路上过剩的负载电能功率进行实时吸收操作，从而使负载电压基本保持在200V 左右。负载电压呈现出较为缓慢的上升趋势，3s 时刻上升至 200.8V，此时SMES B 的磁体电流上升至 12.1kA。自 t=3s 开始，由于电源安装位置距离超导直流电缆支路线上的电能负载较远，功率补偿响应速度较慢，SMES B 仍继续从系统吸收电能，6s 时刻磁体电流上升至 15.3kA；且线路负载电压呈现出较为缓慢的下降趋势，6s 时刻下降至 200.4V，后续将逐渐缓慢恢复至额定电压 200V。

为了进一步探讨多个超导磁储能系统在电源功率波动状态下的联合能量补偿特性，在图 8-10 给出的 MATLAB/Simulink 模型中接入了 SMES A、SMES B、SMES D，且其磁体初始工作电流均设定为 15.5kA。由于电源功率过剩状态和凹陷状态下的联合能量补偿特性相似，这里只针对电源功率凹陷状态下的联合能量补偿特性作详细讨论。在仿真过程中，自 t=0.5s 开始，可控电压源输出从其额定电压 300V瞬降至 250V，系统持续处于负载功率凹陷状态。图 8-14 和图 8-15 分别给出了超导直流电缆第二条支路线上的负载电压 $U_{load2}(t)$ 和第五条支路线上的负载电压$U_{load5}(t)$ 的能量补偿曲线。图 8-16 给出了接入 SMES A、SMES B、SMES D 后的磁体电流衰减曲线。可以看出：

(1) 当系统只接入 SMES B 时，超导直流电缆第二条支路线上的负载电压$U_{load2}(t)$ 和第五条支路线上的负载电压 $U_{load5}(t)$ 均可以在 200V 附近维持至约 5.4s，此时 SMES B 磁体电流衰减至 8.4kA；然后，负载电压呈现出快速下降趋势，8.5s时刻电压下降至 173V；最后，负载电压再逐渐缓慢下降，15s 时刻电压下降至 170V。

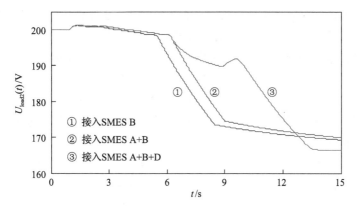

图 8-14　第二条支路线上的负载电压 $U_{load2}(t)$ 的能量补偿曲线

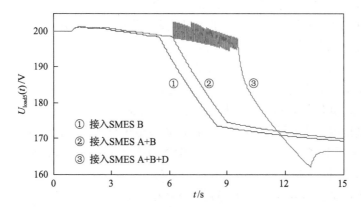

图 8-15　第五条支路线上的负载电压 $U_{load5}(t)$ 的能量补偿曲线

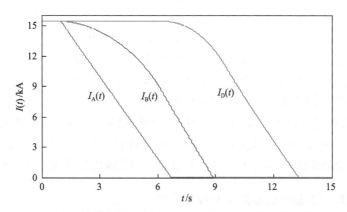

图 8-16　超导磁体电流 $I_A(t)$、$I_B(t)$ 和 $I_D(t)$ 的衰减曲线

(2) 当系统接入 SMES A 和 SMES B 时,超导直流电缆第二条支路线上的负载电压 $U_{load2}(t)$ 和第五条支路线上的负载电压 $U_{load5}(t)$ 均可以在 200V 附近维持至约

6.1s，此时 SMES A 磁体电流衰减至 1.5kA，SMES B 磁体电流衰减至 8.9kA；然后，负载电压呈现出与只接入 SMES B 类似的快速下降趋势，9.0s 时刻电压下降至 175V；最后，负载电压再逐渐缓慢下降，15s 时刻电压下降至 171V。

(3) 当系统接入 SMES A、SMES B 和 SMES D 时，超导直流电缆第二条支路线上的负载电压 $U_{load2}(t)$ 和第五条支路线上的负载电压 $U_{load5}(t)$ 将出现不同的能量补偿效果。下面将分别阐述超导直流电缆第二条支路线和第五条支路线上的负载电压变化情况。

超导直流电缆第二条支路线上的负载电压 $U_{load2}(t)$ 可以在 200V 附近维持至约 6.1s，此时 SMES A 磁体电流衰减至 1.5kA，SMES B 磁体电流衰减至 8.9kA；其次，负载电压呈现出较为缓慢的下降趋势，9.0s 时刻电压下降至 190V，此时，SMES B 磁体电流衰减至零；再次，负载电压呈现出较为缓慢的上升趋势，9.6s 时刻电压上升至 192V；接着，负载电压呈现出较为快速的下降趋势，18.3s 时刻电压下降至 163V；最后，负载电压基本稳定，并维持在 163V 左右。

与超导直流电缆第二条支路线上的负载电压 $U_{load2}(t)$ 类似，第五条支路线上的负载电压 $U_{load5}(t)$ 也可以在 200V 附近维持至约 6.1s；其次，SMES D 的超导磁体开始放电，并继续维持负载电压 $U_{load5}(t)$ 在 200V 附近波动，直至 9.6s，此时 SMES D 磁体电流衰减至 10.3kA；再次，负载电压呈现出较为快速的下降趋势，13.2s 时刻电压下降至 162V，此时 SMES D 磁体电流衰减至零；最后，负载电压再逐渐缓慢上升，15s 时刻电压上升至 166V。

从以上的数据及结果分析可得到如下结论：

(1) 安装在超导直流电缆母线和支路线连接处的 SMES B，可以较好地保护后续的所有支路线上的负载电压。

(2) 安装在可控电压源输出处的 SMES A，可以用于维持可控电压源输出电压，也可以在一定程度上保护后续的所有支路线上的负载电压；但是，由于安装位置距离支路线上的电能负载较远，如 11km，功率补偿响应速度较慢，SMES A 对所有支路线上的负载电压的保护效果较差。

(3) 安装在超导直流电缆第五条支路线终端的纯阻性负载前端处的 SMES D，可以起到响应速度最快的能量补偿效果，非常有利于保护当前支路线上的负载电压；但是，SMES D 对其他邻近并联支路线上的负载电压的保护效果较差。

8.4.2 负载功率波动时的能量交互效果分析

图 8-17 给出了负载功率波动状态下的微电网系统的 MATLAB/Simulink 模型。为了分析负载出现需求功率波动时的能量补偿特性，采用三个理想开关 $K_1 \sim K_3$ 来获得不同的负载功率波动状况：①当 K_1 闭合、K_2 断开、K_3 断开时，系统处于

负载功率过剩状态，此时过剩的功率达到 2MW；②当 K_1 闭合、K_2 闭合、K_3 断开时，系统处于负载额定功率状态；③当 K_1 闭合、K_2 闭合、K_3 闭合时，系统处于负载功率凹陷状态，此时不足的功率达到 2MW。

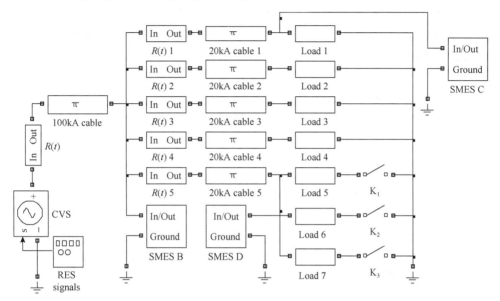

图 8-17　负载功率波动状态下的微电网系统的 MATLAB/Simulink 模型

可控电压源输出额定电压 200V，且超导直流电缆部分的仿真参数与 8.4.1 节完全一致。超导磁储能系统包括三套 0.06H/15.5kA/7.2MJ 超导磁储能系统，分别为安装在超导直流电缆母线和支路线连接处的 SMES B、安装在第一条支路线终端的纯阻性负载前端处的 SMES C、安装在第五条支路线终端的纯阻性负载前端处的 SMES D。由于安装在可控电压源输出处的 SMES A 对所有支路线上负载电压的保护效果较差，故只考虑了 SMES B、SMES C、SMES D 的联合能量交互操作。电能负载部分包括四套 200V/20kA/4MW 纯阻性负载和三套 200V/10kA/ 2MW 纯阻性负载，其中四套 200V/20kA/4MW 纯阻性负载分别安装在前四条支路线终端，三套并联安装的 200V/10kA/2MW 纯阻性负载位于第五条支路线终端，并由与之串联的三个理想开关 $K_1 \sim K_3$ 控制其接入或断开状态。在仿真分析过程中，作以下设定：从第一条支路线至第五条支路线终端的负载电压依次设定为 $U_{\text{load1}}(t)$、$U_{\text{load2}}(t)$、$U_{\text{load3}}(t)$、$U_{\text{load4}}(t)$、$U_{\text{load5}}(t)$；SMES B、SMES C、SMES D 的磁体电流依次设定为 $I_{\text{B}}(t)$、$I_{\text{C}}(t)$、$I_{\text{D}}(t)$。

为了探讨超导磁储能系统在负载功率波动状态下的能量补偿特性，在图 8-17 给出的 MATLAB/Simulink 模型中接入安装在超导直流电缆母线和支路线连接处的 SMES B。当系统处于电源功率凹陷状态下时，磁体初始工作电流设定为

15.5kA；当系统处于电源功率过剩状态下时，磁体初始工作电流设定为 10kA。在仿真过程中，自 t=0.5s 开始，位于超导直流电缆第五条支路线上的三个理想开关的状态从 K_1 闭合、K_2 闭合、K_3 断开分别变成 K_1 闭合、K_2 闭合、K_3 闭合，或 K_1 闭合、K_2 断开、K_3 断开，系统将从额定功率状态切换至负载功率凹陷状态或负载功率过剩状态；自 t=3s 开始，三个理想开关的状态将转变成 K_1 闭合、K_2 闭合、K_3 断开，系统将从负载功率凹陷状态或负载功率过剩状态恢复至额定功率状态。

图 8-18 和图 8-19 分别给出了负载功率凹陷和功率过剩状态下的第一条支路线负载电压 $U_{\text{load1}}(t)$ 的能量补偿曲线。图 8-20 给出了相应的 SMES B 磁体电流变化曲线。

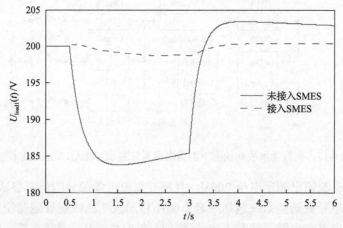

图 8-18　负载功率凹陷状态下的第一条支路线负载电压 $U_{\text{load1}}(t)$ 的能量补偿曲线

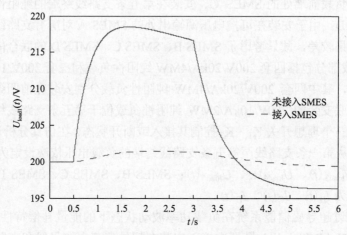

图 8-19　负载功率过剩状态下的第一条支路线负载电压 $U_{\text{load1}}(t)$ 的能量补偿曲线

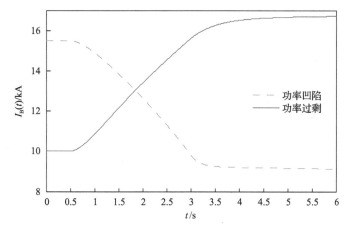

图 8-20　负载功率波动状态下的超导磁体电流 $I_B(t)$ 的变化曲线

从图 8-18 的能量补偿曲线可以看出：

（1）当 SMES B 没有接入时，负载电压呈现出快速下降趋势，1.5s 时刻下降至 183.8V，然后逐渐缓慢上升；自 t=3s 开始，负载电压呈现出快速上升趋势，3.8s 时刻上升至 203.3V，然后逐渐缓慢下降至额定电压 200V。

（2）当 SMES B 接入时，超导磁体通过低温桥式直流斩波器的放电-储能模式，对线路上不足的负载电能功率进行实时补偿操作，从而维持负载电压基本保持在 200V 左右。当 t=3s 时，负载电压仅下降为 198.8V，此时 SMES B 的磁体电流下降至 9.8kA。

从图 8-19 的能量补偿曲线可以看出：

（1）当 SMES B 没有接入时，负载电压呈现出快速上升趋势，1.5s 时刻上升至 218.3V，然后逐渐缓慢下降；自 t=3s 开始，负载电压呈现出快速下降趋势，6.0s 时刻下降至 196.1V，后续将逐渐缓慢上升至额定电压 200V。

（2）当 SMES B 接入时，超导磁体通过低温桥式直流斩波器的充电-储能模式，对线路上过剩的负载电能功率进行实时吸收操作，从而维持负载电压基本保持在 200V 左右。负载电压呈现出先上升后下降的变化趋势，2s 时刻上升至 201.4V，然后逐渐缓慢下降。当 t=3s 时，SMES B 的磁体电流上升至 15.6kA。

SMES B 的接入，可以较好地保护超导直流电缆第一条至第四条支路线上的负载电压，但是无法有效解决第五条支路线上的负载电压波动问题。如图 8-21 所示，对于出现负载功率波动的第五条支路线，无论 SMES B 接入与否，其负载电压 $U_{load5}(t)$ 均会出现一个非常大的电压骤降量，约为 133V。尽管接入 SMES B 后，后续的负载电压可以在 1.5s 内快速恢复至 200V，但负载出现需求功率波动的初始阶段中的电压骤降无法有效消除。而且，一旦系统自 t=3s 开始恢复至额定功率状态，无 SMES 接入时的电压骤升量达到 280V，而接入 SMES B 后则达到 300V。

出现上述问题的原因是 SMES B 的安装位置与电能负载之间存在一定的线路电感和电容，这不可避免地影响线路功率补偿的响应速度。要解决电压骤升骤降问题，必须考虑就近安装 SMES 系统，以实现快速功率补偿操作。

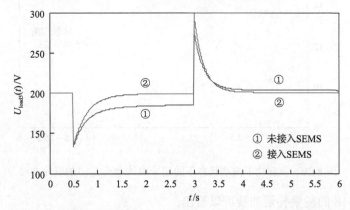

图 8-21　负载功率凹陷状态下的负载电压 $U_{load5}(t)$ 的能量补偿曲线

　　为了进一步探讨多个超导磁储能系统在负载功率波动状态下的联合能量补偿特性，在图 8-17 给出的 MATLAB/Simulink 模型中接入了 SMES B、SMES C、SMES D，且其磁体初始工作电流均设定为 15.5kA。由于负载功率过剩状态和凹陷状态下的联合能量补偿特性相似，这里只针对负载功率凹陷状态下的联合能量补偿特性作详细讨论。在仿真过程中，自 t=0.5s 时刻开始，K_1 闭合、K_2 闭合、K_3 闭合，系统持续处于负载功率凹陷状态。图 8-22、图 8-23 和图 8-24 分别给出了超导直流电缆第一条支路线上的负载电压 $U_{load1}(t)$、第二条支路线上的负载电压 $U_{load2}(t)$ 和第五条支路线上的负载电压 $U_{load5}(t)$ 的能量补偿曲线。图 8-25 给出了接入 SMES B、SMES C、SMES D 后的磁体电流衰减曲线。可以看出：

　　(1) 当系统只接入 SMES B 时，超导直流电缆第一条支路线上的负载电压 $U_{load1}(t)$ 和第二条支路线上的负载电压 $U_{load2}(t)$ 的变化曲线完全一致，均为首先出现一个较小的电压上升趋势，0.3s 时刻电压上升至 200.6V；然后，负载电压呈现出较为缓慢的下降趋势，3.4s 时刻电压下降至 198.8V，此时，SMES B 磁体电流衰减至 8.8kA；然后，负载电压呈现出较为快速的下降趋势，6.2s 时刻电压下降至 184.5V，此时，SMES B 磁体电流衰减至零；最后，负载电压呈现出较为缓慢的上升趋势，15s 时刻电压上升至 193.2V。

　　超导直流电缆第五条支路线上出现负载功率波动时，负载电压 $U_{load5}(t)$ 首先会出现一个非常大的电压骤降，电压快速下降至 133V；然后，负载电压呈现出较为快速的上升趋势，2.1s 时刻电压上升至 198.4V，并维持在 198.4V 直至 3.4s；然后，负载电压呈现出较为快速的下降趋势，6.2s 时刻电压下降至 184.5V；最后，负载电压呈现出较为缓慢的上升趋势，15s 时刻电压上升至 193.2V。

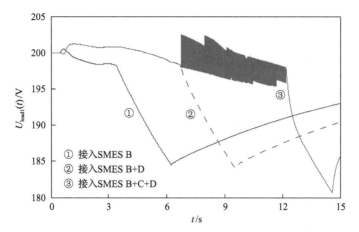

图 8-22 第一条支路线上的负载电压 $U_{\text{load1}}(t)$ 的能量补偿曲线

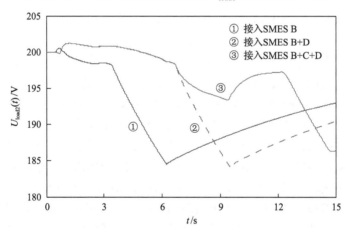

图 8-23 第二条支路线上的负载电压 $U_{\text{load2}}(t)$ 的能量补偿曲线

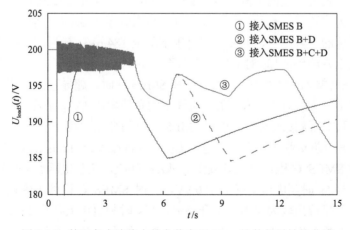

图 8-24 第五条支路线上的负载电压 $U_{\text{load5}}(t)$ 的能量补偿曲线

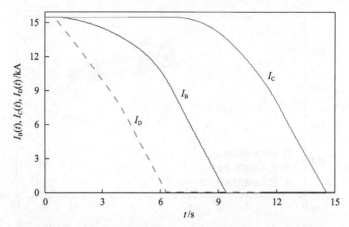

图 8-25　超导磁体电流 $I_B(t)$、$I_C(t)$ 和 $I_D(t)$ 的衰减曲线

（2）当系统接入 SMES B 和 SMES D 时，超导直流电缆第一条支路线上的负载电压 $U_{load1}(t)$ 和第二条支路线上的负载电压 $U_{load2}(t)$ 的变化曲线完全一致，均为首先出现一个较小的电压下降趋势，0.3s 时刻电压下降至 199.3V；其次，负载电压呈现出较为缓慢的上升趋势，1.2s 时刻电压上升至 201.2V，此时，SMES B 开始接入系统，SMES D 磁体电流衰减至 14kA；再次，负载电压呈现出较为缓慢的下降趋势，6.3s 时刻电压下降至 198V，此时，SMES B 磁体电流衰减至 8.8kA，而 SMES D 磁体电流已在 6.3s 时刻衰减至零；然后，负载电压呈现出较为快速的下降趋势，9.4s 时刻电压下降至 184.4V，此时，SMES B 磁体电流衰减至零；最后，负载电压呈现出较为缓慢的上升趋势，15s 时刻电压上升至 190.5V。

由于 SMES D 可以在 0.5s 出现负载功率波动时快速接入系统，超导直流电缆第五条支路线上的负载电压 $U_{load5}(t)$ 将维持在 200V 附近波动直至 4.5s；其次，负载电压呈现出较为缓慢的下降趋势，6.3s 时刻电压下降至 192.2V；再次，负载电压呈现出较为快速的上升趋势，6.7s 时刻电压上升至 196.4V；然后，负载电压呈现出较为快速的下降趋势，9.5s 时刻电压下降至 184.6V；最后，负载电压呈现出较为缓慢的上升趋势，15s 时刻电压上升至 190.5V。

（3）当系统接入 SMES B、SMES C 和 SMES D 时，超导直流电缆第一条支路线上的负载电压 $U_{load1}(t)$ 和第二条支路线上的负载电压 $U_{load2}(t)$ 在 0～6.3s 的数据完全一致，且与系统接入 SMES B 和 SMES D 时的变化曲线完全一致。由于 SMES C 的接入，第一条支路线上的负载电压 $U_{load1}(t)$ 将在 6.8～12.3s 维持在 200V 附近波动，此时 SMES C 磁体电流衰减至 6.9kA；其次，负载电压呈现出较为快速的下降趋势，14.5s 时刻电压下降至 180.9V，此时 SMES C 磁体电流衰减至零；最后，负载电压呈现出较为缓慢的上升趋势，15s 时刻电压上升至 185.5V。而第二条支路线上的负载电压 $U_{load2}(t)$ 则在 6.8～12.3s 呈现出先下降再上升的变化趋势，

9.4s 时刻电压下降至 193.2V，12.3s 时刻电压上升至 197.3V；其次，负载电压呈现出较为快速的下降趋势，14.5s 时刻电压下降至 186.4V；最后，负载电压基本稳定，并维持在 186.4V 左右。

与系统接入 SMES B 和 SMES D 时的变化曲线类似，由于 SMES D 可以在 0.5s 出现负载功率波动时快速接入系统：①第五条支路线上的负载电压 $U_{load5}(t)$ 将维持在 200V 附近波动直至 4.5s；②负载电压呈现出较为缓慢的下降趋势，6.3s 时刻电压下降至 192.2V；③负载电压呈现出较为快速的上升趋势，6.7s 时刻电压上升至 196.4V；④由于 SMES C 的接入，负载电压将呈现出较为缓慢的下降趋势，9.4s 时刻电压下降至 193.5V；⑤负载电压呈现出较为快速的上升趋势，12.3s 时刻电压上升至 197.3V；⑥负载电压呈现出较为快速的下降趋势，15s 时刻电压下降至 186.2V。

从以上的数据及结果分析可得到如下结论：

(1) 安装在超导直流电缆母线和支路线连接处的 SMES B，可以较好地保护后续的所有支路线上的负载电压。

(2) 安装在超导直流电缆第一条和第五条支路线终端的纯阻性负载前端处的 SMES C 和 SMES D，都可以起到响应速度最快的能量补偿效果，非常有利于保护当前支路线上的负载电压。当负载电压低于其额定值的 1%时，可以快速接入系统，并维持负载电压在额定电压附近波动。但是，SMES C 和 SMES D 对其他邻近并联支路线上的负载电压的保护效果较差。

从 8.4.1 节和 8.4.2 节内容可知：安装在不同位置的超导磁储能系统的能量交互作用及效果有所不同。在实际应用中，必须根据需求情况安装处于不同位置的超导磁储能系统，并合理选择系统储能量、输入输出功率等性能参数，以达到最佳的能量交互和电能补偿效果。

8.5　微电网短路故障情况下的限流效果仿真分析

8.5.1　超导直流电缆的限流效果分析

图 8-26 给出了短路接地故障状态下的微电网系统的 MATLAB/Simulink 模型。其中，采用理想开关 K_4 来产生或消除超导直流电缆第五条支路线上的短路接地故障。

可控电压源输出额定电压 200V，且超导直流电缆部分的仿真参数与 8.3.1 节完全一致。超导磁储能系统包括两套 0.06H/15.5kA/7.2MJ 超导磁储能系统，分别为安装在超导直流电缆母线和支路线连接处的 SMES B、安装在第一条支路线终端的纯阻性负载前端处的 SMES C。由于安装在可控电压源输出处的 SMES A 对所有支路线上的负载电压的保护效果较差，且安装在第五条支路线终端的纯阻性

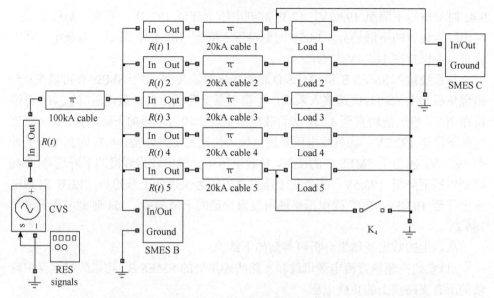

图 8-26　短路接地故障状态下的微电网系统的 MATLAB/Simulink 模型

负载前端处的 SMES D 处于故障线路中,故只考虑了 SMES B 和 SMES C 的联合能量交互操作。电能负载部分包括五套 200V/20kA/4MW 纯阻性负载,分别安装在对应的五条支路线终端。在仿真分析过程中,作以下设定:从第一条支路线至第五条支路线终端的负载电压依次设定为 $U_{load1}(t)$、$U_{load2}(t)$、$U_{load3}(t)$、$U_{load4}(t)$、$U_{load5}(t)$;从第一条支路线至第五条支路线终端的负载电流依次设定为 $I_{load1}(t)$、$I_{load2}(t)$、$I_{load3}(t)$、$I_{load4}(t)$、$I_{load5}(t)$;SMES B、SMES C 的磁体电流依次设定为 $I_B(t)$、$I_C(t)$;超导直流电缆支路线的临界电流 I_c 为 30kA。

图 8-27 和图 8-28 给出了短路接地故障状态下第五条支路线故障电流 $I_{fault}(t)$ 及其电缆电阻 $R(t)$ 的变化曲线。可以看出:

(1) 当系统不具备超导直流电缆的限流功能时,故障电流 $I_{fault}(t)$ 呈现出快速上升趋势,1.86s 时刻上升至 50kA,6s 时刻上升至 105kA;自 $t=6$s 开始,系统故障消除,故障电流 $I_{fault}(t)$ 呈现出快速下降趋势,12s 时刻下降至 23kA,后续将逐渐缓慢下降至额定电流 20kA。

(2) 当系统具备超导直流电缆的限流功能时,故障电流 $I_{fault}(t)$ 可以得到较好的限制。当 $t=0.5$s 时刻故障发生后,故障电流 $I_{fault}(t)$ 将在 0.89s 上升至超导直流电缆的临界电流 30kA。此时,电缆电阻 $R(t)$ 开始从零逐渐上升,3.5s 时刻上升至其最大值 5mΩ。受到快速上升的失超电阻的限制,故障电流 $I_{fault}(t)$ 呈现出先上升后下降的变化趋势,1.86s 时刻上升至 38.4kA,6s 时刻下降至 36.5kA。由于线路短路接地故障在 6s 时刻消除后,线路电流仍没有下降至超导直流电缆的临界电流以下,则电缆电阻 $R(t)$ 维持在 5mΩ 直至 6.15s。然后,电缆电阻 $R(t)$ 将呈现出快速下降的趋势,故障电流 7s 时刻下降至 21kA,后续将逐渐缓慢下降至额定电流 20kA。

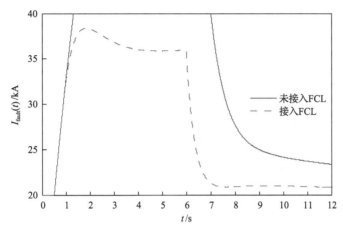

图 8-27 短路接地故障状态下的第五条支路线故障电流 $I_{\text{fault}}(t)$ 的变化曲线

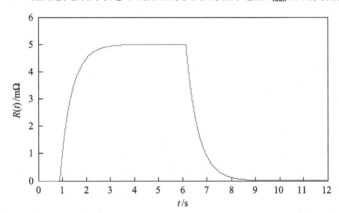

图 8-28 短路接地故障状态下的第五条支路线电缆电阻 $R(t)$ 的变化曲线

图 8-29 给出了与图 8-27、图 8-28 相对应的超导直流电缆第一条支路线上的负载电流 $I_{\text{load1}}(t)$ 变化曲线,可以看出:

(1) 当系统不具备超导直流电缆的限流功能时,负载电流 $I_{\text{load1}}(t)$ 呈现出快速下降趋势,1.65s 时刻下降至 14kA,6s 时刻下降至 6.2kA;自 $t=6$s 开始,系统故障消除,故障电流 $I_{\text{fault}}(t)$ 呈现出先上升后下降的变化趋势,8.3s 时刻上升至 24.5kA,12s 时刻下降至 23.2kA,后续将逐渐缓慢下降至额定电流 20kA。

(2) 当系统具备超导直流电缆的限流功能时,负载电流 $I_{\text{load1}}(t)$ 可以得到较好的保护。0.5s 时刻故障发生后,负载电流 $I_{\text{load1}}(t)$ 出现先下降后上升的变化趋势,1.65s 时刻下降至 16.1kA,6s 时刻上升至 18kA。自 $t=6$s 开始,系统故障消除,负载电流 $I_{\text{load1}}(t)$ 也是呈现出先上升后下降的变化趋势,8.1s 时刻上升至 21.6kA,12s 时刻下降至 20.9kA,后续将逐渐缓慢下降至额定电流 20kA。

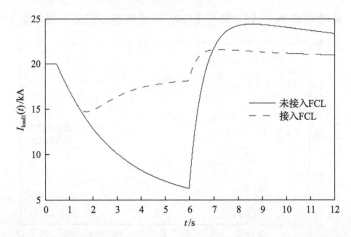

图 8-29　短路接地状态情况下的第一条支路线负载电流 $I_{\text{load1}}(t)$ 的变化曲线

8.5.2　超导磁储能-超导直流电缆复合限流效果分析

从 8.5.1 节内容可知，由于自身限流功能的存在，超导直流电缆不仅可以有效限制当前支路线上的短路接地故障电流，还可以在一定程度上保护邻近支路线上的负载电压和电流。但是，由于失超后的超导直流电缆电阻是以指数函数形式从零开始逐渐上升的，邻近的其他非故障支路线上的电能负载仍会存在不可避免的电压和电流骤降现象。

由于超导磁储能系统具备瞬时大功率能量补偿的功能，可在系统出现短路接地故障时引入超导磁储能系统，以保护其他非故障支路线上的电能负载。为了探讨超导磁储能-超导直流电缆复合系统的复合限流效果及能量交互特性，在图 8-26 给出的 MATLAB/Simulink 模型中接入了 SMES B，且其磁体初始工作电流设定为 15.5kA。

图 8-30 和图 8-31 分别给出了超导直流电缆第一条支路线上的负载电流 $I_{\text{load1}}(t)$ 的能量补偿曲线及相应的 SMES B 磁体电流变化曲线。可以看出：在 0.5～1s 时间范围，负载电流 $I_{\text{load1}}(t)$ 基本维持在 20kA 左右，1s 时刻的 SMES B 磁体电流下降至 14.6kA。由于 SMES B 的接入，在故障发生后的 0.5s 内，邻近支路线负载的供电基本上不受到系统故障的影响。在 1～3s 时间范围，负载电流 $I_{\text{load1}}(t)$ 呈现出较为缓慢的下降趋势，2.4s 时刻下降至最小值 18kA，并一直维持至 3s。3s 时刻的 SMES B 磁体电流下降至 8.6kA。与没有 SMES B 接入的负载电流变化曲线相比，负载电流的最大衰减率从 20%降低到 10%。而且，当系统故障在 t=3s 时刻消除后，接入 SMES B 后的负载电流最大值为 20.5kA，比没有 SMES B 接入的负载电流最大值减小了 1kA。

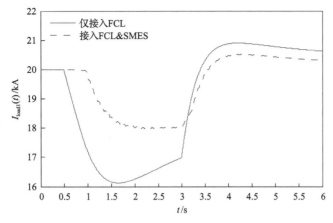

图 8-30　负载功率凹陷状态下的第一条支路线负载电流 $I_{load1}(t)$ 的能量补偿曲线

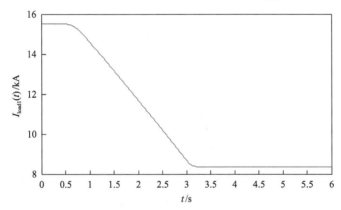

图 8-31　负载功率过剩状态下的第一条支路线负载电流 $I_{load1}(t)$ 的能量补偿曲线

　　但是，由于 SMES B 的接入，将会对故障电流限制效果产生一定的不良影响。图 8-32 和图 8-33 分别给出了超导直流电缆第五条支路线上的故障电流 $I_{fault}(t)$ 及相应的电缆电阻变化曲线。可以看出：接入 SMES B 后的最大故障电流为 41kA，比没有 SMES B 接入的最大故障电流增大了 2.5kA。当系统故障在 t=3s 时刻消除后，无论接入 SMES B 与否，故障电流 $I_{fault}(t)$ 的下降趋势基本相近，均在 8.1s 附近下降至 30kA，并在 4.1s 附近下降至 20kA。

　　为了对超导直流电缆第一条支路线上的电能负载起到更长时间的电压和电流保护效果，还可以进一步接入 SMES C。图 8-34 给出了第一条支路线上的负载电流 $I_{load1}(t)$ 和第二条支路线上的负载电流 $I_{load2}(t)$ 的能量补偿曲线。图 8-35 给出了 SMES B 和 SMES C 磁体电流变化曲线。可以看出：在 0.5~1s 时间范围，只有 SMES B 接入，第一条支路线上的负载电流 $I_{load1}(t)$ 基本维持在 20kA 左右，1s 时刻的 SMES B 磁体电流下降至 14.6kA。自 1s 时刻开始，SMES C 也开始接入系统，使第一条支路线上的电能负载 1~5s 时间范围内均可维持在 20kA 左右，5s 时刻 SMES C 磁体电流下降至 9.5kA。

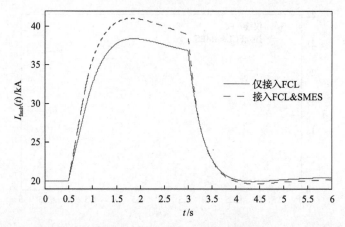

图 8-32　短路接地故障状态下的第五条支路线故障电流 $I_{fault}(t)$ 的变化曲线

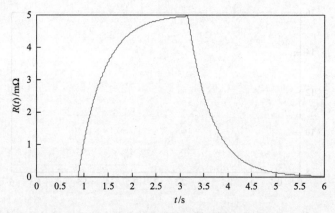

图 8-33　短路接地故障状态下的第五条支路线电缆电阻 $R(t)$ 的变化曲线

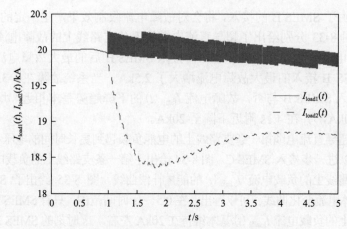

图 8-34　短路接地故障状态下的第一条支路线负载电流 $I_{load1}(t)$
和第二条支路线负载电流 $I_{load2}(t)$ 的变化曲线

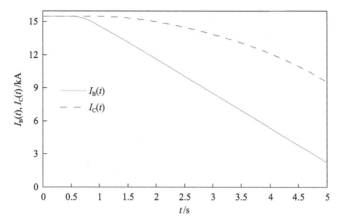

图 8-35　短路接地故障状态下的超导磁体电流 $I_B(t)$ 和 $I_C(t)$ 的变化曲线

同时，由于 SMES C 分担了 1/4 的能量补偿功率，SMES B 只需要对超导直流电缆第二条至第四条支路线上的电能负载进行能量补偿。那么，第二条至第四条支路线上的电能负载电流的下降趋势将有所缓解。如图 8-34 所示，第二条支路线上的负载电流 $I_{load2}(t)$ 呈现出先下降后上升的变化趋势，1.8s 时刻下降至最小值 18.4kA，4.2s 时刻逐渐上升至 18.8kA。与只有 SMES B 接入的负载电流变化曲线相比，负载电流的最大衰减率从 10%降低到 8%。因此，对于存在重要电能负载的支路线，可考虑在线路终端直接接入一套超导磁储能系统，不仅可以在本条支路线上实现不间断电源的作用，还可以在一定程度上保护相邻支路线上的电压和电流。

8.6　超导电缆-磁储能复合系统的智能电网应用探讨

8.6.1　智能电网应用构架及原理

图 8-36 给出了超导电缆-磁储能复合系统在未来智能电网中的发电侧、输电侧、配电侧和用电侧的应用示意图。安装在不同位置的超导磁储能系统具有不同的功能和作用。其中：

（1）安装在大型集中式发电系统附近的超导磁储能系统主要用于辅助发电系统进行日负载均衡操作；

（2）安装在高压输电线附近的超导磁储能系统主要用于构建柔性交流输电系统相关装置，以进行负载波动补偿及维持电网频率稳定性；

（3）安装在中压配电线附近的超导磁储能系统主要用于构建分布式柔性交流输电系统相关装置，以提高电网供电的电能质量；

（4）安装在中小型分布式发电系统附近的超导磁储能系统主要用于辅助发电

系统进行电能输出调控操作，以提高其并网电压幅值及频率的稳定性；

（5）安装在低压用电线附近的超导磁储能系统主要用于构建不间断电源，以保护线路上的重要负载的供电稳定性和安全性。

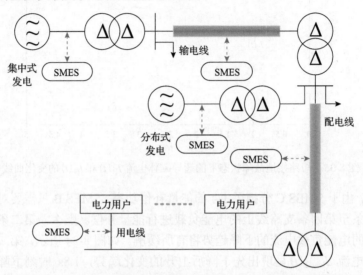

图 8-36　超导电缆-磁储能复合系统在未来智能电网中的应用示意图

在未来的智能电网中，超导磁储能系统主要包括四种应用模式：①独立超导磁储能系统；②基于超导磁储能装置的混合储能系统；③分布式超导磁储能系统；④基于超导磁储能装置的分布式混合储能系统。表 8-1 给出了四种应用模式的优缺点对比。

表 8-1　四种应用模式的优缺点对比

模式	优点	缺点
独立超导磁储能系统	响应速度快； 高功率密度； 高储能效率； 系统拓扑简单； 系统控制简单	低经济性； 低能量密度
基于超导磁储能装置的混合储能系统	响应速度快； 高功率密度； 高储能效率； 高稳定性； 高经济性	系统拓扑复杂； 系统控制复杂
分布式超导磁储能系统	响应速度快； 高功率密度； 高储能效率； 高灵活性； 高扩展性	低经济性； 低能量密度

续表

模式	优点	缺点
基于超导磁储能装置的分布式混合储能系统	响应速度快； 高功率密度； 高储能效率； 高稳定性； 高经济性； 高灵活性； 高扩展性	系统拓扑复杂； 系统控制复杂

独立超导磁储能系统用于大容量电力储能时具有非常高的储能效率，用于中小容量电力储能时具有非常快的响应速度及非常高的功率密度；但是，不同储能容量的独立超导磁储能系统均存在研制成本过高、能量密度较低的问题。

由于常规电力储能装置如蓄电池，具有较低的装置成本及较高的能量密度，可以将超导磁储能系统和蓄电池组合成一个混合储能系统。该混合储能系统既具备超导磁储能系统的快速响应、高功率密度、高效率的技术特征，同时又兼顾了蓄电池的高能量密度、高经济性的应用优势。

由于引入了额外的蓄电池系统，混合储能系统的拓扑结构及相应的控制策略要比独立超导磁储能系统更为复杂。图 8-37 给出了混合储能系统的三种典型电路拓扑结构。其中，当蓄电池储能系统的工作电压 U_{BES} 与直流链电容器的工作电压 U_{DC} 相等时，可以将蓄电池直接与直流链电容器相连；当蓄电池储能系统的工作电压 U_{BES} 小于直流链电容器的工作电压 U_{DC} 时，蓄电池需要经过一个升压直流斩波器后，再与直流链电容器相连；当蓄电池储能系统的工作电压 U_{BES} 大于直流链电容器的工作电压 U_{DC} 时，蓄电池需要经过一个降压直流斩波器后，再与直流链电容器相连。

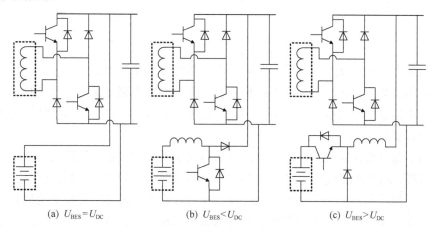

(a) $U_{BES} = U_{DC}$　　　　　　(b) $U_{BES} < U_{DC}$　　　　　　(c) $U_{BES} > U_{DC}$

图 8-37　混合储能系统的电路拓扑结构

在以上混合储能系统中，需要对超导磁储能系统和蓄电池的输入输出功率进行分配及控制，充分利用它们各自的技术优势，以完成对外部电网的高效能量补偿操作。图 8-38 给出了典型的功率分配及控制流程图。一般来说，当外部电网的功率补偿需求 $P_d(t)$ 分别大于零、等于零、小于零时，混合储能系统对应工作在受控放电、储能、受控充电状态。在实际的混合储能系统控制过程中，可以采用功率补偿需求的绝对值 $|P_d(t)|$ 作为判断依据：①判断 $|P_d(t)|$ 是否为零，当 $|P_d(t)|=0$ 时，混合储能系统不对外进行电能交互操作；②当 $|P_d(t)|>0$ 时，超导磁储能系统将首先进行能量补偿操作，其输入或输出功率 $P_{SMES}(t)=|P_d(t)|$；③补偿一定时间长度如 20ms 后，再判断 $|P_d(t)|$ 是否大于蓄电池的额定输入或输出功率 P_{rated}，当 $|P_d(t)|\leqslant P_{rated}$ 时，蓄电池将代替超导磁储能系统，以进行长时间的能量补偿操作；当 $|P_d(t)|>P_{rated}$ 时，蓄电池将联合超导磁储能系统，共同分担对外部电网的能量补偿功率，此时超导磁储能系统的输入或输出功率 $P_{SMES}(t)=|P_d(t)|-P_{rated}$。

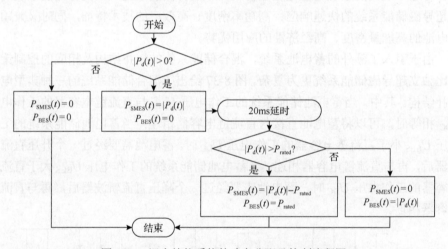

图 8-38　混合储能系统的功率分配及控制流程图

从以上功率分配及控制过程可以看出：超导磁储能系统主要用于出现功率补偿需求的初始阶段内的能量交互操作以及功率补偿需求超过蓄电池额定功率的峰值阶段内的能量交互操作；而蓄电池则主要用于长时间、中小功率补偿阶段内的能量交互操作。

基于超导磁储能装置的混合储能系统解决了独立超导磁储能系统存在的研制成本过高、能量密度较低的问题，但是由于实际的输电网和配电网线路较为复杂，在某个局域位置安装一个大容量混合储能系统，仍无法较好地对整个电网系统进行能量交互操作。尽管大容量混合储能系统可以在位于安装位置的局部区域电网中实现良好的能量补偿，但是受到电力线路自身存在的分布电感和分布电容的影

响，对于处于较远位置的线路电压波动或电能负载波动，大容量混合储能系统的
动态响应速度较慢，无法实现快速、及时的能量补偿。

因此，就需要引入分布式储能系统的概念，即将多个中小容量的电力储能系
统分散地安装在电网系统的不同位置，以兼顾到不同位置的能量交互操作。这种
分布式储能系统可以采用固定式安装方案或移动式安装方案。其中，固定式安装
方案指的是将多个电力储能系统直接安装到固定的电网位置，而移动式安装方案
则是将多个电力储能系统安装到大型车辆中，再由车辆运输至所需安装的电网位
置，具有非常高的灵活性和可扩展性。关于这种分布式储能系统的具体应用方案
和拓扑结构，可以参考 8.2 节的低压直流微电网系统。除了在相同电压等级下的
电网系统中引入分布式储能系统，分布式储能系统还可以根据实际需求安装在不
同电压等级下的发电侧、输电侧、配电侧及用电侧，以完成对整个电网的智能化
能量交互操作。

基于超导磁储能装置的分布式储能系统包括两种，即基于独立超导磁储能
装置的分布式超导磁储能系统和基于混合储能装置的分布式混合储能系统。比
较而言，基于独立超导磁储能装置的分布式超导磁储能系统具有更高的功率密
度，更适合于需要短时间、大功率能量补偿的应用场合；而且，在具备相同额
定功率的情况下，基于独立超导磁储能装置的分布式超导磁储能系统的体积更
小、重量更轻，更适合于采用这种方案的车辆的灵活操作，即具有更高的灵活
性。而基于混合储能装置的分布式混合储能系统则具有更高的能量密度，更适
合于需要长时间、中小功率能量补偿的应用场合；而且，在具备相同储能量的
情况下，基于混合储能装置的分布式混合储能系统的体积更小、重量更轻、经
济性更高。

8.6.2　智能局域电网概念设计

图 8-39 给出了一种针对智能局域电网概念设计的相应超导磁储能系统的综合
应用方案。其核心内容包括外来电网的输电线路、与输电线路相匹配的柔性交流
输电系统、本地电网的配电线路、与配电线路相匹配的分布式柔性交流输电系统、
本地的微电网、本地的电力用户、与电力用户相匹配的不间断电源系统。

其中，本地的微电网中涵盖了多种分布式发电系统如光伏发电站、风力发
电站及水力发电站，安装在直流母线上的电力储能系统，以及各种离网运行的
交流负载和直流负载。为了适应各种柔性交流输电系统的应用场合，超导磁储
能电压型功率调节系统可通过变压器形成与交流电网的串联连接、并联连接或
串并联连接模式，从而构建基于超导磁储能装置的多种柔性交流输电系统。柔
性交流输电系统除了在交流输电网得到广泛应用之外，也可以形成面向配电网

的分布式柔性交流输电系统，也称为用户电力技术或定制电力技术。分布式柔性交流输电系统(distributed flexible AC transmission system, DFACTS)和柔性交流输电系统(FACTS)的电路拓扑及控制策略在结构和功能上基本相同，其差别在于额定电气值的不同。以上涉及的能量交互装置均采用了基于超导磁储能装置和蓄电池装置的混合储能系统，并在整个电网系统中引入了分布式储能系统的应用方式。

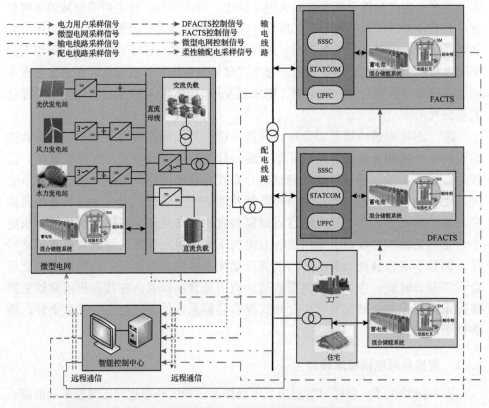

图 8-39　智能局域电网概念设计及相应的超导磁储能系统综合应用方案

　　图 8-40 给出了三种基本柔性交流输电系统的结构示意图。其中，静止同步补偿器(static synchronous compensator，STATCOM)采用并联连接模式，其主要作用是进行无功补偿，提高系统电压的稳定性；静止同步串联补偿器(static synchronous series compensator，SSSC)采用串联连接模式，其主要作用是向线路注入与其电流相位相差 90°的可控电压，快速控制线路的有效阻抗；统一潮流控制器(unified power flow controller，UPFC)采用串并联连接模式，其融合了静止同步补偿器和静止同步串联补偿器的技术优势，具有串联补偿、并联补偿、移相和端电压调节功能。

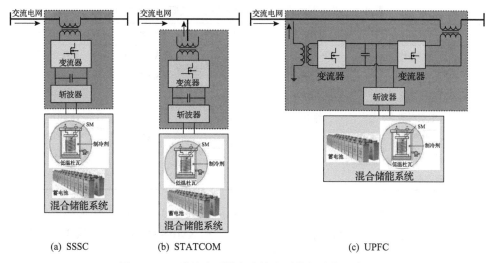

| (a) SSSC | (b) STATCOM | (c) UPFC |

图 8-40 三种基本柔性交流输电系统的结构示意图

在智能局域电网的实际运行过程中,首先,智能控制中心(smart control center)将实时采集来自输电线路、配电线路、微电网、电力用户、柔性交流输电系统及分布式柔性交流输电系统的远程数据信号,以获得整个电网的实时运行信息;然后,智能控制中心将根据电网实时信息相应输出远程控制信号,通过对微电网、柔性交流输电系统及分布式柔性交流输电系统的运行状态进行协调控制,以完成对整个电网的智能化能量交互操作。

需要说明的是,实际的智能局域电网涵盖多条输电线路、多条配电线路、多个微电网及分布式发电系统、多个分散的电力用户群。安装在相同电压等级下的超导磁储能系统及其构建的能量交互装置,相互之间需要协调控制;而且,安装在不同电压等级下的超导磁储能系统及其构建的能量交互装置,相互之间也需要协调控制。这样,整个智能局域电网才能达到智能化能量交互的目的。

8.6.3 智能电网用超导磁储能磁体概念设计

为了适应未来智能电网中的不同储能容量和不同功率等级的需求,表 8-2 给出了四种不同容量的超导磁储能系统概念设计方案。其中,储能量为 8.6TJ 的 SMES A 适合于发电侧的日负载均衡应用;储能量为 36GJ 的 SMES B 适合于输电侧的负载波动补偿应用;储能量为 8.6MJ 的 SMES C 适合于配电侧的电压波动补偿应用;储能量为 36kJ 的 SMES D 适合于用电侧的电压波动补偿应用。8.7 节将分别阐述以上四种超导磁储能系统在发电侧、输电侧、配电侧及用电侧的能量交互特征。同时,还将探讨引入混合储能技术方案的应用经济优势。

表 8-2　四种不同容量的超导磁储能系统概念设计方案

项目	SMES A	SMES B	SMES C	SMES D
磁体结构	环形线圈	环形线圈	螺线管线圈	螺线管线圈
储能量	8.6TJ	36GJ	8.6MJ	36kJ
额定功率	100MW	100MW	1MW	1MW
补偿时间	约 10h	约 6min	约 8.6s	约 0.036s
电感量	32kH	18kH	8.2H	0.032H
额定电流/kA	10	2	1	1
研制成本/10^6 美元	3830.6	388.1	2.2	0.1

关于超导磁储能磁体的设计，SMES A 和 SMES B 均采用了环形线圈结构，适合于研制大型超导磁储能磁体；而 SMES C 和 SMES D 则采用了螺线管线圈结构，适合于研制中小型超导磁储能磁体。

环形线圈结构的优势在于其漏磁场很小，对周围的电气设备及人体的电磁辐射较弱。而且，由于采用环形线圈结构的超导磁体的内部磁场主要为近似平行高温超导带材较宽表面的平行磁场，其对高温超导带材的临界电流衰减影响较小。一般来说，当超导磁储能磁体的内部磁场达到 12T 或以上时，应优先采用环形线圈结构，以获得更高的临界电流。

螺线管线圈结构的优势在于其储能密度很高，实现相同储能量所需的高温超导带材长度远低于环形线圈结构。一般来说，当超导磁储能磁体的内部磁场低至 4T 或以下时，优先采用螺线管线圈结构，以获得更高的储能量。由于单个螺线管线圈的储能量较小，一般为兆焦（MJ）级别，可以考虑采用多个螺线管线圈单元构成组合型超导磁体，以实现大容量、大功率超导磁储能系统的设计。例如，第 7 章设计的面向低压直流微电网应用的组合型磁体，总临界电流高达 18.6kA。

另外，还可以从研制成本的角度来选择超导磁储能磁体的线圈结构。环形线圈和螺线管线圈的研制成本计算公式可分别表示为[9]Cost1（$\times 10^6$ 美元）=0.95$\times$（Energy（MJ））$^{0.63}$ 和 Cost2（$\times 10^6$ 美元）=2.04$\times$（Energy（MJ））$^{0.5}$。图 8-41 给出了环形线圈和螺线管线圈的研制成本与储能量的关系曲线。可以看出：当储能量小于 100MJ 时，可选择螺线管线圈结构；当储能量大于 100MJ 时，可选择环形线圈结构。

除了选择环形线圈结构之外，大容量超导磁储能磁体还可以考虑一些新型的线圈结构：①电磁力平衡线圈（force-balanced coil，FBC）；②机械应力平衡线圈（stress balanced coil，SBC）；③倾斜式环形线圈（tilted toroidal coil，TTC）。由于大容量超导磁储能磁体的电磁力较大，将会在一定程度上影响磁体临界电流，还可能造成整个磁体的机械稳定性问题。与环形线圈结构相比，以上三种新型线圈结构均可以使磁体内部的线圈单元受力平衡，在大容量、强磁场超导磁体研制中具有较好的应用前景。

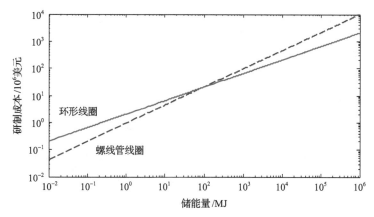

图 8-41　环形线圈和螺线管线圈的研制成本与储能量的关系曲线

8.7　智能电网综合能量交互仿真分析

8.7.1　发电侧的日负载均衡

针对发电侧的日负载均衡应用，大容量抽水储能系统是目前应用最广泛的电力储能系统，其储能效率为 30%～80%。相比而言，大容量超导磁储能系统的储能效率达到 90%以上，在大容量电力储能应用上具有明显的技术优势。尽管目前超导磁储能系统的研制成本高达 $4×10^3$ 美元/kW，接近抽水储能系统的 2 倍，但是从整个寿命周期成本来看，抽水储能系统的年度成本约为 $48×10^6$ 美元，而超导磁储能系统的年度成本下降到了 $41×10^6$ 美元。因此，超导磁储能系统有望成为未来智能电网日负载均衡应用中的一种可行的电力储能选择方案。

表 8-2 中的 8.6TJ SMES A 适合于发电侧的日负载均衡应用，其在 100kV/1kA/100MW 应用场合下可以持续补偿 10h。图 8-42 给出了 8.6TJ SMES A 进行日负载均衡操作时的电网功率及储能量变化曲线。其变化过程可以分成以下三个时间阶段：

（1）在低电能需求阶段，如夜间 11 点至凌晨 3 点，电能负载所需的功率 P_{demand} 较低，远低于发电侧的最小输出功率 P_{min}；此时，8.6TJ SMES A 工作在受控充电状态，逐渐吸收电网中的过剩功率。

（2）在中等电能需求阶段，如凌晨 3 点至上午 11 点及下午 3 点至夜间 11 点，电能负载所需的功率 P_{demand} 处于发电侧的最小输出功率 P_{min} 和最大输出功率 P_{max} 之间，即电网系统处于供需平衡阶段，发电侧的实际输出功率 $P_{\text{generated}}$ 与电能负载所需的功率 P_{demand} 基本相符；此时，8.6TJ SMES A 工作在储能状态，以维持当前的自身储能量。

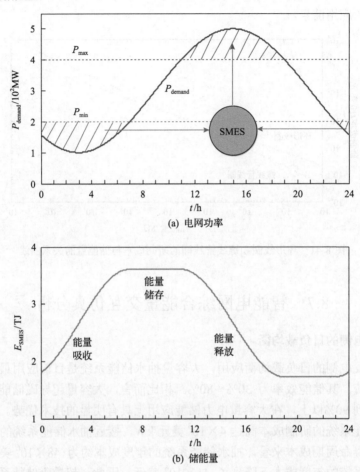

图 8-42　8.6TJ SMES A 进行日负载均衡操作时的电网功率及储能量变化曲线

（3）在高电能需求阶段，如上午 11 点至下午 3 点，电能负载所需的功率 P_{demand} 较高，远高于发电侧的最大输出功率 P_{max}；此时，8.6TJ SMES A 工作在受控放电状态，逐渐向电网释放所需的差额功率。

　　鉴于独立超导磁储能系统的研制成本过高，可考虑采用 8.6.3 节基于超导磁储能装置的混合储能系统。为了评估混合储能系统的经济效益，引入两个经济评估参数：①定义混合储能系统中的超导磁储能装置储能量与独立超导磁储能系统的储能量的比值为储能量参数 K_{energy}；②定义混合储能系统中的超导磁储能装置研制成本与独立超导磁储能系统的研制成本的比值为研制成本参数 K_{cost}。

　　图 8-43 给出了研制成本参数 K_{cost} 与储能量参数 K_{energy} 之间的关系曲线。可以看出：在日负载均衡应用中，若将表 8-2 中的 36GJ SMES B 与 8.6TJ 抽水储能系

统复合成一套混合储能系统，则该混合储能系统的储能量参数 K_{energy} 和研制成本参数 K_{cost} 分别下降至约 1%和 10%。那么，与独立的 8.6TJ SMES A 相比，混合储能系统中的超导磁储能装置可以节省近 90%的研制成本。

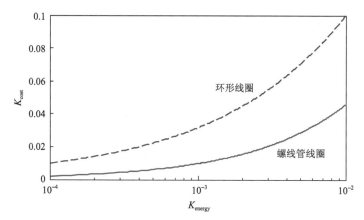

图 8-43　超导磁储能系统的研制成本参数与储能量参数之间的关系曲线

8.7.2　输电侧的负载波动补偿

由 8.7.1 节内容可知，太焦(TJ)级超导磁储能系统可以用于日负载均衡应用。但是，在中等电能需求阶段，由于电能负载所需功率 P_{demand} 是实时波动的，而发电侧的实际输出功率 $P_{generated}$ 无法完全准确地跟随负载波动，仍存在一定的偏差。因此，输电侧需要安装 1～10GJ 储能容量级别的电力储能系统，以完成对 1～10min 时间范围的负载波动补偿。目前，日本自 2008 年开始研制的 2.4GJ 超导磁储能系统和德国自 2011 年开始研制的 48GJ 超导磁储能系统的目标应用场合均为输电侧的负载功率补偿，其设计技术指标是以 100MW～1GW 补偿功率级别，进行 1s～1min 时间范围的在线能量交互操作。

表 8-2 中的 36GJ SMES B 适合于输电侧的负载波动补偿应用，其在 100kV/1kA/100MW 应用场合下可以持续补偿 6min。图 8-44 给出了 36GJ SMES B 进行负载波动补偿操作时的电网功率及储能量变化曲线。其变化过程可以分成以下两个时间阶段：

(1) 当发电侧的实际输出功率 $P_{generated}$ 高于电能负载所需的功率 P_{demand} 时，系统处于功率过剩状态；此时，36GJ SMES B 工作在受控充电状态，逐渐吸收电网中的过剩功率。

(2) 当发电侧的实际输出功率 $P_{generated}$ 低于电能负载所需的功率 P_{demand} 时，系统处于功率凹陷状态；此时，36GJ SMES B 工作在受控放电状态，逐渐向电网释放所需的差额功率。

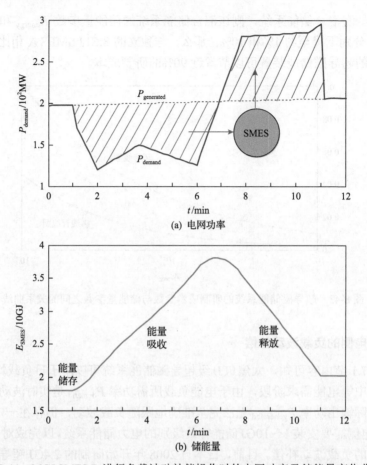

(a) 电网功率

(b) 储能量

图 8-44　36GJ SMES B 进行负载波动补偿操作时的电网功率及储能量变化曲线

8.7.3　配电侧的电压波动补偿

　　对比于配电侧常用的传统蓄电池，如液流电池、钠硫电池、铅酸电池，超导磁储能系统的功率密度可达到 10 倍或以上，即在相同装置体积和重量的情况下，超导磁储能系统的额定功率等级提高了 10 倍或以上。而且，超导磁储能系统的动态响应速度快，可在 1～5ms 完成快速能量补偿操作。因此，超导磁储能系统对各种电能质量问题如电压骤降、电压骤升、电压中断等，具有明显的改善作用。而受到化学能-电能转换过程的延迟影响，蓄电池的动态响应速度一般为 20ms 或以上，无法有效解决高频率、短时间的电能质量问题，如单个周期内的电压波动。

　　鉴于超导磁储能系统的功率密度高和响应速度快的应用优势，目前世界各国已成功开发出各种面向配电侧和中小型分布式发电系统应用的超导磁储能系统，其储能量、功率等级及补偿时间一般为兆焦级、兆瓦级及秒级。但是，与相同容量的传统蓄电池相比,用于配电侧的超导磁储能系统仍具有过高的研制成本。因此,可以考虑采用 8.6.3 节基于超导磁储能装置的混合储能系统。若将表 8-2 中的 36kJ SMES D 与 8.6MJ SMES C 蓄电池储能系统复合成一套混合储能系统,则该混合储能系统的储能量参数 K_{energy} 和研制成本参数 K_{cost} 分别下降至约 1% 和 4.5%。那么,与独立的 8.6MJ SMES C 相比,混合储能系统中的超导磁储能装置可以节省近 95% 的研制成本。

需要说明的是,表 8-2 中的 8.6MJ SMES C 和 36kJ SMES D 均采用螺线管线圈结构。从图 8-41 中的两种结构的线圈研制成本与储能量之间的关系曲线可以看出:在相同的储能量情况下,螺线管线圈的研制成本要比环形线圈更低。在中小容量电力储能系统中引入混合储能系统方案,可以使超导磁储能系统的经济性更高。

图 8-45 给出了 36kJ SMES D 进行配电侧电压波动补偿操作时的电网电压及储能量变化曲线。可以看出:

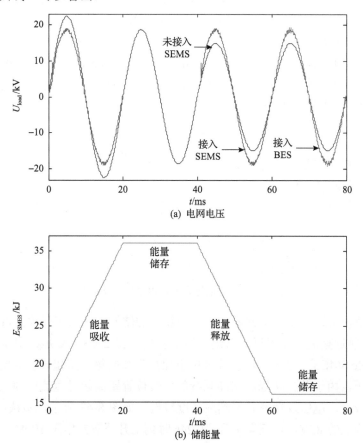

图 8-45   36kJ SMES D 进行配电侧电压波动补偿操作时的电网电压及储能量变化曲线

(1) 当电网实际电压高于其额定电压 20kV 时，如 0~20ms，系统处于功率过剩状态；此时，36kJ SMES D 工作在受控充电状态，逐渐吸收电网中的过剩功率。

(2) 当电网实际电压等于其额定电压 20kV 时，如 20~40ms，系统处于额定功率状态；此时，36kJ SMES D 工作在自身储能状态，不对外进行能量交互操作。

(3) 当电网实际电压低于其额定电压 20kV 时，如 40~60ms，系统处于功率凹陷状态；此时，36kJ SMES D 工作在受控放电状态，逐渐向电网释放所需的差额功率。

(4) 当 36kJ SMES D 进行了一定时间长度的能量补偿操作后，如 20ms，将进入自身储能状态；此时，8.6MJ SMES C 蓄电池储能系统将代替 36kJ SMES D，以达到较长时间地释放电网所需差额功率的目的。

8.7.4　用电侧的电压波动补偿

图 8-46 给出了一种面向用电侧的低压直流输电系统的简化电路拓扑图。其中，整流电源的输出电压为 110V，等效内阻为 0.01Ω；某一条超导直流电缆分支线的分布电感为 5mH，分布电容为 50pF；电缆终端的纯阻性额定负载的电阻为 0.1Ω。假定从零时刻开始，与纯阻性额定负载并联的另一个 0.5Ω 负载接入系统，则负载端将出现一个明显的电压骤降。如图 8-47 所示，负载电压 $U_R(t)$ 将快速下降至约 83V，再逐渐上升至约 93V。

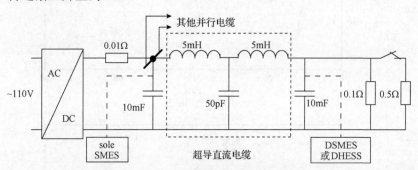

图 8-46　简化的低压直流输电系统电路拓扑图

为了解决上述电压波动问题，有三种超导磁储能系统的应用模式可供选择：

(1) 在靠近整流电源附近的直流母线上安装一套 2H/300A/90kJ 独立超导磁储能系统(sole SMES)。这种应用模式可用于保护后续的每一条超导直流电缆支路线及负载电压，由于独立超导磁储能系统的安装位置距离超导直流电缆支路线上的电能负载较远，电压及功率补偿响应速度较慢。如图 8-47 所示，负载电压 $U_R(t)$ 将快速下降至约 85V，再逐渐上升，0.24s 时刻上升至额定电压 100V。

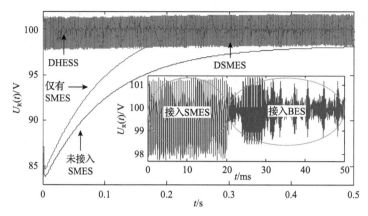

图 8-47　不同超导磁储能系统应用模式下的电压补偿曲线

(2) 在靠近电能负载附近的每一条超导直流电缆支路线的终端上安装一套 2H/300A/90kJ 分布式超导磁储能系统 (DSMES)。这种应用模式可以对其安装位置所在的电能负载起到最佳的能量补偿作用。当电缆线路出现电压波动后,超导磁储能系统可以在 1~5ms 内进行快速能量补偿操作,以维持负载电压在其额定电压 100V 附近波动。

(3) 在靠近电能负载附近的每一条超导直流电缆支路线的终端上安装一套分布式混合储能系统 (DHESS),其内部包括一套 0.02H/300A/0.9kJ 超导磁储能装置及一套较大容量的蓄电池储能装置。这种应用模式可同时兼顾快速能量补偿和低研制成本的技术优势。如图 8-47 所示,0.02H/300A/0.9kJ 超导磁储能装置仅用于 0~20ms 内的能量补偿,后续的长时间能量补偿则由蓄电池储能装置来处理。

参 考 文 献

[1] Jin J X, Tang Y J, Xiao X Y, et al. HTS power devices and systems: Principles, characteristics, performance, and efficiency. IEEE Transactions on Applied Superconductivity, 2016, 26(7): 1-26.

[2] Jin J X. High efficient DC power transmission using high-temperature superconductors. Physica C: Superconductivity and its Applications, 2007, 460: 1443-1444.

[3] 金建勋. 高温超导电缆的限流输电方法及其构造: 中国, CN101004959 B. 2010.

[4] 金建勋. 高温超导储能原理与应用. 北京: 科学出版社, 2011.

[5] Jin J X, Chen X Y. Study on the SMES application solutions for smart grid. Physics Procedia, 2012, 36: 902-907.

[6] Chen X Y, Jin J X, Xin Y, et al. Integrated SMES technology for modern power system and future smart grid. IEEE Transactions on Applied Superconductivity, 2014, 24(5): 3801605.

[7] Jin J X, Chen X Y, Qu R H, et al. An integrated low-voltage rated HTS DC power system with multifunctions to suit smart grids. Physica C: Superconductivity and its Applications, 2015, 510: 48-53.

[8] Chen X Y, Jin J X. Analysis and modeling of the steady-state and dynamic-state discharge in SMES system. Physics Procedia, 2012, 36: 995-1001.

[9] Green M A, Strauss B P. The cost of superconducting magnets as a function of stored energy and design magnetic induction times the field volume. IEEE Transactions on Applied Superconductivity, 2008, 18 (2): 248-251.